深覆盖层基础混凝土面板堆石坝施工新技术

杨金顺　主编

黄河水利出版社

· 郑 州 ·

内 容 提 要

全书共有八章,即综述,大坝地基的开挖与处理,坝体分区和大坝填料的工程特性,坝料的开采,大坝应力应变及稳定分析,大坝主要施工技术,混凝土面板、趾板及连接板的施工技术,面板堆石坝的安全监测施工技术。

本书可供从事水利水电工程施工、监理及相关专业技术人员参考使用。

图书在版编目(CIP)数据

深覆盖层基础混凝土面板堆石坝施工新技术/杨金顺主编. —郑州:黄河水利出版社,2015.12

ISBN 978 - 7 - 5509 - 1313 - 4

Ⅰ.①深… Ⅱ.①杨… Ⅲ.①混凝土面板坝 - 堆石坝 - 工程施工 Ⅳ.①TV641.4

中国版本图书馆 CIP 数据核字(2015)第 299368 号

组稿编辑:贾会珍　电话:0371 - 66028027　E-mail:xiaojia619@126.com

出 版 社:黄河水利出版社
　　　　地址:河南省郑州市顺河路黄委会综合楼 14 层　邮政编码:450003
发行单位:黄河水利出版社
　　　　发行部电话:0371 - 66026940、66020550、66028024、66022620(传真)
　　　　E-mail:hhslcbs@126.com
承印单位:河南省承创印务有限公司
开本:787 mm×1 092 mm　1/16
印张:14.75
字数:400 千字　　　　　　　　　　　印数:1—1 000
版次:2015 年 12 月第 1 版　　　　　　印次:2015 年 12 月第 1 次印刷

定价:38.00 元

前　言

　　随着我国水利水电建设事业的发展,混凝土面板堆石坝因具有就地取材、经济性好、施工简便、安全性高,特别是有利于环境等多种优点,目前已成为40多年来得到很大发展的一种新的坝型并被普遍采用。20世纪90年代初,有关方面开始对混凝土面板堆石坝工程预可行研究和可行性研究。从各种因素比选,面板堆石坝都是最优选择。所以,混凝土面板堆石坝是目前坝工建设中最具竞争力和最具发展前景的坝型之一。

　　这些年来,随着面板堆石坝技术的发展,面板堆石坝坝高的不断增加和坝址地形条件及工程地质的日趋复杂,工程中对深层(30 m)以上的复杂覆盖地层上的面板堆石坝应力变形分析的理论和分析手段,从设计和施工方面也提出越来越高的要求。对于百米以上的高面板坝,在30 m以上的深覆盖层修建坝体,如何正确预测和防治坝体在各种工况条件下的变形趋势,并在此基础上优化坝体的设计和提高施工技术,确保面板受力的均匀、坝体的稳定安全已成为面板堆石坝设计和施工中的关键问题。

　　自20世纪90年代以来我国混凝土面板堆石坝的数量逐渐增多,通过我国科学技术工作者及工程技术人员40多年来的不懈努力,以及"八五""九五"国家科技攻关项目和水利水电行业的重点科技项目,我国的混凝土面板堆石坝的设计与施工取得了自主创新的成果。

　　我国十分重视科学技术的自主创新和开发应用,随着国家将混凝土面板堆石坝的关键技术列入"七五""八五""九五"国家重点科技攻关项目和国家自然科学基金课题及水利水电行业的重点科技项目。全国的水利科技工作者和工程技术人员已经对深覆盖层上修建混凝土面板堆石坝进行了大量的和系统的科技攻关和技术开发。黄河勘测设计有限公司对深覆盖层的地质状况进行了研究。河南省水利厅专家和河南省水利第一工程局的实践科研取得了丰硕的研究成果——高压旋喷灌浆新技术处理深基(30 m),应用于河口村水库中,丰富了混凝土面板堆石坝的知识宝库。经过水利部对河口水库大坝的工程技术咨询、审查、鉴定及质量评价等工作(涉及混凝土面板堆石坝的填筑材料,坝体分区面板防裂,基础稳定的分析,安全监测计算和深覆盖层基础上修建面板堆石坝等方面),深感有必要进行系统的总结,力求在混凝土面板堆石坝工程从完成经验的积累发展到理论现状和实践施工规律掌握的道路上有一定的贡献。

　　本书中所介绍的大坝基础处理为目前国内同类坝型中最为复杂的深层基础,处理方式为国内同类坝型的首例,在大坝填筑方面采用GPS高精度实时监控技术与数控方法相结合来确保大坝的填筑质量。

　　本书是一部介绍在深覆盖层基础上修建混凝土面板堆石坝的参考技术书籍,突出加强实践、培养能力、使用需要的基本原则。注重应用先进性、实用性及操作性。它在系统地总结和学习国内外类似工程先进经验的基础上,结合河南省河口村水库工程的实践情况全面总结了河口村水库面板堆石坝设计、施工新理念,详细介绍了在深覆盖层基础上修建混凝土面板堆石坝的关键创新技术体系和施工经验及实践方面的最新发展与成就。

本书由杨金顺担任主编,由江永安、谢俊国、陈建国担任副主编,姚党照、杨慧勤、郭文良、魏水平、吕超勇、田家兴、郭林山、潘路路参加编写。

本书引用了大量的设计科研成果和文献资料,在此向其作者表示衷心的感谢。

由于本书涉及的专业多,加之编者水平有限,书中不当之处难免,敬请广大读者批评指正。

编　者

2015 年 9 月

目　录

第一章　综　述

第一节　工程概况与基本地质条件

一、工程概况

河口村水库位于黄河一级支流沁河峡谷段出口五龙口以上约 9 km 处,河南省济源市克井镇境内,距离济源市 22 km,是通过三门峡、小浪底、故县、陆浑、河口村五座水库的联合调节运用的水利枢纽工程。水库正常蓄水位 275 m,相应库容 2.47 亿 m³,水库总库容 3.17 亿 m³,校核洪水位 285.43 m,设计洪水位 285.43 m,电站的装机容量 11.6 MW。开发的任务是以防洪、供水为主,兼顾灌溉、发电、改善河道基流等综合利用。工程等别为 Ⅱ 等大(2)型,永久性主要建筑物中混凝土面板堆石坝级别为 1 级,泄洪洞、溢洪道、引水发电洞进口建筑物级别为 2 级,供水发电洞、电站、厂房级别为 3 级;次要建筑物为 3 级;临时建筑物为 4 级。

河口村水库的平面布置见图 1-1。

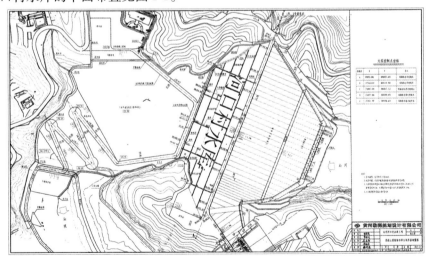

图 1-1　河口村水库的平面布置

河口村水库面板堆石坝坝顶高程 288.5 m,坝顶长度 530 m,最大坝高 122.5 m,坝顶宽度 9.0 m,大坝上、下游坡面坡比均为 1:1.5。坝体填筑分为 10 个区域,即垫层区、特殊垫层区、过渡区、主堆石区、下游次堆石区、下游石渣压坡区、上游防渗区、防渗补强区、粉煤灰区、上游石渣盖重区等组成。大坝填筑工程量包括上游铺盖和下游石渣压坡在内共计 734 万 m³。面板厚 0.3 ~ 0.72 m,受压区面板宽 12 m、受拉区面板宽 6.0 m,共 47 块。

面板混凝土体积 2.9 万 m^3。

趾板布置形式为水平线的形式,趾板的宽度根据基岩的允许水力梯度和基础处理措施确定。弱风化基岩的允许水力梯度为 10 ~ 20。本工程两岸趾板全部坐落在较坚硬完整的弱风化基岩上。两岸趾板的宽度和厚度按水头高程分别采用 10 m、8 m、6 m 三种宽度,厚度相应为 0.9 m、0.7 m、0.5 m。趾板与防渗墙连接采用柔性连接,采用单连接板,连接板长度为 4 m、厚度为 0.9 m。连接板与趾板和防渗墙之间设置止水,同时在其底部铺设有 1.0 m 厚垫层料。

二、基本地质条件

(一)地形地貌及物理地质现象

坝址区位于龟头山北侧,河谷为 U 形峡谷,谷坡覆盖层较薄,大部分基岩裸露;河谷底部主要为河槽、漫滩和少量残存的 I、II 级阶地,河谷底宽 134 m,坝顶河谷宽 450 m。由于组成河谷的岩层软硬相间,使两岸谷坡陡缓不同,呈台阶状。左岸有老断沟,右岸有余铁沟,以悬谷形式与主河道相交。

坝址区内古河道分布在河谷右岸,古河道底部有零星河流相粉砂与砂卵石,厚度 10 m 左右,其上为坡积岩块、碎石及砂壤土,最厚 30 m 左右,无分选性,局部被钙质胶结。在坝肩,古河道堆积物质大部分被现代河流侵蚀掉,山坡上仅残存零星且很薄的堆积物,分布高程 250 ~ 270 m。

岸边卸荷裂隙带深度与岩性、风化程度、自然坡度和坡高有关。一般是坡度陡、高度大的岸坡,卸荷裂隙带深度亦大,岩性软的岸坡风化程度强;反之,卸荷带浅,风化程度弱。坝址区垂直卸荷带深度一般为 5 ~ 11 m,水平卸荷带深度为 8 ~ 15.3 m。$\in_1 m^3$ 板状泥灰岩多呈强风化,Pt_2r 硅质碎屑岩一般呈弱风化。

(二)地层岩性

坝址区出露的地层有太古界登封群、中元古界汝阳群、古生界寒武系及第四系。

1. 太古界登封群(Ard)

太古界登封群(Ard)出露在坝址区河床部位,以五庙坡断层为界,断层以北顶面高程为 180 ~ 265 m。太古界登封群是一套经受区域变质作用形成的杂岩体,岩性以花岗片麻岩为主,其次为正长片麻岩、石英片麻岩、云母石英片岩,含少量铁质石英碧玉岩。在岩体内,尚有肉红色酸性花岗伟晶岩、细晶岩及基性角闪蛇纹岩的侵入体,产状呈小型的岩脉或岩株。个别地段太古界登封群(Ard)顶面,存在 0 ~ 0.5 m 厚的云母富集层。

太古界登封群(Ard)一般岩体较完整,力学性质指标较高,透水性微弱,出露在坝基、隧洞部位,与工程关系密切。

2. 中元古界汝阳群(Pt_2r)

中元古界汝阳群(Pt_2r)与下伏太古界登封群呈角度不整合接触。从下至上可划分以下三个岩组。

1)云梦山组(Pt_2y)

云梦山组(Pt_2y)为底砾岩,厚 0 ~ 14 m,局部尖灭。岩性为灰白色、肉红色厚层石英砾岩夹透镜状石英粗砂岩。砾石成分为石英岩,粒径为 1 ~ 30 cm,磨圆度好,基底式硅铁质胶结。

2）白草坪组（Pt_2b）

白草坪组（Pt_2b）出露厚度 0～25 m，一般厚 7～15 m，在龟头山顶尖灭。下部为紫红色条带状粗砂岩，具波痕与楔形斜层理，至四坝线，砂岩下部过渡为石英角砾岩，粒径为 1～10 cm，基底式硅质胶结。上部为紫红色粉砂质页岩，夹灰绿色条带，具泥裂。

3）北大尖组（Pt_2bd）

北大尖组（Pt_2bd）出露厚度 0～12 m，一般厚 5～7 m，金滩沟口该层尖灭。岩性为灰白、肉红色中厚层细粒石英岩状砂岩，层面间夹紫红色页岩。

中元古界汝阳群岩性坚硬，隐裂隙发育，地形上常形成陡坎，分布在坝肩、隧洞等部位，与水库工程关系密切。

3. 古生界寒武系（$\in$）

古生界寒武系（$\in$）与下伏中元古界汝阳群呈平行不整合接触，底部见角砾状石英砂岩。与本工程相关的主要有馒头组、毛庄组等。

1）馒头组（$\in_1m$）

馒头组（$\in_1m$）为一套浅海相沉积的碳酸岩、碎屑岩互层，总厚 94～105.6 m。根据岩性组合及水文工程地质特征，馒头组从下至上可划分为六个岩段。

$\in_1m^1$：灰色薄层白云岩，角砾状白云岩。局部有底砾岩及泥灰岩夹层，厚 0～8.86 m，一般厚 3～5 m，局部缺失。

$\in_1m^2$：灰色厚层白云岩，含少量燧石结核，厚 4.5～7.36 m。

$\in_1m^3$：厚 11.9～13 m。下部为浅灰黄色含燧石结核泥灰岩，具泥化夹层及滑动镜面，厚 4.4 m；中部为灰色中厚层灰质白云岩，厚 2.6～3.0 m，因层间滑动挤压，岩体破碎，沿褶皱轴部及小断层发育溶洞，洞壁与裂隙中充填方解石脉体；上部为浅灰黄色泥灰岩，含夹泥，厚 4.0 m；顶部为浅灰色灰质白云岩，厚 0.9 m。

$\in_1m^4$：灰绿色板状白云岩夹紫红色页岩，下部含泥化夹层，厚 39～40 m。

$\in_1m^5$：灰色泥质条带灰岩、白云岩夹页岩，灰岩中有不贯通的溶蚀小孔，中部含碎屑夹泥层，厚 20～21 m。

$\in_1m^6$：紫红色页岩、粉砂岩夹浅色灰岩、白云岩，厚 18～20 m。

馒头组岩性软硬相间，地形上常形成缓坡。分布在两坝肩、隧洞及溢洪道部位，与水库工程关系密切。

2）毛庄组（$\in_1mz$）

毛庄组（$\in_1mz$）在地形上呈陡坎，分布在坝肩等部位，根据岩性组合，从下而上可分为三个岩段。

$\in_1mz^1$：暗紫红色含白云母铁质粉砂岩与浅灰色鲕状灰岩互层，厚 10～12 m。

$\in_1mz^2$：灰色厚层鲕状灰岩，具缝合线构造，厚 11～15.5 m。

$\in_1mz^3$：灰色结晶灰岩、团块灰岩夹钙质页岩，厚 12～13 m。

3）徐庄组（$\in_2x$）

徐庄组（$\in_2x$）为一套浅海相黏土岩—碳酸盐岩沉积，出露在沁河谷坡上，厚约

105 m，从下而上分为四个岩段。

$\in_2 x^1$：紫灰色钙质页岩夹薄层灰岩与粉砂岩，厚 28 m。

$\in_2 x^2$：下部为灰白色钙质石英砂岩、肉红色砂质灰岩；中部为紫灰色钙质页岩、粉砂岩互层；上部为灰色砂质鲕状灰岩，具斜交层理，厚 27 m。

$\in_2 x^3$：灰绿色页岩与深灰色鲕状灰岩互层，厚 35 m。顶部有一层三叶虫碎屑灰岩，具大型波痕。

$\in_2 x^4$：深灰色板状泥质灰岩，具溶蚀裂隙及波痕，透水性较强，厚 15 m，顶部有一层豆鲕状灰岩。

4. 第四系（Q）

第四系（Q）出露在河床及岸坡上，根据所在地貌单元与成因分述如下。

1）上更新统（Q_3）

龟头山古滑坡堆积物（Q_3^{del}）：岩性为破碎松动岩体、岩块及碎石，局部钙质胶结，厚 10～40 m，分布高程 260～300 m。

古崩塌堆积物（Q_3^{col}）：岩性为巨型鲕状灰岩岩块及碎石，局部钙质胶结，分布高程 220 m 以上。

沁河余铁沟古河道堆积物（Q_{31}^{al+dl}）：底部为卵石及粉砂，上部为坡积岩块、碎石及壤土，厚约 30 m，分布高程 245 m 以上。Ⅲ级阶地堆积物：砂卵石、碎石夹黏性土。

2）全新统（Q_4）

坡积、洪积岩块、碎石及壤土（Q_4^{dl+pl}）；Ⅱ级阶地堆积物（Q_{41}^{al}）：下部为砂卵石夹黏性土，上部为壤土；Ⅰ级阶地堆积物（Q_{42}^{al}）：下部为砂卵石层，上部为壤土；河床堆积物（Q_{43}^{al}）：岩性为含漂石砂卵石层夹黏性土及砂壤土，最大厚度 47.97 m。

（三）地质构造

坝址区位于盘古寺断层以北，本工程主要涉及两个构造单元，即余铁沟至老断沟以北的单斜构造区；两沟以南至五庙坡断层间的龟头山褶皱断裂发育区。

1. 单斜构造区

岩层走向近于东西，向北缓倾，倾角 3°～10°，断层与褶皱不发育，且规模小，构造形迹微弱。但在馒头组下部，发育一拖曳褶皱层，其中伴生构造夹泥及裂隙溶洞。褶皱层厚 32～34 m，包含 $\in_1 m^1$、$\in_1 m^2$、$\in_1 m^3$ 和 $\in_1 m^4$ 下部等岩层，以中部 $\in_1 m^3$ 岩层变形最强烈，岩体柔皱破碎。该层分布在坝肩，延至坝址上游。

层间小逆断层常常与褶皱相伴而生，同一构造，往往下部是断层，上部变为皱（褶），断层产状为 280°～300° NE ∠50°，断距小于 1 m。破劈理在页岩及板状白云岩中比较发育，产状为 280°～300°NE ∠50°～70°，透水性强。

2. 龟头山褶皱断裂发育区

该区共发育 5 条较大规模的压性断层（F9、F10、F11、F12、F14）及两个褶皱束。F9、F10、F11 为逆断层，走向为 270°～300°。除地表出露的规模较大的断层外，临近五庙坡断层带附近发育有大量小断层，这些小断层一般断距小、规模不大。

1）F11 逆掩断层

出露左坝肩，出露高程 230 m 至河水面以下。断层走向 300°～310°，倾向 SW，倾角一般 15° ~27°。断层面呈舒缓波状,断距 5 ~30 m。断层带宽度 0.5 ~2.0 m,组成物质可分断层泥带和压碎岩带。泥带厚 1 ~10 cm,为含角砾的断层泥,遇水软化,分布不连续;压碎岩带厚 0.4 ~1.9 m,为碎裂的片麻岩夹构造透镜体,挤压紧密。在垂向上,断层局部分成三个破裂面,以 23° 为主破裂面。同时沿 F11 主断层带附近,发育多条缓倾角小断层。

2)F12、F14 断层

F12 断层走向 300°,倾向 NE,倾角 35°,为压性断层,断距 5 ~7 m,断层带宽度 0.2 ~0.5 m,断层带组成物质为断层泥及角砾岩,将 Pt_2b 粉砂岩推覆在 Pt_2bd 石英砂岩之上,有擦痕及镜面。F14 断层走向 260° ~290°,倾向 SE ~SW,倾角 53° ~70°,断距 3 ~8 m,断层带宽 0.05 ~0.3 m,为正断层,断层带物质组成成分为岩块、岩屑夹泥等。

3)褶皱束

坝址区有两处褶皱,为龟头山褶皱束及老断沟左岸褶皱束。

龟头山褶皱束发育在馒头组下部泥灰岩、页岩及板状白云岩中,褶皱由平行的两个小背斜及三个小向斜联合组成。轴向 280° ~290°,形态为不对称褶曲,北翼倾角 30° 到直立,南翼倾角小于 10°,宽度约 60 m,岩层起伏差 10 ~15 m。

老断沟左岸褶皱束发育在中元古界汝阳群与寒武系馒头组下部岩层中,由平行的两背斜及一向斜组成。轴向 280° ~300°,北翼陡,倾角 40° ~80°,局部倒转;南翼缓,倾角一般 5° ~17°,形态为尖顶形倾斜褶皱,宽 50 ~70 m,岩层起伏差 15 ~25 m。

3. 五庙坡断层带

五庙坡断层带(F6、F7、F8)主要由 F6、F7、F8 三条近东西向的阶梯状正断层组成,断层带宽度 6 ~70 m,破碎带组成物质为散体结构的断层泥、含泥角砾及碎块岩。断层产状:F6 走向 270°,倾向 S,倾角 50° ~80°;F7 走向 270° ~280°,倾向 S 或 SW,倾角 60° ~87°;F8 走向 270° ~280°,倾向 S 或 SW,倾角 45° ~60°。断层走向、倾向稳定,但倾角在不同高程上变化较大,一般上陡下缓,破碎带在剖面上呈上宽下窄的楔形体。在破碎带中,除上述三条断层外,还发育次一级小断裂。因此,五庙坡断层带是由很多断裂面与岩层层面错综交汇组合的破碎岩体组成的。

4. 节理

坝址区主要发育 4 组节理:① 走向 270° ~290°,倾向 NE 或 SW,倾角 60° ~85°;② 走向 0° ~20°(多数倾向 E 或 SE),倾角 60° ~90°(多数为 85°);③ 走向 60° ~80°,倾向 SE,倾角 70° ~80°;④ 走向 340° ~350°,倾向 NE 或 SW,倾角 60° ~85°。其中,以①组为最发育,②组次之,④组发育最弱。上述 4 组节理裂隙的共同特征是:延伸远、倾角陡、裂隙面光滑、平直、闭合,成簇出现。不同岩组,裂隙频率及各组节理发育程度不同。同一岩组不同岩性裂隙频率及各组节理发育程度亦有差异。

(四)软弱夹层

坝址区分布的软弱夹层(泥化夹层)可归纳为以下三种类型:

第一种类型:分布在 $\in_1 m^2$ 岩层顶面,主要为粉质壤土(试验定名)、岩屑及碎粒等。软弱夹层厚度一般为 1 ~2 cm,宏观上看是连续的。软弱夹层顶、底面差异较大,有些部位平整稍光滑,另一些部位凹凸粗糙。该类型对整体滑动起主要控制作用。

第二种类型:分布在 $\epsilon_1 m^3$ 泥灰岩层中,浸水易于泥化,主要为轻粉质、中粉质壤土。该软弱夹层多呈带状沿层间分布,连续性差,其物质组成与厚度较稳定。

第三种类型:分布在 $\epsilon_1 m^3$ 泥灰岩层间错动的切层破裂面中,其物质组成和第二类型基本相同,具有明显的破裂面,光滑如同镜面,往往延展不长,属局部性分布。

此外,在 $\epsilon_1 m^4$ 页岩夹层中及 $\epsilon_1 m^1$ 白云岩层间也有软弱夹层(泥化夹层)的分布,但其厚度和延展范围较之更小,其工程地质意义不大。

三、水文地质条件

坝址区水文地质条件复杂,地下水基本类型主要有松散层中的孔隙潜水和基岩裂隙水,两岸地下水位高于河水位,地下水补给河水。右岸分布寒武系馒头组,下部构造含水岩组(或透水层),厚 32 ~ 34 m,属岩溶裂隙透水层,在水库蓄水后,将成为库水向外渗漏的主要通道。其下伏太古界登封群变质岩及中元古界汝阳群碎屑岩为相对隔水岩体。

左岸为龟头山褶皱断裂混合透水层区,透水性从上而下逐渐变小,底部为太古界登封群变质岩及中元古界汝阳群碎屑岩,为相对隔水岩体。在五庙坡断层以北,透水性自北向南逐渐变小,接近断裂带时,透水性又增大。

对坝址区的河水、河床砂卵石孔隙水及基岩裂隙水的水质分析,河口村水库坝址区地表水及地下水对混凝土皆无腐蚀性。

四、不良地质现象

(一)左岸古滑坡体

左岸古滑坡体分布在左岸坝肩,顺河向上至泄洪洞进口,下至龟头山端部;横河向上界为龟头山背斜轴部,下界为岸边 260 m 高程线。全长约 560 m,宽约 80 m,总体积估算为 71 万 m^3。

该古滑坡体表部,由于长期剥蚀作用,从地貌上已看不出明显的滑坡特征,现状为一倾向河谷的缓坡地形,倾角 20° ~ 26°,岸坡小冲沟发育,但切割不深,多未切至滑床面,对滑体来说,仅是上部岩层受到冲蚀,形成不规则沟凹地形,而下部岩层仍为连续的整体;滑坡体现状已处于稳定平衡。在水库蓄水后,考虑地震及水位骤降等工况下,古滑坡体可能失稳。

滑坡体岩层主要是馒头组($\epsilon_1 m^3$、$\epsilon_1 m^4$)泥灰岩、白云岩组成的破碎岩体,局部混有来自上部岩体崩塌的徐庄组页岩和张夏组灰岩岩块。根据岩体破碎程度和变形特点划分为两个区:靠近前缘段,破碎强烈,多为碎块状的为①区;向里至后缘段岩体以张裂变形为主,为②区。滑坡体岩层及滑床面皆倾向河谷,走向 EW、倾向 N、倾角 3° ~ 7°,滑床基底岩层为坚硬厚层的 $\epsilon_1 m^2$ 白云岩,滑床面上分布有薄层状夹泥。

(二)龟头山古崩塌体

龟头山古崩塌体形成初期为一整体,顺河长 1 200 m,后期被冲沟切割,形成零星小块,分散在左坝肩山脊上,共五处,宽 50 ~ 210 m,厚 10 ~ 30 m,分布高程 225 ~ 450 m,总体积估算约 100 万 m^3。局部崩塌体,盖在龟头山古滑坡之上。靠近左坝肩附近的几处,将会影响溢洪道边坡及引泄水隧洞进口边坡的稳定。

五、坝址区工程地质条件的评价

(一)坝基河床覆盖层的工程地质条件

河床覆盖层主要是河床、漫滩及高漫滩河流冲积、洪积层。一般厚 30 m,坝基处覆盖层最大厚度为 41.87 m。岩性为含漂石及泥的砂卵砾石层,夹 4 层连续性不强的黏性土及 14 个砂层透镜体,工程地质特征极不均匀。

坝基覆盖层含漂石的砂卵砾石层,夹有 4 层黏性土夹层:第一层,顶面标高 173 ~ 175 m,厚 2 ~ 3.7 m,最厚 6.6 m;第二层,顶面标高 162 m 左右,厚 0.5 ~ 1.5 m,最厚 6.4 m;第三层,顶面标高 152 ~ 150 m,厚 2 ~ 4 m,最厚 6.2 m;第四层,顶面标高 148 ~ 142.65 m。砂层透镜体一般分布在河流凸岸,长 30 ~ 60 m,宽 10 ~ 20 m,厚 0.2 ~ 5 m,分布不连续。根据勘探资料,大坝坝基范围内发现的砂层透镜体有 14 个,主要分布在坝轴线附近及下游。

根据勘探,河床砂卵砾石层中含漂石,最大直径 5 m 以上,一般 1 m 左右,在表层 5 m 和底层 8 m 漂石分布较为密集。砂卵砾石层分上、中、下三层,上层为含漂石卵石层,自河床至高程 163 m,厚度 10 m 左右;中层为含漂石细砾石层,高程 163 ~ 152 m,厚度 10 m 左右;下层为含漂石砂砾石层,高程 152 m 以下至基岩,厚度 10 ~ 15 m。

根据前期试验资料,黏性土夹层的内摩擦角为 19° ~ 23°(建议值),而粉细砂透镜体及砂卵砾石层内摩擦角为 27.5° ~ 39.5°(建议值),因而黏性土夹层对坝基抗滑稳定有一定的控制作用。

根据已有地质资料,黏性土夹层累计厚度 5 ~ 20 m,为覆盖层总厚度的 1/6 ~ 1/2,分布极不均匀,压缩系数为 0.1 ~ 0.2 MPa^{-1},属中低压缩性土;砂卵砾石层的压缩系数为 0.01 ~ 0.068 MPa^{-1},属低压缩土—不可压缩土;根据标贯击数及相对密度,砂层透镜体相当于中密—密实。上述三种物质,不仅密实程度相差较大,且在空间分布也很不均匀,产生不均匀沉陷的可能性大。

砂卵砾石层中,不均匀系数 $\eta = 350 ~ 675$;砂层透镜体 $\eta = 16$,$d_{50} = 0.17$ mm,属易产生流砂或管涌的砂层。坝基砂卵砾石层均处于饱和状态,渗透管涌和震动液化的可能性都是存在的。河床砂砾石层及其下伏基岩上部风化卸荷带透水性强。

鉴于坝基河床覆盖层深厚,覆盖层的物理特性、抗剪变形特性差异较大,且缺乏现场试验资料,需在施工期间补充进行专门试验研究工作。

(二)坝肩工程地质条件

1. 左坝肩工程地质条件

左坝肩开挖涉及的地层有 $\in_1 m^4$、$\in_1 m^3$、$\in_1 m^2$、$\in_1 m^1$、$Pt_2 r$ 和 Ard 等,岩石多坚硬性脆,经构造作用,岩体卸荷强烈。左坝肩属褶皱断裂发育区,F11 逆掩断层、F12 断层、F14 断层、龟头山褶皱束分布在坝肩,构造复杂。除地表出露的规模较大的断层外,临近五庙坡断层带附近发育有大量小断层,岩体中尚发育 4 组节理。开挖边坡总体稳定性较差,加上边坡高陡,发生崩塌、落石的可能性都是存在的。

左岸坝肩基本处于龟头山褶皱断裂发育区,构造发育,岩体破碎。坝肩上部寒武系地层,属极强、强透水层。五庙坡断层带及以南地区,为一强透水的低水位带。由于断层及其影响带本身的强透水性,蓄水后水库沿透水层向断层带排泄。

　　2. 右坝肩工程地质条件

　　右坝肩为单斜构造,岩层向山内倾斜,倾角3°~10°,断层与褶皱不发育,且规模小,构造形迹微弱。开挖涉及的地层有$\in_1 m$、$Pt_2 r$ 和 Ard 等岩层,下部 $Pt_2 r$、Ard 岩层岩石多坚硬性脆,上部 $\in_1 m$ 地层岩石较软弱,浅表部岩体卸荷较强烈,大部分充填次生泥,节理裂隙较发育,地质条件优于左岸坝肩,但施工中仍需要注意浅表部卸荷裂隙作用的松动岩块及由于裂隙切割组合形成的不稳定块体。

　　水库蓄水后,库水将通过透水层呈承压式向下游绕渗,馒头组下部($\in_1 m^4$、$\in_1 m^3$、$\in_1 m^1$)岩溶发育,透水性强。

第二节　填筑料源

　　大坝填筑料来源有两大部分,分别是各建筑物开挖利用料和料场开采取料。河口水库天然建筑材料主要是石料和土料。

一、石料场

　　河口村石料场位于坝址下游沁河右岸的河口村村南冲沟西侧。产区属低山丘陵区,自然坡度20°~60°。料场岩石基本裸露,岩层厚度及质量较稳定,风化轻微,为Ⅱ类料场。

　　料场中上部为中奥陶统上马家沟组($O_2 m^2$)灰色厚层状白云岩、白云质灰岩和灰岩,局部夹有0.1~0.5 m泥灰岩;下部为中奥陶统下马家沟组($O_2 m^1$)的上部灰色白云质灰岩夹页岩、泥质灰岩,由于该层含薄层页岩和泥灰岩较多,其强度、块度不能满足块石料和人工混凝土骨料的质量要求,故以其顶面作为块石料场开挖下限。

　　料场系裸露的单斜岩层,岩层产状:倾向 NW300°左右,倾角20°~25°,表层强风化层一般厚1~1.5 m。近东西向的小断裂比较发育,断距均较小。主要发育2组节理:①走向270°,倾向S,倾角70°~85°,节理间距0.2~0.7 m;②走向44°,倾向SE,倾角87°左右,节理间距0.8~1.5 m。

　　由试验结果可知,岩石饱和抗压强度41.4~152 MPa,平均值92.6 MPa;干密度2.71~2.84 g/cm³,平均值2.77 g/cm³;软化系数0.43~0.96,平均值0.80;冻融损失率0.01%~0.60%,平均值0.06%,料场石料满足块石料质量要求。

　　河口村块石料用作人工混凝土粗骨料时,其干密度、饱和抗压强度、吸水率、冻融损失率(硫酸盐及硫化物含量)等指标均满足技术质量要求,同时碱活性试验结果初步表明,岩石不具有碱活性,满足混凝土粗骨料的质量技术要求。

　　石料场采挖范围建议下部界线控制在中奥陶统下马家沟组($O_2 m^1$)顶面,料场勘探储量约1 700万 m³,开采边坡建议采用阶梯状,台阶高度8~15 m,坡比1:0.3~1:0.6。

　　综上所述,河口村石料场石料质量满足相关规范中对块石料和混凝土人工骨料的质量技术要求。料场储量较丰富,无地下水出露,施工场地开阔,距坝址区直线距离2~3 km,开采和运输比较便利。

由于河口村石料场开采范围边缘距离河口村和侯月铁路较近,石料场爆破开采时应考虑对河口村居民和建筑的影响,同时考虑对侯月铁路安全行车的影响,合理设计爆破开采方案。

二、土料场

土料主要用于大坝面板前防渗铺盖和围堰防渗体填筑等的用料。

谢庄土料场位于坝址上游沁河左岸,谢庄村旁,距坝址 4~5 km。土层分布不均一,呈窝状,纵向和横向岩性变化均较大。料场上部为冲洪积低液限黏土;下部为冲洪积砂砾石层。可开采土层厚度 1~5 m。根据试验资料,土料中黏粒含量约 22%(平均值),以低液限黏土为主。初步估算储量为 15 万 m³。

松树滩土料场位于坝址上游沁河右岸,松树滩村旁,距坝址 3 km 左右。料场被冲沟切割为东、西两块。冲沟西为①区,为山前洪积相的低液限黏土夹薄层碎石,黏粒含量平均约 16%;冲沟东为②区,为红褐色含钙质结核和夹钙质结核层的低液限黏土,碳酸盐含量较高,黏粒含量平均约 23%,地面起伏较大,呈倾向河谷的阶梯状地形。初查勘探储量约 16 万 m³。

由于两料场质量不稳定,含有较多的钙质结核和碎石,黏粒含量偏低,呈窝状分布,建议开采时可考虑适当筛选,以剔除部分碎石等杂质。

第二章 大坝地基的开挖与处理

第一节 国内外深覆盖层基础混凝土面板
堆石坝的主要特性及实例

当挖出比较深厚的河床覆盖层时,将趾板建在基岩上势必增加工程的投资和工期,甚至是难以实施的,因此出现了趾板建在深覆盖层上的混凝土面板堆石坝。其技术经济指标可能比心墙堆石坝或斜墙堆石坝更为优越,特别是缺少了防渗黏土料的坝址区。

1939 年世界上第一座将趾板建在深覆盖层上的混凝土面板堆石坝是国外阿尔及利亚的布·汉尼菲亚(Bon Hanifia)坝,坝高为 54 m,覆盖层最大厚度为 72 m,是微胶结的细砂层,坝基防渗措施是 4 m 厚的混凝土墙。据不完全统计,国外趾板建在深覆盖层上的混凝土面板堆石坝有 6 座,如表 2-1 所示。

表 2-1 国外趾板建在深覆盖层上的混凝土面板堆石坝

坝名	国家	建成年份	坝高(m)	覆盖层厚度(m)	覆盖层特性	坝基防渗措施
布·汉尼菲亚(Bon Hanifia)	阿尔及利亚	1939	54	72	微胶结细砂层	4 m 厚混凝土防渗墙
凯母波·莫洛	意大利	1959	34.5	21	砂砾石层	2 m 厚塑性混凝土防渗墙
圣塔·扬纳(Santa Junan)	智利	1995	106	30	冲积砂砾石层,细粒含量低(<10%),渗透性和压缩性低	0.8 m 厚防渗墙,混凝土强度 10 MPa;上部 6 m 为钢筋混凝土,强度 20 MPa
帕克拉罗(Puclaro)	智利	1999	83	113	冲积砂砾石层,细粒含量低(<10%),渗透性和压缩性低	0.8 m 厚防渗墙深 60 m(悬挂),混凝土强度 10 MPa;上部 6 m 为钢筋混凝土,强度 20 MPa
皮其·皮克·卢浮(Pichi Picun Leufu)	阿根廷	1995	40	30	砂砾石层夹薄层细砂	混凝土防渗墙
洛斯·卡拉科莱斯(Los Caracoles)	阿根廷	2003	138		砂砾石层	混凝土防渗墙

中国自 1982 年建成第一座趾板在深覆盖层上的面板堆石坝——柯柯亚坝以来，在 20 世纪 90 年代已不断地建成 9 座这种面板堆石坝，21 世纪更有数座 100 m 高以上的深覆盖层混凝土面板堆石坝，如表 2-2 所示。

表 2-2　中国趾板建在深覆盖层上的混凝土面板堆石坝

坝名	地点	建成年份	坝高（m）	覆盖层厚度（m）	覆盖层特性	坝基防渗措施
柯柯亚	新疆善鄯	1982	41.5	37.5	冲砂砾石层，有不连续的中粗砂透镜体，有零星漂石、孤石，波速 1 000 ~ 1 300 m/s，平均渗透系数 4×10^{-2} cm/s	混凝土防渗墙，墙厚 0.8 m，混凝土强度 10 MPa，抗渗等级 S6
铜街子副坝	四川乐山	1992	48	71	自上而下为漂卵石夹砂层、粉细砂层、含卵块石层和卵石夹砂层	深槽段为混凝土挡墙下两道混凝土防渗墙，墙厚 1 m，两墙中心线间距 16 m，混凝土强度等级 C35，上部 4.5 ~ 9 m 为钢筋混凝土，防渗墙嵌入基岩 1 m，防渗墙最大深度 70 m
横山加高	浙江奉化	1994	将坝高 48.6 m 加高到 70.2 m	11	冲洪积砂砾石，上层为松散砂砾石，厚 3 ~ 9 m，不均匀系数 C_u = 135 ~ 705，渗透系数 k = 151.8 m/d；下层为密实砂砾石，厚 0 ~ 5 m，C_u = 367 ~ 750，k = 0.13 m/d	混凝土防渗墙在原心墙的心墙轴线上，墙厚 0.8 m，最大墙深 72.26 m，回转正循环法钻孔，导向刮刀钻头，墙倾斜度小于 0.4%，基岩和混凝土接头造孔用冲击钻造孔
槽鱼滩	四川洪雅	1994	16	22	砂卵石层，渗透系数 k = 4 ~ 80 m/d	右岸古河床覆盖层厚度 15 ~ 22 m 段用冲击钻造孔，厚度小于 15 m 覆盖层明挖现浇混凝土，防渗墙厚 0.8 m，嵌入基岩 0.5 ~ 0.8 m，混凝土等级 C15

续表 2-2

坝名	地点	建成年份	坝高 (m)	覆盖层厚度 (m)	覆盖层特性	坝基防渗措施
梅溪	浙江鄞县	1997	40	30	砂卵石层,上层厚 6~8 m,冲积松散砂卵石,较强—极强透水,下层厚 2~20 m,由泥、砂卵石组成,较密实,含泥量大于 9%,弱透水	坝基挖除表土和松散砂卵石层,13.5 t 振动碾碾压,达到孔隙率 $n < 21.8\%$,干密度大于 2.15 g/cm³。混凝土防渗墙厚 0.8 m,混凝土强度 10 MPa,抗渗等级 S6
梁辉	浙江余姚	1997	35.4	39	砂砾石层	混凝土防渗墙,墙厚 0.8 m,强度等级 C10,抗渗等级 S8,嵌入基岩 0.7 m
岑港	浙江	1998	27.6	39.5	砂砾石层	混凝土防渗墙,墙厚 0.8 m,混凝土强度 10 MPa,抗渗等级 S8
楚松	西藏	1998	39.67	35	砂砾石层	总厚度 2 m 倒挂墙混凝土防渗墙,倒挂墙厚 0.25 m,C20 混凝土,单层钢筋直径 12 mm,间距 25 cm,每挖深 1.6 m,浇筑一节倒挂墙
塔斯特	新疆	1999	43	28	砂砾石层	混凝土防渗墙
河口村	河南	2011	122.5	41.7	漂卵砾石层,并含有黏性土夹层及砂层透镜体	混凝土防渗墙、连接板、趾板、防渗板
汤溥(东主坝、西主坝)	浙江上虞	1999	29.6~37.6	23	含泥粉细砂层、含泥砂砾石层,西主坝滩地段夹有淤泥质黏土和淤泥质粉质黏土	混凝土防渗墙,墙厚 0.8 m,强度等级 C10;上部 5~10 m 为钢筋混凝土;顶部 1.6 m 混凝土强度等级 C15,防渗墙嵌入基岩 1 m
那兰	云南金平	2005	109	24.3	卵砾石夹中细砂,最大粒径 13 cm,卵砾石含量 50%~60%,自上而下为中粗砂和细砂,厚 0~3.95 m,以下为卵砾石层,其中深度 3.95~6.27 m 和 13.04~16.0 m 的卵砾石含量为 80%,渗透系数 $k = 14.9 \sim 410$ m/d	混凝土防渗墙,墙厚 0.8 m,混凝土强度等级 C25,双层钢筋

续表2-2

坝名	地点	建成年份	坝高(m)	覆盖层厚度(m)	覆盖层特性	坝基防渗措施
汉平嘴	甘肃文县	2005	57	45.5		混凝土防渗墙,墙厚0.8 m,混凝土强度等级C12,抗渗等级W8
九甸峡	甘肃卓尼、临谭	2008	136.5	56	深槽覆盖层上部为崩坡积块石碎石土,厚6~17 m;中层为冲积块石卵砾石,厚5~13 m,以块碎石为主,中等密实;下层为冲积砂砾卵石,厚12~37 m,中等密实	两道混凝土防渗墙,墙厚0.8 m,墙净距4 m
察汗乌苏	新疆和静	2007	110	46.8	主要为冲积含漂石砂卵砾石层,上、下部为含漂石砾卵砾石层,厚度分别为17~27 m和11~19 m;中部含砾石粗砂层,厚度4.5~8.5 m,埋深17~27 m。两岸坡脚有少量崩坡积块石、碎石和砂	混凝土防渗墙,墙厚1.2 m,最大深度46.8 m,嵌入基岩1 m,混凝土强度等级C20
多诺	四川九寨沟	在建	108.5	41.7	冲洪积含漂砂卵砾石层与崩坡积块碎石层,下部为洪积含漂(块)碎砾石土层,厚8.52~41.7 m,中密—密实,压缩模量103.9 MPa;上部为冲积堆积含漂砂卵石层,厚1.5~9.8 m,漂石多,松散,局部架空。两岸为崩坡积堆积的块碎石层,左岸较厚,达22 m,较松散,局部架空	混凝土防渗墙,墙厚1.2 m,嵌入基岩1 m

坝名	地点	建成年份	坝高(m)	覆盖层厚度(m)	覆盖层特性	坝基防渗措施
斜卡	四川九龙	在建	108.2	100	表层粉土质砾层,厚3.2~37.5 m,下部为块(漂)碎(卵)砾石层,厚23.1~64.3 m	挖除表层粉细砂层,混凝土防渗墙,墙厚1.2 m
双溪口	浙江余姚	在建	55	18	砂卵石层	混凝土防渗墙,墙厚0.8 m

第二节 深覆盖层基础混凝土面板堆石坝地基处理的研究

若在深覆盖层基础上建坝,首先要掌握覆盖层的工程特性。覆盖层的工程地质勘察方法很多,有钻孔取样、坑探、挖竖井取样或进行原位试验、波速测试、载荷试验、旁压试验、三轴压缩试验、动力触探试验、抽水试验、强夯试验、原位渗透试验、声波测试和室内土工试验等。覆盖层工程特性测定的技术难度较大,各种测试的方法有其局限性。各种测试方法的比较如下:

(1)对深覆盖层地基的钻孔取原样,其深度可达100 m左右,采用此原样进行三轴压缩试验来测定覆盖层的抗剪强度、变形模量和邓肯－张 E－B 模型或南水模型(数值模型)等。参数虽能反映覆盖层的真实性状,但是原样直径大小受室内试验缩尺效应的影响较大。

(2)原位测试的方法:是在坝基天然条件下原位测定岩(土)体的各种工程性质,它所取得的数据远比勘探取样所得的数据准确可靠,更符合岩(土)体的实际情况。原位测试检测无扰动试样的岩(土)体(如砂土、流动淤泥层、贝壳层破碎带等)的有关工程性质。可避免采样过程中应力释放的影响,并缩短勘探和室内试验的周期。

(3)波速测试法:是通过测定各类岩土的弹性波速,用以确定与波速有关的岩土参数。是检验岩土加固与改良后效果的一种原位测试方法。

(4)原位渗透试验方法:基本原理是在钻孔中将双管式渗压计探头埋设于被测试的坝基中,用常水头渗透压力 $\Delta\mu$ 压水(膨胀)或抽水(压缩)探头周围的土体将产生渗流。当 $\Delta\mu > 0$ 时,管中的水通过探头流入被测体,当 $\Delta\mu < 0$ 时,被测体中孔隙水通过探头流入管路,渗流量随时间而变,但最终将趋于稳定状态。理论分析证明,探头形状尺寸及渗透压力一定时,稳定流量仅与被测流量的材料渗透系数有关,因此可以通过对流量的测定推算出岩(土)体的渗透系数。

(5)抽水试验:是通过钻空(井)抽水降低地下水位来求得含水岩层渗透性能的一种原位测试方法。求得岩(土)层的渗透系数,可评价水利水电工程的渗漏问题。

(6)单(双)轴压缩法:是在试点岩石(土)体周围(四边)切槽埋入单(双)向的压力

机,对岩体施加压力,测定岩土体的变形并假设岩(土)体为匀质连续各向同性弹性体。按弹性力学相应的公式计算岩(土)体的变形特性指标。

(7)强夯试验:是采用设备 QU50 或其他类型的履带式起重机,自动脱钩使夯锤提升到额定高度后自由落体夯击地基的方法。夯锤为圆台形,重约 20.8 t,直径为 2.2 m,底面面积为 3.8 m²,试夯按梅花形布置。

(8)跨孔法:在岩石或砾石、砂层、土层等各种地层中应用,利用两个钻孔中采用垂直剪切冲击,产生水平传播的垂直编织的剪切波,测定出较深岩土层的剪切波速度值,对岩土做出正确的工程地质评价。这对于一些非常软的土层具有特别的意义。

(9)瑞利波法:是利用瑞利波的传播特性来探测地表下一个波长深度范围内岩土的平均剪切波或瑞利波速度剖面的一种方法。

总之,为探求深覆盖层的组成特性,国内外在建或已建成的混凝土面板堆石坝所采用的研究方法各有不同,但是目的和要求是一致的。

河南省河口村水库混凝土面板堆石坝趾板建在深覆盖层上的主要特性研究,其检测方法任务及要求如下:

(1)进行高压旋喷灌浆,成桩前的检测内容有:

①浅层平板载荷试验 6 个点,后设计变更为 4 个点,检测天然地基承载力和压缩模量,最大加荷 2.0 MPa。

②弹性波 CT6 组,检测天然地基纵波波速、横波波速、动弹性模量、动剪切模量共 900 个检测波点。

③附加质量法 6 个点,后设计变更为 4 个点,检测天然地基密度。

④旁压试验 6 个孔,检测天然地基不同深度的承载力、变形模量等参数。

⑤瑞雷波测线 4 条,测试地基瑞雷波波速共 22 个物理点。

⑥坑探 6 个点,检测天然地基的容重、孔隙比、颗分和相对密度。

(2)成桩后检测内容有:

①复合地基载荷试验 4 个点,检测复合地基承载力和压缩模量,最大加荷变更为 3.3 MPa。

②弹性波 CT6 组,检测复合地基纵波波速、横波波速、动弹性模量、动剪切模量。

③附加质量法 3 个点,检测符合地基密度。

④旁压试验 6 个孔,检测复合地基不同深度的承载力、变形模量等参数。

⑤瑞雷波测线 4 条,检测复合地基瑞雷波波速。

⑥坑探 6 个点,检测复合地基容重、孔隙比、颗分和相对密度。

⑦桩身达到龄期后钻孔取芯 5 根桩,检查成桩质量。

⑧利用取芯孔做单孔声波测试 5 个孔,检测桩的完整性。

⑨芯样试验 5 组,进行比重、干密度、单轴饱和抗压强度、静弹性模量及泊松比试验。

⑩低应变法 10 根桩,检测桩的完整性。

⑪桩身强度增长检测 3 根,分别检测其 7 d、14 d、28 d、90 d 龄期桩身抗压强度。

(3)各项试验测试后的成果分析:

①附加质量法。成桩前检测 3 个点位,分别为探坑的 QYD01、QYD02、QYD03 点,成

桩后完成 4 个点,点位分别和坑探的 QYD01′、QYD02′、QYD03′、QYD04′点位相同。通过附加质量法检测,确定了成桩前、成桩后的地基密度与坑探对比,具有无损害波速、精度高等优点。

②通过弹性波 CT、跨孔波速测试,确定了成桩前、成桩后地基的纵波波速、横波波速、动弹性模量、动剪切模量。成桩后地基波速出现了不均匀性提高,从各剖面来看,经过密集区桩的剖面波速提高率较大,同一剖面黏土层波速提高率普遍比砂卵石层要大。

③成桩前浅层平板荷载试验 4 个点,地基承载力特征值为 631 kPa,变形模量平均值为 46.7 MPa。成桩后地基承载力特征值为 1 029 kPa,变形模量密集区提高较大,稀疏区提高较小,平均值为 96.9 MPa。

④通过钻孔旁压试验确定了成桩前、成桩后地基不同深度的承载力、变形模量等参数。对比发现,成桩后桩密集区试验孔各参数提高较大,从地层岩性分析,黏土层比卵石层提高较多。

⑤通过瑞雷波确定了瑞雷波在成桩前、成桩后的地基瑞雷波波速,对比发现成桩后测试范围内地基瑞雷波波速出现了不均匀性提高,其中经过桩密集区的测点瑞雷波波速提高明显,提高了 15% ~20%,随着桩的稀疏而波速提高率降低。

⑥通过芯样试验确定了芯样的比重、干密度、单轴饱和抗压强度、静弹性模量及泊松比。比重为 10.6 ~19.178 kN/m³,干密度为 1.022 ~1.575 g/cm³,单轴饱和抗压强度为 0.462 ~13.689 MPa,静弹性模量、泊松比参数由于芯样试件条件较差,对测试有一定的影响。

第三节　河床覆盖层的处理

一、河口村水库大坝坝址区河床地质特征及工程特性

坝址区坝基左岸为龟头山山体,上部为第四系寒武系岩层,中部与下部为汝阳群和登封群岩层。右岸为一向北缓倾的单斜构造,出露岩层自下而上有登封群变质岩、汝阳群碎屑岩、寒武系碳酸盐岩等。

河床存在岩基深槽,上部为覆盖层,由漫滩及高漫滩河流冲击洪积层组成。一般厚 30 m,最大厚度 41.87 m。岩性为含漂石及泥的砂卵石层,夹 4 层连续性不强的黏性土及 19 个砂层透镜体(见图 2-1)。

河床 4 层黏性土以黄灰色中、重粉质壤土为主,局部为粉质黏土和轻粉质壤土。其中第一层、第二层比较连续,第一层分布高程 175 ~168 m,厚 2 ~6.6 m,第二层分布高程为 168 ~152 m,厚 0.5 ~6.4 m;第三层、第四层连续性较差,分布高程为 154 ~148 m,厚 0.5 ~3.0 m。

河床漂石、砂卵石层以白云岩、灰岩为主,平均干密度 2.05 g/cm³、孔隙比为 0.327、比重为 2.72、纵波波速为 1 020 ~1 460 m/s、横波波速为 298 ~766 m/s。河床砂层透镜体一般分布在河流凸岸长 30 ~60 m、宽 10 ~20 m、厚 1 ~3 m。岩性以粉、细砂为主,级配良好、密实(见图 2-2)。

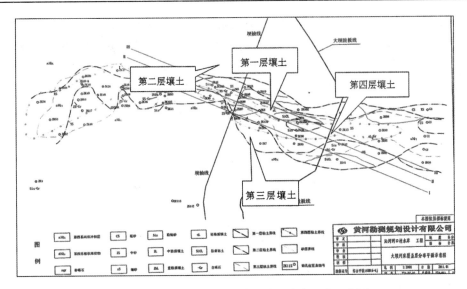

图 2-1　河口村水库大坝河床覆盖层分布平面示意图

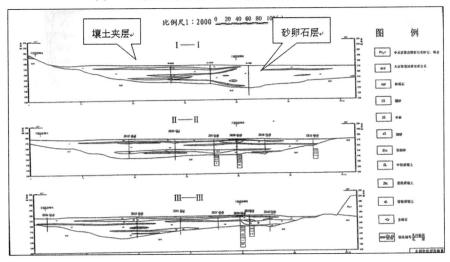

图 2-2　沁河河口村水库大坝河床覆盖层分布剖面图(Ⅰ～Ⅲ)

二、河床覆盖层处理方案的确定

为了减少坝基的沉降、提高坝基的承载力,原设计在防渗墙上游 7 m 至大坝坝轴线坝基核心区的开挖基础上,采用单击夯击能不小于 3 000 kN·m 的强夯处理,靠近防渗墙及趾板区域采用固结灌浆处理,以提高坝基在该处的整体变形能力。

2011 年 5 月,项目部在郑州召开了河口村水库大坝基础专家咨询会,会上专家根据现有的地质资料,由于漂卵石占比例较大,黏土、壤土夹层及砂层透镜体层分布大,渗透系数较大,降水效果不明显,因此强夯处理法不适用于河口村水库大坝的地基处理。另外,固结灌浆处理由于工程量大、需要盖重并需要降水等,也不适用于坝基的处理。专家们一致认为桩基处理(高压旋喷桩)是解决河口村水库面板堆石坝河床连接板接缝变形过程等问题的经济有效措施。

根据专家意见,考虑到大坝上游防渗墙到趾板下游 50 m 范围为大坝基础的控制区域,故在这 50 m 范围内布置高压旋喷桩,同时考虑到靠近防渗墙及趾板区域为主要控制区域,靠近防渗墙附近布置 5 排旋喷桩,间距 2 m、桩深 20 m,而为满足变形过渡的要求,依次向下游(趾板 X 线下 50 m),桩间距由 2.0 m、3.0 m、4.0 m、5.0 m、6.0 m 进行渐变,桩深均为 20 m,桩径 1.2 m,桩体 28 d 抗压强度不小于 3 MPa,共布置约 630 根桩(见图 2-3)。

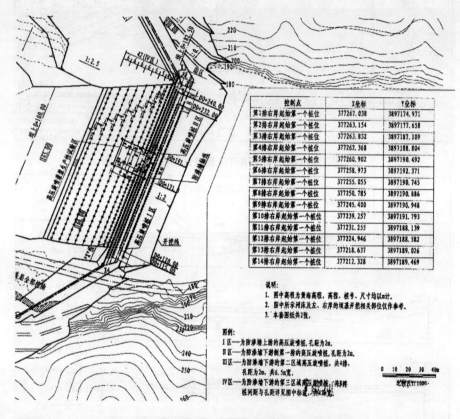

图 2-3　河口村水库大坝高压旋喷桩布置示意图

(一)高压旋喷桩的施工

高压旋喷灌浆是一种采用高压水或高压浆液形成高速喷射流束,冲击、切割、破碎地形土体,并以水流基质浆液充填,掺混其中,形成桩柱或板墙状的结体,用于提高地基防渗或承载能力的施工技术。高压旋喷桩的一般工序为桩具就位、钻孔、下入旋喷管、喷射灌浆及提升、冲洗管路、孔口回浆等。当条件具备时,也可以将喷射管在钻孔时一同沉入孔底而后直接进行喷射灌浆和提升。

多排孔高喷墙宜先施工下游排,再施工上游排,后施工中间排。一般情况下,同一排内的高压旋喷灌浆孔宜分两序施工。高压旋喷灌浆施工平台应平整、坚实,水、电宜设置专用管路和线路。高压旋喷灌浆设计参数如表 2-3 所示。

表 2-3　河口村大坝高压旋喷灌浆设计参数

项目	要素名称	三管法	新三管法
水	压力（MPa）	35～40	35～40
	流量（L/min）	70～80	70～100
	喷嘴（个）	3	2
	喷嘴直径（mm）	1.7～1.9	1.7～1.9
压缩空气	压力（MPa）	0.6～1.2	0.6～1.2
	流量（L/min）	0.8～1.5	0.8～1.5
	喷嘴（个）	2	2
	喷嘴间隙（mm）	1.0～1.5	1.0～1.5
水泥浆	压力（MPa）	0.1～1.0	35～40
	流量（L/min）	70～80	70～110
	密度（g/cm³）	1.6～1.7	1.4～1.5
	喷嘴（个）	1～2	2
	喷嘴直径（mm）	6～10	2.0～3.2
孔口回浆密度（g/cm³）		≥1.2	≥1.2
提升速度 v（cm/min）		5～15	8～25
旋喷次数（r/min）		5～15	8～25
水灰比		0.8:1～1.2:1	0.8:1～1.2:1

　　为了加快施工进度,在大面积施工前,首先进行试验,试验区选择在基础加固区,条件为地层结构复杂（含多层黏性土夹层和夹砂层）的地段,试验区面积约为 520 m²。根据大坝基础处理布置 636 根桩,考虑按生产桩的 8% 作为试验桩,共布置 50 根。试验桩从 2011 年 8 月开始施工,9 月全部完成。根据试验过程中存在的问题,进行了第一次灌浆工艺参数的调整,如表 2-4 所示。

　　第二次工艺参数的调整发生在对成桩检测期间,按照坝基高压旋喷试验区成桩后质量检查计划,前期抽取了 5 根龄期在 28 d 以上的高压旋喷桩进行桩体取芯检查,所有孔岩芯采取率过低,岩芯完整性及连续性很差,其检查结果如下:

　　（1）在受地下水位影响不大的地层中成桩还是比较明显的,特别是在黏性土层能形成较完整的柱状桩体。

　　（2）在上部表层河床砂卵石层中桩径基本满足设计要求,下部壤土层中桩径偏小,均未能达到设计要求 1.2 m。

　　（3）上部未明显受地下水位影响的河床砂卵石层基本能成桩,但胶结强度不够。壤土层内虽然成桩明显,但从外表颜色可以明显看出水泥含量低,且充填不够均匀。

　　根据以上情况,为了进一步确定高压旋喷桩对大坝基础处理的可行性,于 2011 年 10 月 28 日又召开了一次专家咨询会,经过认真讨论后形成专家初步意见如下:

　　（1）河口村水库大坝坝基覆盖层深厚,组成非常复杂,进行地基处理是必要的,采用高压旋喷灌浆处理是可行的。

　　（2）在灌浆过程中,应探索不同灌浆技术参数和工艺,为后期对局部不合格基础的处理提供支撑。

表 2-4　河口村水库大坝基础高压旋喷灌浆工艺参数第一次调整

项目	要素名称	新三管法	备注
水	压力(MPa)	35~40	
	流量(L/min)	70~100	
	喷嘴(个)	2	
	喷嘴直径(mm)	1.7~2.0	
压缩空气	压力(MPa)	0.6~1.0	
	流量(L/min)	0.8~1.5	
	喷嘴(个)	2	
	喷嘴间隙(mm)	1.0~1.5	
水泥浆	压力(MPa)	25~30	目前 30~35
	流量(L/min)	70~80	
	密度(g/cm³)	1.55~1.6	
	喷嘴(个)	2	
	喷嘴直径(mm)	2.0~3.2	
孔口回浆密度(g/cm³)		≥1.2	≥1.2
提升速度 v(cm/min)	孔口返浆时	8~12	
	孔口不返浆时	4~5	
吃浆量(kg/m)	孔口返浆时	≥500	
	孔口不返浆时	≥1 000	
旋喷次数(r/min)		8~12	8~25
水灰比		0.8:1~1:1	0.8:1~1.2:1

注:1.高压旋喷灌浆时,一定要做到孔口返浆,当个别孔口不返浆时,应立即停止提升,通过调整灌浆密度加速凝剂待凝,采用调整浆压、水压、提升速度或向孔内灌砂等办法处理。当采用各种方法仍不返浆时,可以通过控制提升速度及吃浆量来进行旋喷灌浆。此时提升速度及吃浆量可采用表中数据。

　2.表中数据是根据大坝基础处理高压旋喷灌浆桩试验时总结的数据,但在实际施工时可根据实际施工情况进行调整。

(3)高压旋喷桩处理效果的评价不应以一根桩或几根桩的不合格而过早定性,应从整体上评价地基处理的效果。

(4)高压旋喷桩的地基检测和试验应按原计划继续进行,应注意灌浆前后监测点的对应关系,以便比较灌浆效果,并应如实反映检测结果,为后期对异常数据点进行分析提供依据,在试验过程中应注意改进试验方法和要求,以真实反映地基处理效果,并对已取芯样尽快进行试验。

(5)应尽快制定高压旋喷桩的验收标准,如桩径、地基变形模量的设计值等。

(6)在条件许可的情况下,尽快进行开挖检查,客观真实地反映高压旋喷桩的处理效果,并对将来高压旋喷桩处理若达不到设计效果制订预案。

(7)应结合本次地基处理和试验情况进行地基处理措施研究,力求摸索出一套对深覆盖层地基处理行之有效的方法。

根据专家意见,结合现场高压旋喷桩开挖发现水泥量充填含量不高的实际情况,对高压旋喷桩灌浆参数及有关试验参数做修改和调整。同时要求现场承包商做进一步的工艺改进,增大旋喷桩的单耗水泥量(单桩吃浆量),也可以考虑掺合部分外加剂(如速凝剂等)以改善水泥浆性能,另外根据吃浆量的大小调整提升速度,改进下一点的取芯工艺(如果将来实在取芯困难,建议采用双管取芯),采用挖开取样的办法。具体参数调整如表2-5所示。

表2-5 河口村水库大坝基础高压旋喷桩灌浆工艺参数第二次调整

项目		原标准	修改标准	
			修改值	允许浮动范围
水	压力(MPa)	35～40	40	38～42
	流量(L/min)	70～100	70～100	
	喷嘴(个)	2	2	
	喷嘴直径(mm)	1.7～2.0	1.7～2.0	
压缩空气	压力(MPa)	0.6～1.0	0.6～1.0	
	流量(L/min)	0.8～1.5	0.8～1.5	
	喷嘴(个)	2	2	
	喷嘴间隙(mm)	1.0～1.5	1.0～1.5	
水泥浆	压力(MPa)	25～30	32	30～32
	流量(L/min)	70～80	70～110	
	密度(g/cm^3)	1.55～1.62	≥1.60	1.58～1.62
	喷嘴(个)	2	2	
	喷嘴直径(mm)	2.0～3.2	2.0～3.2	
孔口回浆密度(g/cm^3)		≥1.2	≥1.2	
提升速度v(cm/min)	孔口返浆时	8～12	7	7～8
	孔口不返浆时	4～5	4～5	
吃浆量(kg/m)	孔口返浆时	≥500	≥600	
	孔口不返浆时	≥1 000	≥1 000	
旋喷次数(r/min)		8～12	8～12	
水灰比		0.8:1～1:1	0.75:1～1.2:1	0.75:1～1.2:1

注:(1)高压水喷头和高压浆喷头之间间距按0.5 m控制;

(2)应采取措施测量返浆量,孔口返浆密度原则上不超过1.35 g/cm^3。

此次调整后,吃浆量明显增加,吃浆量由原500～600 kg/m提高到700～800 kg/m。

(二)孤石处理及调整

大坝基础处理高压旋喷桩从2011年12月初开始,承包商已普遍反映钻孔时遇到大孤石比较困难,进尺很慢,很难打下去,严重影响大坝基础高压旋喷桩的进度。经研究,在旁边加孔,但在实际操作时很难做到,承包商一遇大孤石就停止钻孔,最后发现有60根桩都在不同深度出现这种情况,最浅的有效桩长只有1 m,最深的有效桩长在19 m(设计为20 m),大部分在10 m左右。针对这些钻孔遇到大孤石的情况,河口村水库工程建管局专门召开了专题会议,初步商定以下几条意见:

(1)承包商在高压旋喷桩钻孔时如遇大孤石且钻孔困难、进尺缓慢,可申请现场地质工程师进行鉴定,经地质工程师鉴定为大孤石,且经监理工程师旁站3 h进尺不超过10 cm,则可上报监理及设计单位申请停止钻孔。当经监理及设计单位同意停止钻孔时,可按照如下要求处理:若位于河道上游前6排高压旋喷桩有效桩长超过18 m,后8排有效桩长超过 15 m,则可不再重新打孔或补孔旋喷;否则应在该孔轴线附近增加孔位(增加孔位间距不大于 0.5 m),重新按设计要求补孔施工。

(2)高压旋喷桩在前期施工中有遇到大孤石未按设计高程(或未达到基岩)已旋喷施工的,可重新在原位进行扫孔或在该孔轴线附近增加孔位,重新按照设计要求补孔施工(前 6 排要求高压旋喷桩有效长度达 18 m,后 8 排有效桩长达 14 m)。如遇大孤石已停钻尚未旋喷的有效桩长大于 10 m,可旋喷后再补孔,否则直接补孔,补孔要求同(1)规定。

第四节　　坝基处理试验成果分析

根据各种试验资料整理分析结果,按大坝地基高程提高 30% 计算,大坝竣工期沉降变形由原来的 93.65 m 降至 76.14 m,降低约 18.7%,蓄水期沉降变形由 98.45 m 降至 77.82 m,降低约 21.0%。坝体在竣工期向上下游位移分别降低约 35% 和 3.9%,面板顺坡向拉应力变化不大但大坝面板在竣工期和运行期的法向位移约减少 50%。防渗墙在竣工期和蓄水期顺水流方向位移减少 50% 左右,各种接缝的最大值分别减少 10% ~ 50%。其中位于连接板与防渗墙之间接缝沉降错动的最大变形由处理前的 52.2 mm 降低至 33.5 mm,减少了 36%,其他各种连接缝变形,也都有一定程度的降低且控制在常规止水的设计范围内。

地基高程提高 40% 的计算成果相对于提高 30% 的各种应力变形值更有些降低。计算成果充分反映了大坝基础处理中高压旋喷桩达到了设计效果。

一、成果分析

由于成桩前和成桩后的(一)至(六)项检测任务有对比意义,因此合并分析。

(一)载荷试验

成桩前完成浅层平板载荷试验 4 个点,点号分别为 01、02、03、04。其中 01 号点位由于天然地基不可预料的不均匀沉降导致平台倾斜、堆重严重偏心,试验失败,该点数据不参与试验结果统计。根据 02、03、04 号点综合判定本工程地基承载力特征值为 631 kPa。试验成果见表 2-6,试验汇总及曲线见表 2-7 ~ 表 2-9。

表 2-6　浅层平板载荷试验成果

点号	最大加荷（kPa）	最大沉降量（mm）	地基承载力特征值(kPa)	变形模量（MPa）	本工程地基承载力特征值(kPa)
01	2 400	5.86	—	—	不参与统计
02	2 400	29.83	589	43.6	631
03	2 400	29.59	646	47.8	
04	2 400	62.21	658	48.7	

表 2-7　02 号点试验汇总及曲线

序号	荷载(kPa)	历时（min）		沉降(mm)	
		本级	累计	本级	累计
0	0	0	0	0	0
1	300	240	240	4.76	4.76
2	600	270	510	3.36	8.12
3	900	330	840	3.34	11.46
4	1 200	390	1 230	2.73	14.19
5	1 500	330	1 560	2.14	16.33
6	1 800	420	1 980	3.67	20.00
7	2 100	510	2 490	5.23	25.23
8	2 400	420	2 910	4.60	29.83

最大沉降量:29.83 mm　　　　最大回弹量:0 mm　　　　回弹率:0

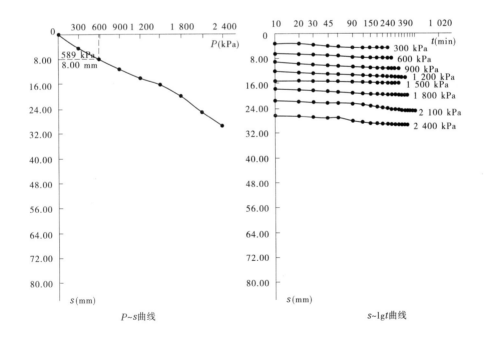

$P{\sim}s$曲线　　　　　　　　　　　　$s{\sim}\lg t$曲线

表2-8　03号点试验汇总及曲线

序号	荷载 (kPa)	历时（min）		沉降(mm)	
		本级	累计	本级	累计
0	0	0	0	0	0
1	300	210	210	3.43	3.43
2	600	210	420	3.92	7.35
3	900	270	690	4.22	11.57
4	1 200	300	990	3.91	15.48
5	1 500	300	1 290	3.84	19.32
6	1 800	330	1 620	3.76	23.08
7	2 100	420	2 040	3.86	26.94
8	2 400	570	2 610	2.65	29.59

最大沉降量:29.59 mm　　　　最大回弹量:0 mm　　　　回弹率:0

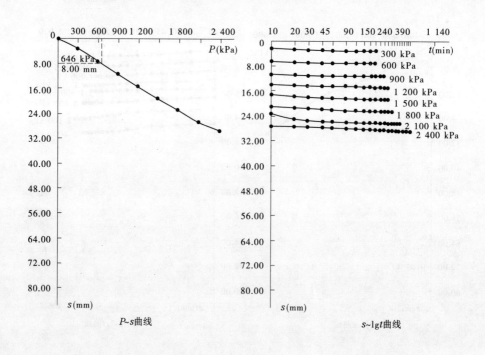

P~s曲线　　　　　　　　　　　　　　s~lgt曲线

表 2-9　04 号点试验汇总及曲线

序号	荷载（kPa）	历时（min）		沉降（mm）	
		本级	累计	本级	累计
0	0	0	0	0	0
1	300	270	270	3.74	3.74
2	600	300	570	3.54	7.28
3	900	300	870	3.70	10.98
4	1 200	390	1 260	4.02	15.00
5	1 500	480	1 740	4.06	19.06
6	1 800	480	2 220	4.65	23.71
7	2 100	1 440	3 660	12.74	36.45
8	2 400	150	3 810	25.76	62.21
9	1 800	30	3 840	−0.32	61.89
10	1 200	30	3 870	−1.17	60.72
11	600	30	3 900	−2.54	58.18
12	0	210	4 110	−4.66	53.52

最大沉降量：62.21 mm　　最大回弹量：8.69 mm　　回弹率：14.0%

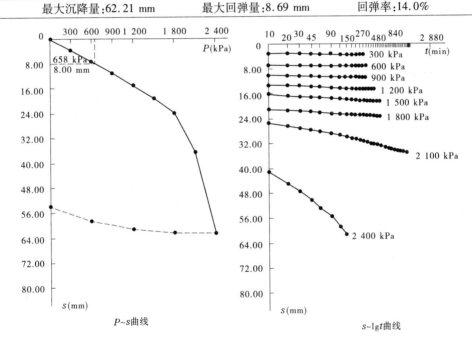

P~s 曲线　　　s~lgt 曲线

成桩后完成复合地基载荷试验 3 个点，点号分别为 18、35、44。试验成果见表 2-10，试验汇总及曲线见表 2-11～表 2-13。

表 2-10　复合地基载荷试验成果

点号	最大加荷（kPa）	最大沉降量（mm）	最大回弹量（mm）	地基承载力特征值（kPa）	变形模量（MPa）	本工程地基承载力特征值（kPa）
18	2 970	130.40	10.80	1 107	154.1	
35	2 970	138.26	26.97	990	90.5	1 029
44	2 310	126.22	13.55	990	46.1	

表 2-11　18 号点试验汇总及曲线

序号	荷载（kPa）	历时（min）		沉降（mm）	
		本级	累计	本级	累计
0	0	0	0	0	0
1	330	90	90	0.80	0.80
2	660	150	240	3.23	4.03
3	990	120	360	5.59	9.62
4	1 320	180	540	6.71	16.33
5	1 650	210	750	8.93	25.26
6	1 980	360	1 110	13.93	39.19
7	2 310	420	1 530	27.57	66.76
8	2 640	450	1 980	35.47	102.23
9	2 970	30	2 010	28.17	130.40
10	2 310	30	2 040	0.06	130.46
11	1 650	30	2 070	−0.32	130.14
12	990	30	2 100	−1.52	128.62
13	330	30	2 130	−4.66	123.96
14	0	180	2 310	−4.36	119.60

最大沉降量：130.40 mm　　　　最大回弹量：10.80 mm　　　　回弹率：8.3%

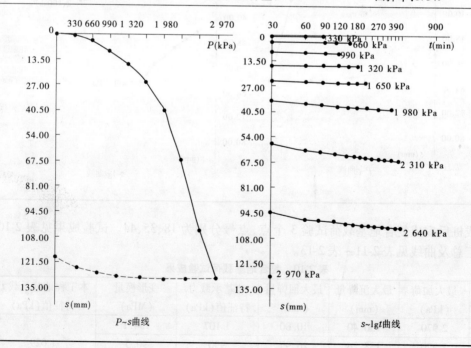

P~s曲线　　　　　　　　　　　　　　　　s~lgt曲线

表2-12　35号点试验汇总及曲线

序号	荷载（kPa）	历时（min）		沉降（mm）	
		本级	累计	本级	累计
0	0	0	0	0	0
1	330	150	150	5.65	5.65
2	660	180	330	6.41	12.06
3	990	120	450	6.20	18.26
4	1 320	240	690	10.94	29.20
5	1 650	360	1 050	15.79	44.99
6	1 980	300	1 350	17.70	62.69
7	2 310	360	1 710	20.23	82.92
8	2 640	570	2 280	27.02	109.94
9	2 970	30	2 310	28.32	138.26
10	2 310	30	2 340	-0.23	138.03
11	1 650	30	2 370	0.03	138.06
12	990	30	2 400	-1.05	137.01
13	330	30	2 430	-8.01	129.00
14	0	180	2 610	-17.71	111.29

最大沉降量:138.26 mm　　最大回弹量:26.97 mm　　回弹率:19.5%

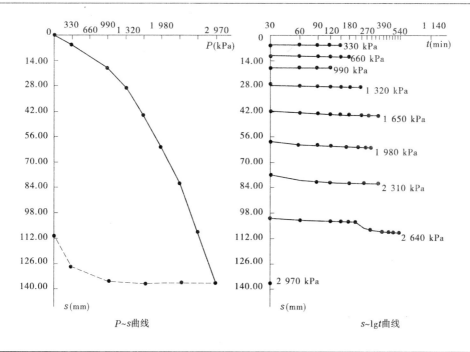

P~s曲线　　　　　s~lgt曲线

表 2-13　44 号点试验汇总及曲线

序号	荷载（kPa）	历时（min）		沉降（mm）	
		本级	累计	本级	累计
0	0	0	0	0	0
1	330	120	120	4.79	4.79
2	660	120	240	14.19	18.98
3	990	150	390	16.88	35.86
4	1 320	300	690	22.36	58.22
5	1 650	360	1 050	21.20	79.42
6	1 980	300	1 350	20.43	99.85
7	2 310	60	1 410	26.37	126.22
8	1 650	30	1 440	-0.39	125.83
9	990	30	1 470	-0.30	125.53
10	330	30	1 500	-4.95	120.58
11	0	180	1 680	-7.91	112.67

最大沉降量:126.22 mm　　　　最大回弹量:13.55 mm　　　　回弹率:10.7%

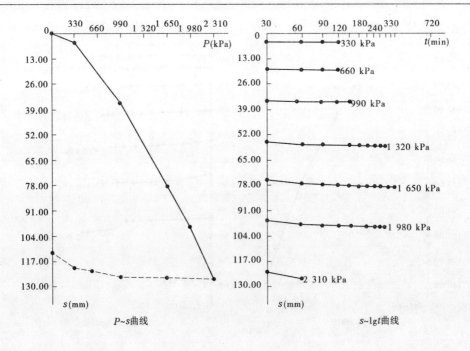

P~s曲线　　　　　　　　　　　　　　　　　s~lgt曲线

从成桩前、成桩后载荷试验结果对比来看,成桩后复合地基的承载力和变形模量均出现了不均匀性提高,基本规律是高压旋喷桩灌浆密集区域提高较大,稀疏地区提高较小。值得注意的是,44 号点的变形模量比地基处理前局部天然地基小,出现这种情况的原因有:一是 44 号点附近桩比较稀疏;二是与 173 m 高程的夹泥层有关,当浅层平板载荷试验时,承压板直径为 0.8 m 的圆板,其荷载影响深度约为 2.4 m,影响深度基本未到夹泥层,而复合地基载荷试验时,承压板为 2 m×2 m 的方板,其荷载影响深度约为 6.0 m,影响已深入到夹泥层中,变形模量因此变小。

(二)弹性波 CT、跨孔波速测试

成桩前、成桩后弹性波 CT、跨孔波速成像剖面图见图 2-4 和图 2-5(旁压试验钻孔揭示的厚度 2 m 以下薄层的纵波波速采用跨孔波速测试求得)。由于 6 个剖面连线穿过桩很少,可以认为成桩前、成桩后各地层密度变化不大,浅部砂卵石层密度采用根据 175.5 m 高程 6 个坑探检测成果计算出的湿密度(干密度×(1 + 含水率))的平均值,深部砂卵石层密度采用根据 165 m 高程 6 个坑探检测成果计算出的湿密度的平均值,黏土层密度采用距离试验区最近的钻孔 ZK132(2006 年)密度测井的实测值。

1. 成桩前

黏土层的纵波波速一般为 1 100 ~ 1 520 m/s,平均 1 335 m/s;横波波速一般为 390 ~ 650 m/s,平均 548 m/s;动弹性模量一般为 0.74 ~ 2.00 MPa,平均 1.49 MPa;动剪切模量一般为 0.26 ~ 0.73 MPa,平均 0.54 MPa。

浅部砂卵石层的纵波波速一般为 1 270 ~ 1 330 m/s,平均 1 302 m/s;横波波速一般为 580 ~ 630 m/s,平均 606 m/s;动弹性模量一般为 2.21 ~ 2.58 MPa,平均 2.40 MPa;动剪切模量一般为 0.81 ~ 0.96 MPa,平均 0.89 MPa。

深部砂卵石层的纵波波速一般为 1 660 ~ 1 760 m/s,平均 1 711 m/s;横波波速一般为 730 ~ 770 m/s,平均 753 m/s;动弹性模量一般为 3.19 ~ 3.81 MPa,平均 3.44 MPa;动剪切模量一般为 1.16 ~ 1.39 MPa,平均 1.25 MPa。

整体来看,砂卵石的相关参数随深度有增强趋势,而深部黏土层在 3#孔和 6#孔连线以东局部波速较低。

2. 成桩后

6 个剖面范围内波速出现了不均匀性增长。从各剖面来看, 6# ~ 1#孔、1# ~ 2#孔、2# ~ 3#孔剖面波速提高较大,纵波波速提高 14.8% ~ 17.0%、横波波速提高 16.0% ~ 20.4%;3# ~ 4#孔、5# ~ 6#孔剖面次之,4# ~ 5#孔剖面最小。从各地层来看,黏土层波速提高比例普遍比卵石层高。

(三)附加质量法

成桩前,完成附加质量法检测 3 个点位,点位分别和坑探的 QYD01、QYD02、QYD03 点位相同,检测成果见表 2-14。成桩后,完成附加质量法检测 3 个点位,点位分别和坑探的 QYD01′、QYD02′、QYD03′点位相同,检测成果见表 2-15。

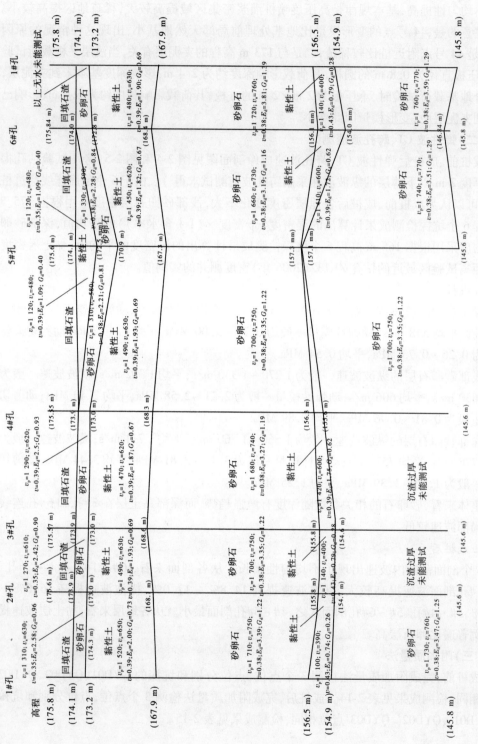

图 2-4　弹性波 CT、跨孔波速测试综合成果（成桩前）

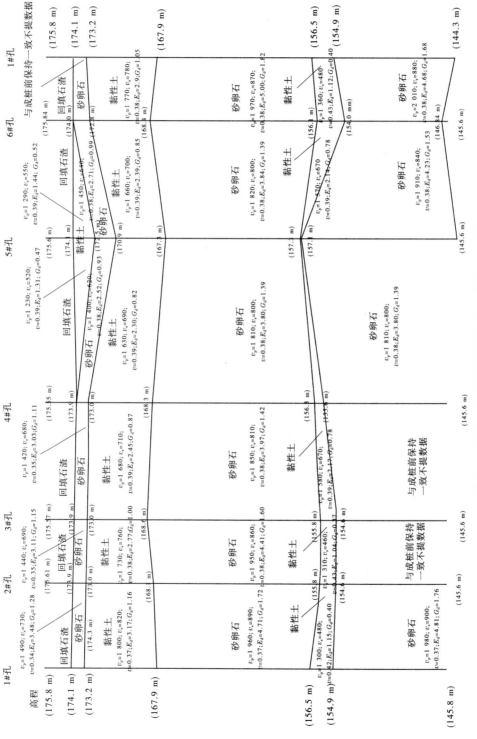

图 2-5　弹性波 CT、跨孔波速测试综合成果（成桩后）

表 2-14　附加质量法成果（成桩前）

点号	干密度（g/cm^3）
QYD01	2.26
QYD02	2.24
QYD03	2.20

表 2-15　附加质量法成果（成桩后）

点号	干密度（g/cm^3）
QYD01′	2.08
QYD02′	2.10
QYD03′	2.05

（四）旁压试验

成桩前完成旁压试验 6 个钻孔共 53 个试验点,其中典型试验点 31 个;成桩后完成旁压试验 6 个钻孔共 60 个试验点,均较为典型,检测结果详述如下:

成桩前,6 个钻孔黏土层的旁压剪切模量一般为 2.37 ~ 5.37 MPa,平均 3.05 MPa;旁压模量一般为 6.41 ~ 14.5 MPa,平均 8.23 MPa;地基承载力基本值一般为 205 ~ 376 kPa,平均 292 kPa;变形模量一般为 11.11 ~ 24.1 MPa,平均 14.31 MPa。而砂卵石层的旁压剪切模量一般为 4.13 ~ 6.27 MPa,平均 5.07 MPa;旁压模量一般为 10.32 ~ 15.68 MPa,平均 12.75 MPa;地基承载力基本值一般为 386 ~ 751 kPa,平均 573 kPa;变形模量一般为 18.45 ~ 27.95 MPa,平均 23.55 MPa。

成桩后,各孔测得的旁压试验参数出现了不均匀性提高,其中 1#、2#、3#、6#孔旁压试验参数提高较大,4#、5#孔旁压试验参数提高较小。1#、2#、3#、6#孔各参数提高率分层统计如下:黏土层的旁压剪切模量平均提高 61.2%,旁压模量平均提高 59.9%,地基承载力基本值平均提高 71.7%,变形模量平均提高 56.2%。

砂卵石层的旁压剪切模量平均提高 51.2%,旁压模量平均提高 51.1%,地基承载力基本值平均提高 50.2%,变形模量平均提高 89.4%。

（五）瑞雷波测试

由于测试深度 25.0 m 以下能量较弱,所以测试深度截止到 25.0 m。另外需要说明的是,旁压试验钻孔揭示的局部深部薄层瑞雷波测试成果未能反映,原因可能是该地层的厚度和埋深比已经超出了瑞雷波测试的探测精度。

成桩前,瑞雷波测试范围内波速差异不大,其中:

PM1 测线黏土层瑞雷波波速一般为 380 ~ 598 m/s,平均 536 m/s,而砂卵石层瑞雷波波速一般为 566 ~ 746 m/s,平均 673 m/s,本测线局部深部黏土层波速较低;

PM2 测线黏土层瑞雷波波速一般为 588 ~ 601 m/s,平均 595 m/s,而砂卵石层瑞雷波波速一般为 565 ~ 725 m/s,平均 658 m/s;

PM3 测线黏土层瑞雷波波速一般为 462 ~ 600 m/s,平均 545 m/s,而砂卵石层瑞雷波

波速一般为 558~727 m/s,平均 643 m/s,本测线局部深部黏土层波速较低;

PM4 测线黏土层瑞雷波波速一般为 372~617 m/s,平均 535 m/s,而砂卵石层瑞雷波波速一般为 589~739 m/s,平均 675 m/s。

成桩后测试范围内地基瑞雷波波速呈现不均匀状态,其中 PM4 测线、PM1 测线、PM2 测线经过的桩密集区的测点瑞雷波波速提高明显,提高了 15.0%~20.7%,随着桩变稀疏波速提高率降低。

(六)坑探检测

成桩前坑探检测成果见图 2-6、表 2-16。试验时场地高程约 175.5 m。

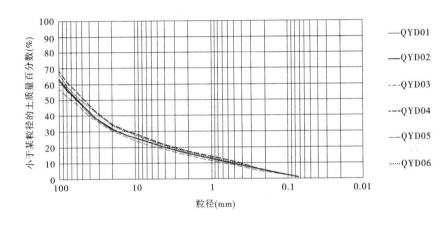

图 2-6　坑探检测颗粒级配曲线(成桩前)

成桩后坑探检测成果见图 2-7、表 2-17。试验时场地高程约 165 m。

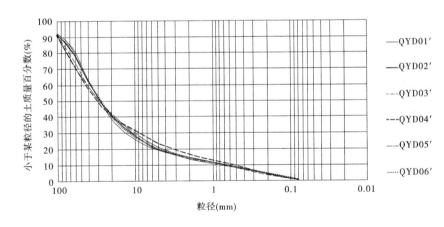

图 2-7　坑探检测颗粒级配曲线(成桩后)

对比发现,成桩后干密度并没有提高,反而有所下降,推测可能因为 165 m 高程卵石粒径比 175.5 m 高程卵石粒径小。

表 2-16　坑探检测成果（成桩前）

试坑编号	最大粒径	颗粒组成 颗粒大小（mm）%											干密度 ρ_d	含水率 ω	比重 G_s	孔隙比 e	最小干密度 ρ_{dmin}	最大干密度 ρ_{dmax}	相对密度 D_r
		巨粒组						粗粒组				细粒组							
	mm	>100	100 ~ 80	80 ~ 60	60 ~ 40	40 ~ 20	20 ~ 10	10 ~ 5	5 ~ 2	2 ~ 0.5	0.5 ~ 0.25	0.25 ~ 0.075	<0.075	g/cm³	%			g/cm³	g/cm³	
QYD01	380	37.5	6.3	5.8	9.2	10.8	6.4	4.2	5.0	6.3	3.5	4.3	0.7	2.24	8.3	2.77	0.237	1.98	2.31	0.81
QYD02	210	33.4	7.2	7.1	6.6	11.3	6.3	5.4	5.6	7.0	3.8	5.4	0.9	2.20	8.5	2.76	0.255	1.96	2.29	0.76
QYD03	400	42.8	4.8	4.6	7.9	9.0	4.8	4.7	5.2	6.5	3.8	5.1	0.8	2.23	8.0	2.77	0.242	1.97	2.33	0.75
QYD04	260	31.7	6.6	6.0	9.0	12.0	6.1	5.4	5.7	6.8	4.7	5.2	0.8	2.24	8.2	2.76	0.232	1.97	2.33	0.78
QYD05	350	37.4	6.2	5.6	8.5	10.3	5.7	4.3	5.3	6.4	3.9	5.4	1.0	2.22	8.7	2.77	0.248	2.00	2.32	0.72
QYD06	310	36.5	6.2	5.9	8.8	11.0	5.6	4.8	5.3	6.6	3.3	5.1	0.9	2.22	8.6	2.77	0.248	1.99	2.32	0.73

表 2-17　坑探检测成果（成桩后）

试坑编号	最大粒径 (mm)	颗粒组成 颗粒大小(mm) %												干密度 ρ_d (g/cm³)	含水率 ω (%)	比重 G_s	孔隙比 e	最小干密度 ρ_{dmin} (g/cm³)	最大干密度 ρ_{dmax} (g/cm³)	相对密度 D_r
		巨粒组					粗粒组						细粒组							
		>100	100~80	80~60	60~40	40~20	20~10	10~5	5~2	2~0.5	0.5~0.25	0.25~0.075	<0.075							
QYD01′	180	6.8	5.2	7.7	16.2	23.9	12.0	8.6	5.5	5.9	3.3	4.2	0.7	2.06	6.1	2.75	0.335	1.75	2.16	0.79
QYD02′	210	7.5	4.7	8.6	15.8	21.4	12.9	9.3	4.9	6.1	3.3	4.7	0.8	2.05	6.2	2.74	0.337	1.76	2.17	0.75
QYD03′	230	8.3	6.7	9.8	14.8	18.6	10.8	10.6	6.2	6.4	3.0	4.2	0.6	2.04	5.9	2.75	0.348	1.76	2.14	0.77
QYD04′	260	10.2	7.2	10.3	13.8	17.8	8.3	8.6	6.8	7.2	3.8	5.3	0.7	2.02	6.1	2.74	0.356	1.77	2.12	0.75
QYD05′	250	9.9	7.8	9.2	12.4	18.5	11.4	9.6	6.7	6.0	3.5	4.3	0.7	2.03	6.3	2.75	0.355	1.78	2.13	0.75
QYD06′	200	7.4	3.5	7.2	17.2	25.4	12.7	7.2	5.1	5.3	3.3	4.8	0.9	2.05	6.3	2.75	0.341	1.75	2.16	0.77

（七）钻孔取芯

桩身达到 28 d 龄期后,采用钻机进行取芯,钻孔布置在桩中心附近,钻进深度均为 31.5 m。结果只有 18、25、44 号桩取出水泥土状胶结芯样,其中 18 号桩取出 3 段,25 号桩取出 4 段,44 号桩取出 2 段。这些芯样长短不一,最长不超过 0.35 m,基本不含砾石,个别含少量砂,所以这些胶结芯样疑为 173 m 高程夹泥层中取得。根据工程经验注浆的卵石层在钻头扰动下很难取得完整的胶结芯样,事实证明亦是如此,5 根桩均未能取出卵石层的胶结芯样,只能从卵石芯样表面的水泥痕迹来判断卵石层的胶结情况。根据芯样和钻进情况综合判断,18、25、44 号桩桩身胶结较好,40、49 号桩桩身胶结较差。

各桩钻孔取芯芯样描述如下。

1.18 号桩钻孔取芯芯样

0～2.6 m 卵石漂石层,取芯 40 cm,上部约 20 cm 有胶结;

2.6～3.1 m 泥夹卵石层,有胶结,芯样长约 35 cm;

3.1～6.3 m 粉土层,大部分胶结,呈柱状,最大柱长约 25 cm;

6.3～9.4 m 泥夹卵石层,基本无胶结,取芯约 25 cm,卵石块上有水泥;

9.4～11.5 m 粉土层,大部分胶结,柱状,最大柱状芯样长约 35 cm;

11.5～15.1 m 卵石层,大部分卵石块上有水泥的痕迹,取芯长约 35 cm,芯样无胶结;

15.1～18.4 m 卵石层,取芯长约 20 cm,大都无胶结,块面上有水泥的痕迹;

18.4～20.7 m 卵石层,取芯长约 40 cm,未胶结,块面上有水泥的痕迹;

20.7～25.1 m 卵石层,取芯长约 30 cm,未胶结,块面上有水泥的痕迹;

25.1～27.4 m 卵石层,大都无胶结,最大砾径 10 cm,一般为 5～7 cm,少量有胶结,面上有水泥,取芯长约 1.5 m;

27.4～31.5 m 卵石层,大都无胶结,卵石直径为 7～10 cm,有约 10 cm 水泥土胶结,取芯长约 1.2 m。

2.25 号桩钻孔取芯芯样

0～2.5 m 为卵石、块石层,后期所填水泥和碎石、卵石已有部分胶结,见有灰黄色砂岩,胶结较好;

2.5～7.0 m 为粉土层,大部分胶结成柱状岩样,最大柱状芯样长约 32 cm,一般为 20～30 cm;

7.0 m 以下所取的岩芯中基本为卵石,面上水泥痕迹较明显。其中在孔深 21～25 m 见有孤石分布,有 3 段柱状灰岩,岩芯长 15～22 cm;孔深 27 m 左右亦分布有孤石,直径约 15 cm。

3.40 号桩钻孔取芯芯样

0～1.5 m 后期回填的花岗岩块、巨卵石基本无胶结,基本无水泥痕迹,取芯约 1.0 m;

9.2～10.5 m 分布灰岩孤石,柱状岩芯长为 10～20 cm;

17.7～18.5 m 分布灰岩孤石,柱状岩芯长为 5～15 cm;

其余所取岩样均为卵石层,卵石直径 5～15 cm,无胶结,基本无水泥痕迹,大都附着较多泥土。

4.44 号桩钻孔取芯芯样

0~3.0 m 取芯长约 35 cm,为水泥柱,最大柱长约 20 cm;

3.0~5.1 m 为水泥柱夹卵石,大部分弱胶结,取芯长约 60 cm,多为水泥土块;

6.0~11.1 m 卵石层,取芯长约 2.0 m,卵石最大直径约 8 cm,一般 5 cm 左右,基本无水泥痕迹;

11.1~14.5 m 卵石层,取芯长约 40 cm,中间夹孤石,灰黄色,岩芯长约 22 cm,无水泥痕迹;

14.5~17.8 m 取芯长约 40 cm,卵石层,中间夹孤石,灰黄色,岩芯长约 22 cm,无水泥痕迹;

17.8~19.1 m 取芯长约 45 cm,卵石层,中间夹长约 10 cm 的水泥土状芯样,其余均无水泥痕迹,且有黏土附着;

19.1~31.5 m 取芯长约 3.0 m,卵石层,见有长约 10 cm 的卵石(孤石)灰岩样;

其余部分均无水泥痕迹,且大部分为黏土附着。

5.49 号桩钻孔取芯芯样

钻进过程中多次塌孔,芯样的实际顺序难以分辨,整体上卵石芯样上少有水泥痕迹的现象,在此不再详细描述。

(八)地震测井

对 18、25、40、44、49 号共 5 根桩的取芯孔进行了地震测井。其中 49 号桩取芯孔因沉渣过厚测试深度只有 24 m,其余测试深度均为 30 m。综合判断 18、25 号桩桩身完整,40、44 号桩桩身基本完整,49 号桩胶结较差。

(九)芯样试验

根据设计指定,对 18、25、40、44、49 号共 5 根桩进行了钻孔取芯,结果只有 18、25、44 号桩取出完整的胶结芯样,其中 18 号桩取出 3 段,25 号桩取出 4 段,44 号桩取出 2 段。经设计单位同意,又利用手钻在 48、49 号桩上各取出 3 段。共有 5 根桩上的 15 段芯样参加制件,由于芯样条件较差,最终成功制件 20 块。静弹性模量和泊松比试验由于对试件要求条件更高,所以只有 3 块试件勉强符合试验要求。试件因素给试验带来了很大困难,因此静弹性模量和泊松比试验成果仅供参考。比重、干密度、单轴饱和抗压强度、静弹性模量及泊松比试验成果见表 2-18 ~ 表 2-22。

表 2-18　芯样比重试验成果

编号	桩号	取样位置(m)	样品高度(mm)	样品直径(mm)	比重(kN/m³)
1	25	2.5~7.0(1)	87	85	16.079
2	25	2.5~7.0(2)	87	87	15.191
3	25	2.5~7.0(3)	90	89	15.946
4	25	2.5~7.0(4)	78	77	16.939
5	25	2.5~7.0(5)	81	82	16.010
6	25	2.5~7.0(6)	82	82	15.773
7	25	2.5~7.0(7)	94	95	10.600

续表 2-18

编号	桩号	取样位置(m)	样品高度(mm)	样品直径(mm)	比重(kN/m³)
8	44	3.0~5.1	90	89	18.400
9	44	0~3.0	75	75	15.468
10	18	3.1~6.3(1)	84	83	16.146
11	18	3.1~6.3(2)	85	84	15.343
12	18	3.1~6.3(3)	83	83	15.633
13	18	3.1~6.3(4)	84	83	15.668
14	18	3.1~6.3(5)	83	83	15.642
15	48	1.2~1.5	91	91	12.154
16	48	3.8(1)	200	92	15.481
17	48	3.8(2)	92	98	19.178
18	49	3.0(1)	200	94	12.912
19	49	3.0(2)	200	97	14.455
20	49	1.5	91	90	12.550

表 2-19　芯样干密度试验成果

编号	桩号	取样位置(m)	样品高度(mm)	样品直径(mm)	干密度(g/cm³)
1	25	2.5~7.0(1)	87	85	1.053
2	25	2.5~7.0(2)	87	87	—
3	25	2.5~7.0(3)	90	89	1.060
4	25	2.5~7.0(4)	78	77	1.154
5	25	2.5~7.0(5)	81	82	1.060
6	25	2.5~7.0(6)	82	82	1.042
7	25	2.5~7.0(7)	94	95	—
8	44	3.0~5.1	90	89	1.456
9	44	0~3.0	75	75	—
10	18	3.1~6.3(1)	84	83	1.169
11	18	3.1~6.3(2)	85	84	1.053
12	18	3.1~6.3(3)	83	83	1.029
13	18	3.1~6.3(4)	84	83	1.062
14	18	3.1~6.3(5)	83	83	1.045
15	48	1.2~1.5	91	91	—
16	48	3.8(1)	200	92	1.022
17	48	3.8(2)	92	98	1.575
18	49	3.0(1)	200	94	1.183
19	49	3.0(2)	200	97	1.227
20	49	1.5	91	90	—

表 2-20　芯样单轴饱和抗压强度试验成果

编号	桩号	龄期（d）	取样位置（m）	样品高度（mm）	样品直径（mm）	饱和抗压强度（MPa）
1	25		2.5 ~ 7.0(1)	87	85	4.421
2	25		2.5 ~ 7.0(2)	87	87	3.71
3	25		2.5 ~ 7.0(3)	90	89	3.475
4	25	66	2.5 ~ 7.0(4)	78	77	3.146
5	25		2.5 ~ 7.0(5)	81	82	3.505
6	25		2.5 ~ 7.0(6)	82	82	3.438
7	25		2.5 ~ 7.0(7)	94	95	1.572
8	44	65	3.0 ~ 5.1	90	89	13.689
9	44		0 ~ 3.0	75	75	0.639
10	18		3.1 ~ 6.3(1)	84	83	4.307
11	18		3.1 ~ 6.3(2)	85	84	2.538
12	18	65	3.1 ~ 6.3(3)	83	83	3.693
13	18		3.1 ~ 6.3(4)	84	83	3.845
14	18		3.1 ~ 6.3(5)	83	83	4.508
15	48		1.2 ~ 1.5	91	91	0.462
16	48	78	3.8(1)	200	92	—
17	48		3.8(2)	92	98	2.611
18	49		3.0(1)	200	94	—
19	49	65	3.0(2)	200	97	—
20	49		1.5	91	90	0.620
≥3 MPa 试件比率(%)						64.7

表 2-21　芯样静弹性模量试验成果

编号	桩号	取样位置（m）	样品高度（mm）	样品直径（mm）	竖向静弹性模量（MPa）	横向静弹性模量（MPa）
1	48	3.8(1)	200	92	3 759	18 181
2	49	3.0(1)	200	94	2 996	17 021
3	49	3.0(2)	200	97	—	—

表 2-22　芯样泊松比试验成果

编号	桩号	取样位置 （m）	样品高度 （mm）	样品直径 （mm）	竖向静弹性模量 （MPa）	横向静弹性模量 （MPa）	泊松比
1	48	3.8(1)	200	92	3 759	18 181	0.207
2	49	3.0(1)	200	94	2 996	17 021	0.176
3	49	3.0(2)	200	97	—	—	—

（十）低应变法

采用低应变法在未取芯的桩中抽测 10 根,检测桩身完整性。

试验区开挖至 166 m 高程左右后,根据目测选择 10 根桩头胶结较好的桩参照《建筑基桩检测技术规范》(JGJ 106—2003)进行了低应变法试验性检测,其桩号分别为 4、5、8、15、16、18、26、45、49、50,波形尚可以评判,经过判定其均为 I 类桩。需要指出的是,由于桩头条件限制本次试验并非随机抽样,评判结果并不能完全代表整个试验区的桩身质量。

（十一）桩身强度增长检测

由于不可抗力 7 d、14 d、28 d 龄期检测未能实现,28 d 龄期抗压强度可参考 5 组钻孔取芯的芯样试验。开挖至 166 m 高程后,选取 6、10、26 号共 3 根桩利用手钻取得卵石层胶结芯样并进行了单轴饱和抗压强度试验,试验成果见表 2-23。由于前期钻机取出的 5 组芯样基本都是夹泥层胶结芯样,未能取得卵石层胶结芯样,所以本次检测具有重要意义。另外需要指出的是,6、10、26 号这 3 根桩是根据目测选取的桩头胶结较好的桩,取样成功率约为 75%,还有一部分桩胶结较差,即钻即碎,难以取得完整的芯样。

表 2-23　单轴饱和抗压强度试验成果

样品编号	桩号	龄期 （d）	取样位置 （m）	单轴饱和抗压强度 （MPa）	平均 （MPa）
6 - 1	6		8.5	6.25	
6 - 2	6	134	8.5	4.02	5.28
6 - 3	6		8.5	5.57	
10 - 1	10		8.5	6.64	
10 - 2	10	128	8.5	6.53	7.06
10 - 3	10		8.5	8.02	
26 - 1	26		8.5	5.01	
26 - 2	26	126	8.5	4.04	5.80
26 - 3	26		8.5	8.34	
≥3 MPa 试件比率（%）					100

（十二）结论

(1)成桩前浅层平板载荷试验 4 个点,本工程地基承载力特征值为 631 kPa,变形模量平均值为 46.7 MPa。成桩后本工程地基承载力特征值为 1 029 kPa;变形模量桩密集区提高较大,稀疏区提高较小,平均为 96.9 MPa。

(2)通过弹性波 CT、跨孔波速测试,确定了成桩前、成桩后地基的纵波波速、横波波速、动弹性模量、动剪切模量。成桩后地基波速出现了不均匀性提高。从各剖面来看,经过桩密集区的剖面波速提高率较大,同一剖面黏土层波速提高率普遍比卵石层要大。

(3)通过附加质量法检测,确定了成桩前、成桩后的地基密度。与坑探法对比,附加质量法具有无损、快速、精度高等优点,建议在大坝施工检测中加以推广应用。

(4)通过钻孔旁压试验,确定了成桩前、成桩后地基不同深度的承载力、变形模量等参数。对比发现,成桩后桩密集区试验孔各参数提高较大,从地层岩性分析,黏土层比卵石层提高较多。

(5)通过瑞雷波测试,确定了成桩前、成桩后地基的瑞雷波波速。对比发现,成桩后测试范围内地基瑞雷波波速出现了不均匀性提高,其中 PM4 测线、PM1 测线、PM2 测线经过的桩密集区的测点瑞雷波波速提高明显,提高了 15.0% ~ 20.7%,随着桩的稀疏波速提高率降低。

(6)通过坑探检测,确定了成桩前、成桩后地基的干密度、孔隙比、颗粒组成和相对密度。对比发现,成桩后干密度不但没有提高,反而有所下降,推测可能由于 165 m 高程卵石粒径比 175.5 m 高程卵石粒径小造成的。

(7)钻机取芯 5 根桩,只有 3 根桩取出夹泥层胶结芯样,卵石层胶结芯样未能获取。

(8)通过地震测井,对桩的完整性进行了评价,判定完整桩 2 根、基本完整桩 2 根、胶结较差桩 1 根。

(9)通过芯样试验,确定了芯样的比重、干密度、单轴饱和抗压强度、静弹性模量及泊松比。比重为 10.600 ~ 19.178 kN/m³,干密度为 1.022 ~ 1.575 g/cm³,单轴饱和抗压强度为 0.462 ~ 13.689 MPa。由于芯样试件条件较差,对测试有一定影响,静弹性模量、泊松比参数试验结果仅供参考。

(10)通过低应变检测,判定了桩的完整性。但需要指出的是,由于检测条件限制,本次试验并非完全随机抽样,评判结果并不能完全代表整个试验区的桩身质量。

(11)由于不可抗拒力,桩身强度增长检测只检测了 90 d 龄期的抗压强度,3 根桩所取芯样单轴饱和抗压强度值为 4.02 ~ 8.34 MPa。

第五节　河口村水库大坝工程施工特性

(1)特殊的地形条件:河口村水库坝址位于沁河河口村以上、吓魂滩与河口滩之间长约 2.15 km。河谷呈两端南北向,中间近东西向的反 S 形地貌。坝线位于龟头山北侧,河谷地宽 134 m,覆盖层为含漂石、砂、卵石层。夹黏性土及砂层透镜体,最大厚度为 41.87 m。混凝土面板基础覆盖层的最大厚度为 36.76 m。右坝肩为河道残岩,宽 10 m,滩积物厚约 5 m。坝址处为高山峡谷,地形陡峭,施工道路布置比较困难;坝址下游右岸滩地及阶地地势平坦开阔,适宜布置施工设施等。

(2)大坝防渗通过布置在上游面的钢筋混凝土面板,面板基础和趾板基础均置于深覆盖层上,两岸趾板均置在基岩上。趾板与上游 1 号面板通过设有止水的周边缝连接,形成坝基以上的防渗体,河床段趾板下坝基覆盖层采用混凝土防渗墙截流,防渗墙与趾板通过连接板连接,使坝基与坝体形成完整的防渗体系。

(3)筑坝材料复杂,采用多种洞渣及各种建筑物的弃料为次堆石料,主要有岩性灰岩、砂岩、页岩、花岗片麻岩及花岗岩等。大部分来自石料场的微风化、弱风化、强风化等的白云岩、白云质灰岩和灰岩等。

(4)在河床深覆盖层中趾板中心线下游 56.1 m 范围内的 4 个区域采用高压旋喷桩,梅花形布设共计 14 排。高压旋喷桩结束后对代表性桩进行钻孔取芯检查成桩质量,并利用钻孔进行桩的单孔超声波测试以检测桩的完整性,同时每孔取 3 段较完整有代表性的岩芯样进行比重、干密度、单轴饱和抗压强度、静弹性模量及泊松比等试验项目,在灌浆区域,纵横向各布置两条瑞雷波测线进行波速测试。

第六节　水利部专家咨询组对河口村水库施工意见

一、关于大坝工程基础处理

(1)河口村坝基最深达 41 m,地处山区与平原交接处的河口冲积区,其地质组成较为复杂,分布有 4 层粉质壤土等软弱夹层,大部分含小砾石,多呈软塑状或硬塑状,高程为 175～168 m(厚 2～6.6 m)、168～152 m(厚 0.5～6.4 m)、154～148 m(厚 0.3～6.2 m),高程 148 m 左右(厚 0.5～3 m)。

在砂、卵石的地质层中分布着厚度不等较为连续的壤土砂层和砂层透镜体,且砂、卵石的地质资料表明,细粒含量较高,并有一定的黏粒含量。这些都对坝基稳定产生不利影响。

设计单位根据地质资料进行的各类计算表明,原坝基的变形模量及承载力较小,坝基加固处理、坝基稳定安全保证率不高。

针对河口村天然地质条件,在开挖坝基时坝轴线以上 175～165 m 高程中的软弱夹层全部挖除是合适的。

(2)建设单位和设计单位根据初步审查意见,并参照专家咨询意见,在权衡强夯振冲等地基处理方法均较成功的技术措施中选择高压旋喷方案,并根据现场勘察情况和坝基受力状况,在坝轴线附近基础布设深 20 m 的 565 根高压旋喷桩的方案是可行的。

(3)加固处理后,孔波静载等检测成果表明,地基的承载力和变形模量有了明显的提高,坝基处理区域经加固处理后总体效果明显。

(4)加固处理后测试声波的纵坡虽然较加固以前有所提高,但仍未达到 2 000 m/s 以上较为理想的状态。

(5)加固处理后的有限元计算说明基本解决了趾板与连接板蓄水运行后的变形模量的问题。

二、关于大坝填筑

(1)现有的坝轴线前反向排水管的布置应完善修整,防止粉细砂堵塞,防止坝体漏碾。

(2)建议研究在满足一期填筑时,坝面高程顶部到达 225.5 m 要求的前提下,坝轴线下游的一期填筑高程提高到 184 m 的可能性。

建议二期坝体填筑在 2012 年 10 月达到 233 m 高程。坝后坡紧跟坝前坡上升到 248 m 高程,比一期面板顶高程 233 m 高 15 m 左右,增加强压沉降。

坝体观测应尽早开始,尽可能同步施工和预埋。建议即刻开始埋设沉降仪,为面板浇筑提供坝体沉降的变形情况。

(3)坝体施工要加强过程控制,严格按试验确定的比例加水,充分碾压大坝次堆面区,设计孔隙率为 23%,建议与主堆面区同等要求。

三、关于趾板面板

(1)趾板线的布置在左端呈直角形状,必然引起应力集中,破坏周边缝的止水结构,建议优化布置。

(2)鉴于本坝址地震设防烈度为 8 度,坝基为深覆盖层,且两岸地形不对称,建议设计研究在几条垂直缝部位设置单性压缩缝。

(3)建议面板配合比中,对防裂的外加剂和添加剂材料进行对比性研究。

(4)面板的施工一定要控制好上游面的平整度,挤压边墙表面要喷涂两层乳化沥青。

四、其他

(1)保证大坝周边缝侧和岸边的料的压实效果,增加一台液压夯板。

(2)为加快面板施工进度,建议增加一套双轨滑模、一台 750 备用强制拌和机、一台挤压机。

五、结论

通过对以上成桩前后的静载荷试验、跨孔波速和瑞雷波波速的测试等多项手段检测高压旋喷桩加固后的复合地基的各项物理力学性质均能得到不同程度的提升,特别是地基承载力和变形模量提高较为明显。整体来看,高压旋喷桩改善了坝基河床天然地层的不均匀特性,明显提高了坝基河床砂卵石层整体的承载能力和抗变形能力,基本达到了设计的预期目的,是一种行之有效的坝基处理深覆盖层的工程手段和措施。

通过河口村水库坝基河床深覆盖层的高压旋喷加固工程的生产实践,总结了一定的经验,可供类似工程参考。

(1)在河床砂卵层中进行高压旋喷桩灌浆时,由于卵石层的渗透系数较大,加之有地下水等的作用和透镜体的存在,出现漏浆量过大、孔口不返浆及成桩后的桩体形状不规则等异常情况。

（2）采取高压旋喷方法施工时，应注意对河床覆盖层的工程地质特性进行详细的了解和研究，结合具体的地质条件合理调整高压旋喷法的有关施工参数，调整施工孔序及孔的间距，以期实现经济高效加固地基的目标。

（3）在大坝大规模进行基础高压旋喷桩施工前，应选择有代表性的场地进行生产前的试验工作。通过试验确定合理的施工参数，并不断进行调整优化原有的设计参数，积累处理异常情况的施工经验，不断改进和优化施工程序。

（4）高压旋喷桩可作为加固深覆盖层（特别是地质条件复杂的覆盖层）地基的一种良好、有效的手段，其加固效果检测要结合覆盖层工程地质特性，选取合适的方式和方法。旁压试验是国内首次利用到高压旋喷复合地基的检测中，没有先例可行，但通过前后相同位置和地层的试验对比，直接反映了地基加固前后主要力学性质的变化和幅度。其结果与静载试验成果相互印证、相互补充，从点到面，从上到下综合反映了复合地基力学性质的提升。结合跨孔波及瑞雷波试验等，也进一步从侧面印证了高压旋喷复合地基的良好加固效果。

第七节　趾板基础灌浆

河口村水库大坝趾板固结灌浆要求：为了提高趾板区岩体的防渗能力，施工中除采取加强坝基帷幕措施外，还要求对大坝趾板及其后的防渗板基岩进行固结灌浆处理，以提高坝基岩体的抗渗性能，趾板和防渗板内的固结灌浆孔采用预埋硬质PVC管，当与钢筋有冲突时，孔位可适当调整。趾板内边排固结灌浆距趾板边线的距离小于0.5 m。当防渗板内最后一排固结灌浆与防渗板下游边线距离小于0.5 m时，取消该排。河床段趾板和连接板仅在基岩部分进行固结灌浆。防渗板固结灌浆孔，排距2.5 m、孔距5.0 m。固结灌浆孔上下游各至少应有一排趾板锚筋，如不满足，应调整锚筋位置。固结灌浆孔分两序施工，采用梅花形布置，排施工次序：①下游排固结灌浆→②上游排固结灌浆→③中间排固结灌浆。孔施工次序：①一序孔→②二序孔。

一、主要施工技术要求

（1）所有钻孔应统一编号，并说明施工次序，钻孔开孔位置与设计位置的偏差不得大于10 cm，实际孔位应有记录。因故变更孔位时，应征得设计单位同意，孔深应符合设计规定。在保证灌浆质量的前提下宜选用较小的孔径，钻孔孔径为56 mm，孔壁应平直完整，钻孔时，应根据设计要求和岩层岩性以及孔内各种情况（如混凝土厚度、涌水、漏水、断层、洞穴、破碎带、掉块等）进行详细记录，以便作为分析钻孔情况的依据。

（2）灌浆方法。钻孔灌浆在混凝土趾板和防渗板上进行，采用自下而上分段卡塞孔内循环式灌浆法。

（3）灌浆段长度及灌浆压力如表2-24所示。

表 2-24　灌浆段长度与灌浆压力

项目	深度 5 m 灌浆孔	
	1 段	2 段
岩石深(m)	0~2	2~5
段长(m)	3	3
Ⅰ序孔灌浆压力(MPa)	0.2	0.4
Ⅱ序孔灌浆压力(MPa)	0.3	0.5
检查孔灌后水压力(MPa)	0.2	0.4

(4)浆材及水灰比。采用强度等级 42.5 普通硅酸盐水泥,浆液的水灰比采用 5:1、3:1、2:1、0.8:1、0.6:1 五个比例。

(5)抬动变动控制。严格控制灌浆压力,趾板的抬动值限为 0~1 mm。控制灌浆能量是造成岩体抬动的主要因素之一。为此,施工中采取了控制大注入率孔段灌浆压力以减小灌浆能量的措施,具体控制要求如表 2-25 所示。

表 2-25　灌浆压力与注入率关系

注入率(L/min)	≥20	≥10
灌浆压力(MPa)	<0.3	≤0.5

二、固结灌浆效果分析

(1)固结灌浆的检测方法有单孔声波测试、钻孔弹性(变形)模量测试和全孔壁光学成像三种。

(2)现场测试的条件和要求。

①单孔声波测试:

单孔声波测试,灌前右岸 75 孔,左岸 X4~X5 段 22 孔。

孔径不小于 50 mm,测试时孔中应有水来耦合。

灌后右岸 75 孔,左岸 X4~X5 段 22 孔,宜在龄期 14 d 后进行,宜在灌前测试位置附近重新钻孔,其他条件同灌前。

②钻孔弹性(变形)模量测试:灌前孔径应为 91 mm,灌后宜在龄期 28 d 后进行,宜在灌前测试位置附近重新钻孔,其他测试条件同灌前。

③全孔壁光学成像:孔径不小于 75 mm,孔内无水或水要澄清。

进行三种测试是为了对大坝趾板和防渗板基础固结灌浆效果进行评价和分析,为趾板和防渗板基础固结灌浆施工验收提供依据。

第八节　基础的开挖

河口村水库大坝两岸岸坡陡峻,河床存在深覆盖层,坝基覆盖层岩性及地层结构复杂,主要成分为漂卵砾石,并含有黏性土夹层及砂层透镜体,部分基础虽然较密实,但整体基础均匀性差,大坝填筑后可能存在不均匀变形,直接影响大坝的不均匀变形控制和坝体形态控制及防渗体系的成形、施工总进度安排和坝面填筑质量的控制。基础处理方案研究、处理工艺的设计和施工研究一直是高坝建设的重点科研内容。经过前期研究和工程施工实践,取得了系统的全面的成果,并在河口村水库大坝建设中成功应用。

一、基础开挖的总体原则

河口村水库大坝两岸边坡高峻陡峭,总体呈不对称 U 形,左陡右缓,谷坡覆盖层较薄,大部分基岩裸露,河谷底部主要为河槽、漫滩和少量残存的 I、II 级阶地及河流冲积、洪积层,一般厚度为 30 m。坝基处覆盖层最大厚度为 41～87 m,岩性为含漂石及泥的砂卵石层,夹 4 层连续性不强的黏性土,第一层顶石标高 173～175 m,厚 2.0～3.7 m,最厚6.6 m。第二层顶石标高 162 m 左右,厚 0.5～1.5 m,最厚 6.4 m。第三层顶石标高 152～150 m,厚 2～4 m,最厚 6.2 m。第四层顶石标高 148～142.65 m。砂层透镜体一般分布在河流凸岸,长 30～60 m,宽 10～20 m,厚 0.2～0.5 m,分布不连续。根据勘探资料,大坝坝基范围内发现的砂层透镜体有 14 个,主要分布在坝轴线附近及下游,工程地质特征极不均匀。这一切都对坝基稳定产生不利的影响。

设计单位根据地质资料进行的各类计算表明,原坝基的变形模量及承载力较小,坝基加固处理后坝基稳定安全保证有所提高。针对河口村水库天然的地质条件,设计单位要求在开挖坝基时,坝轴线以上 175～165 m 高程中的软弱夹层全部挖出。

二、开挖施工规划

(一)两岸边坡清挖

在开挖范围内,覆盖层清挖采用自上而下逐层清理全风化层和松动危石,坡度较陡时由人工清理至坡脚后集中装运至弃渣区。高边坡开挖遵循自上而下、逐层下降的开挖程序,先进行预裂爆破或多循环、小药量弱爆破的控制爆破的施工方法进行梯段爆破,每个梯段为 1 m 左右。两岸岸坡部位开挖清理。结合岩石爆破技术进行削坡开挖。

为确保边坡的完整性和平整度,钻孔由机械造孔,孔径 90～105 mm,孔深小于 5 m 的采用手风钻钻孔,爆破采用岩石爆破。对两岸坝肩及趾板开挖边坡上的危岩体、悬空孤石等影响大坝趾板施工安全的分别采用挖除、锚杆、喷护、预应力锚索等措施及时进行处理。坝体岸坡如遇高度大于 2 m 的陡坡及反坡,采用机械配合人工引导岸坡削成不陡于1:0.3 的坡。

(二)坝基开挖

坝基开挖作业程序:施工准备→测量放线→施工降排水→坝基开挖→保护层开挖→隐蔽工程验收。

1.施工准备

施工准备内容包括绘制施工布置图,清除现场障碍物,平整场地,建立测量标桩,修建施工临时道路,准备施工机械设备和材料,临建设施等。

2. 测量放线

开挖前,首先应根据设计文件、施工图纸和施工控制网点测放出大坝轴线与开挖开口线,测绘大坝的横断面图,计算开挖工程量、轴线、开挖轮廓线及原始地面测量结果,并经监理认可。

3. 施工道路布置

基坑开挖修筑的施工道路有两条:一条在基坑上游,与7号路相接到达上游2#弃渣场;另一条在基坑下游,开挖料运至坝下游排水带两侧及压戗区。

4. 施工降排水

在基坑开挖前,先在开挖区内沿基线挖设排水沟并设置集水井,用潜水泵抽出基坑水排到上游或下游基坑外。基坑采用明排水,基坑明排水是指基坑开挖和水工建筑物施工过程中经常性排除的渗水、雨水和施工用水。在基坑的开挖过程中,在坑内布置明式排水系统,即排水沟、集水井和水泵站。应以不妨碍开挖和运输为原则,并结合出土方便,在中间或一侧布置排水沟,随着开挖工作的进行,逐层设置。而在修建过程中,排水沟应布置在建筑物轮廓线以外(见图2-8、图2-9)。

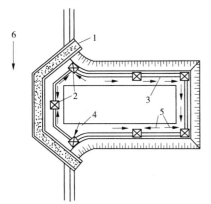

1—围堰;2—集水井;3—排水沟;4—建筑物轮廓线;
5—排水方向;6—水流方向

图2-8　修建建筑物时基坑排水系统布置

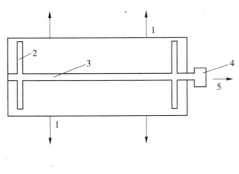

1—运土方向;2—支沟;3—干沟;
4—集水井;5—水泵抽水

图2-9　基坑开挖过程中排水系统布置

排水沟一般以3‰~5‰的底坡通向集水井,且距离基坑坡脚不小于0.3~0.5 m,集水井应布置在基坑的一侧,井底低于沟底1~2 m,井的容积至少能贮存10~15 min的抽水量。用强水泵抽出坑外,排到下游基坑外。每一个施工层施工时,排水沟的开挖在先,基坑的开挖在后,并在基坑开挖开口线外围挖截水沟,以防表面的流水流入基坑。

5. 开挖的施工方法

开挖前详细了解工程地质结构、地形地貌和水文地质情况,开挖按照测量放线测设的开口线自上而下分层分段施工,每次开挖2.5 m左右。在坝轴线基坑的上下游分别布置两台挖掘机进行作业,严禁自下而上或采用倒悬的开挖方法。施工中随时做成一定的坡势,以利排水。开挖过程中应避免边坡稳定范围内形成积水。严格防止出现倒坡,避免大量的超挖。开挖永久与临时的边坡应按图纸与规范要求施工。土方开挖采用2 m³挖掘机挖装、20 t自卸汽车和TY-160推土机辅助作业的施工方法。开挖料大部分运至下游排水带两侧回填和坝后压戗,其他运至 2#弃渣场。

趾板地基开挖时,开挖面应力求平顺,避免陡坡和反坡,必要时可进行削坡和回填混凝土找平处理。趾板的建基面宜为坚硬、不冲蚀、可灌浆的基岩。对因地形地质条件限制,只能建于风化破碎或软弱夹层岩层时,应进行专门论证并采取相应加固措施。趾板上方的岩质岸坡应按稳定边坡或经加固处理后的稳定边坡开挖,以确保安全。趾板范围内的基岩若有断层破碎带、软弱夹层等不良地质条件,则应根据其产状、规模和组成物质,逐项进行认真处理,可用混凝土塞作置换处理,延伸到下游一定距离,用反滤料覆盖并加强趾板部位的灌浆。趾板地基若遇深厚风化破碎及软弱岩层,难以开挖到弱风化岩层,则可设下游防渗板以延长渗径。

6. 坝基开挖的总体要求

为了减少坝基的变形,根据大坝受力部位,结合河床基础地质的情况,应分区采用不同的开挖处理要求。

(1)坝轴线上游至防渗墙之间基础由原河床 175.0 m 高程挖至 165.0 m 高程,旨在将上部变形较大的第一层黏性土夹层全部挖掉。坝轴线下游次堆石区覆盖层基础开挖至 170 m 高程,基岩清除表层 1.0 m 松散体。基础开挖至设计高程后若遇砂质透镜体、黏性土夹层及含土量偏高的砂石层,则应予以全部掘出或局部挖除,并采用过渡料进行换填,控制其相对密度不小于 0.75 后方可。

(2)对防渗墙、连接板、趾板及下游 50 m 范围内基础变形较大区域应用高压旋喷桩加密的方法作专门的加固处理。

(3)对两岸坝壳大部分为基岩的,基础清除夹层覆盖层或松散岩石后即可填筑,坝壳两岸岸坡接坡不陡于 1:0.5。

(4)趾板基础开挖要求:河床部位、趾板基础覆盖层挖至 165.0 m 高程,岸坡无强风化处,表面岩体开挖 3~5 m,无强风化处开挖到强风化下限以下 1 m,使趾板座在弱风化岩体上,不满足时,挖除后采用 C15 素混凝土回填。

趾板基础高边坡按 1:0.5~1:0.75 开挖,每隔 20 m 设 2 m 宽马道,并经边坡稳定计算,满足稳定要求。开挖后边坡岩石较差区域采用挂网喷锚支护,锚杆长 4.0 m 和 6.0 m,间距 2.0 m,边坡岩石相对较好时采用随机锚杆素喷混凝土保护。

7. 左岸古滑坡体开挖要求

坝基范围内古滑坡体全部挖除。

第三章　坝体分区和大坝填料的工程特性

第一节　坝体分区的原则

一、河口村水库大坝分区的主要考虑因素

(1)坝体下游堆石区的形变对坝体变形的影响较大,主、次堆石区的材料性能不应相差太大,主、次堆石料的分界线宜向下游倾斜,以减少下游堆石区变形对坝体上游堆石区和面板的影响。

(2)为防止周边缝以及周边缝附近的面板产生过大的变形与应力,周边缝附近面板的小区料应均匀密实。

(3)坝体底部区域宜设置排水区,确保坝体排水通畅,排水区在水的浸泡下具有较好的强度和变形稳定性。

(4)对于狭窄河谷,为减少坝体顺坝轴线方向的形变梯度,宜设置变形过渡区,即在堆石体与岸坡接触部位设置过渡区。

(5)坝体顶部由于断面较小,应采用主堆石区的填筑料,防止在水荷载的作用下,坝体上部产生过大的水平位移。

二、河口村水库大坝坝体分区的主要原则

(1)各区坝料的渗透性从上游向下游增大,并满足水力过渡要求和自由排水要求。

(2)充分利用枢纽的开挖石渣做次堆石料。

(3)分区尽可能简单和经济,以利施工和填筑质量控制。

最终确定坝体分为十个区域(见图3-1):垫层区(2A区)、特殊垫层区(2B区)、过渡区(3A区)、主堆石区(3B区)、下游次堆石区(3C区)、下游石渣压坡区(4A区)及上游防渗区(混凝土面板F区)和防渗补强区(壤土铺盖区($1A_1$区)、粉煤灰($1A_2$区)、上游石渣盖重区(1B区)等组成。

第二节　河口村水库大坝填筑料分区的工程特性

混凝土面板堆石坝作为一种以堆石材料为主的土石坝,最常用的填筑材料是堆石和砂砾石,其中堆石材料包括硬岩和软岩两种,为此应通过坝体断面的分区,尽可能地利用当地材料和建筑物的开挖料,这也是断面分区中的一个重要原则。故在面板堆石坝的设计中,堆石体的材料应以充分利用坝址附近的各种材料为准则。在进行堆石坝体断面的分区布置时,应充分根据坝址附近各个料场的材料工程性质、时空分布以及每种材料可能

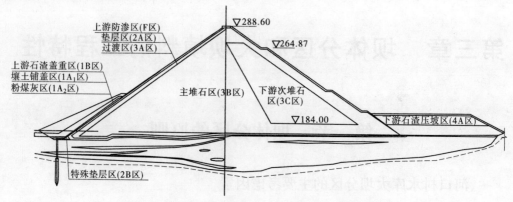

图 3-1 河口村水库混凝土面板堆石坝典型横剖面图

对面板堆石坝正常运行所产生的影响,将不同的堆石材料合理地分配到坝体剖面的不同分区部位中。

由于面板堆石坝坝体变形的特点,就面板堆石坝断面分区的优化布置而言,主要问题是主、次堆石区范围的确定,而其中最具意义的则是软岩堆石料的利用,对软岩堆石料分区的优化主要是确定该分区的上、下游边界线,软岩堆石料分区的下游边界线主要影响坝体下游边坡的稳定,而上游边界线将主要影响坝体和面板的应力变形特性。因此,断面分区优化的设计分析主要为坝体边坡稳定分析和坝体及面板的应力变形分析。一般情况下,在坝体断面分区的优化过程中,先采用极限平衡分析法对坝体的下游边坡进行不同坡比的稳定分析,从中找出满足要求的最小坡比。在确定坝体下游边坡后再通过有限元计算,针对软岩堆石分区上游边界线的不同位置进行应力变形分析,从中找出满足坝体和面板应力变形要求的最大软岩堆石区利用范围。

一、河口村水库坝体分区特性、筑坝材料的设计及填筑标准

河口村水库面板堆石坝坝料丰富,枢纽建筑物开挖料较少,大坝填筑料主要为同一料场堆石料。因面板堆石坝建在深覆盖层上,其受力特点对填筑料的抗剪强度、压缩性、渗透性、耐久性与常规的面板堆石坝有着不同的要求。

(1)垫层区(2A 区和 2B 区)。垫层料 2A 作为混凝土面板的基础,压实后应具有良好的级配、较大的干密度、低压缩性、高抗剪强度和良好的渗透稳定性,对面板起到良好的支撑作用。同时垫层料应具有半透水性,水库运行期发生渗漏,可堵塞渗透通道使裂缝自愈。垫层料水平铺筑宽度按满足机械施工要求取 3 m,采用石料场微风化灰岩石料轧制。垫层料应具有良好的施工特点,铺料时不易分离,易压实平整。综合考虑对垫层料的上述要求,并参照天生桥、西北口、盘石头、水布垭、宝泉等水电站使用灰岩轧制垫层料的相近工程经验,确定垫层料的配级要求如下:最大粒径 80 mm,小于 5 mm 的颗粒含量为 35.1% ~ 49.9%,小于 0.075 mm 的颗粒含量小于 8%,每层填筑厚度为 40 cm。其垫层料的级配曲线包络图如图 3-2 所示。

该区水平宽度 3.0 m,为了改变坝体与基础坡的连接,在坝基河床部位垫层向下游延伸到坝脚(不包括后盖重),岸坡部位适当延伸。

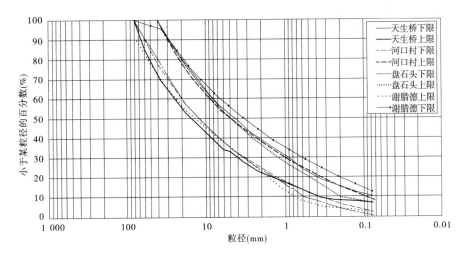

图 3-2　垫层料的级配曲线包络图

(2)过渡区(3A 区)。过渡料区位于垫层区与堆石区之间,过渡料传递荷载并对垫层料进行渗流保护,达到向主堆石料的过渡,过渡层顶部水平厚度为 3.0 m,上游侧坡度 1:1.5,下游侧坡度为 1:4.5,过渡层设计采用石料场微风化岩石,可采用料场爆破开采石料或枢纽开挖料。最大粒径 300 mm,小于 5 mm 的颗粒含量为 12.1% ~ 24.5%,小于 0.075 mm 的颗粒含量不大于 5%,级配连续良好。填筑干密度 2.23 g/cm³,孔隙率不大于 19%,填筑厚度为 40 cm,在制备料过程中需进行专门的爆破设计和现场试验,满足连续级配要求,同时对垫层料满足反滤的要求,必要时可掺配一定比例的人工砂等细料。过渡料级配曲线包络图如 3-3 所示。

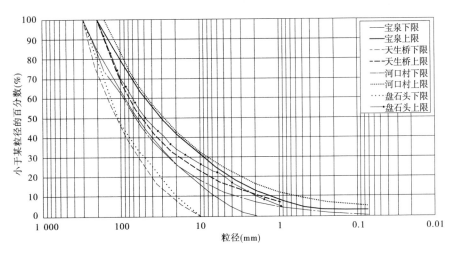

图 3-3　过渡料级配曲线包络图

(3)主堆石区(3B 区)。堆石区是大坝坝体的主料区和主要承载结构,对坝体稳定和面板变形具有重要意义,应满足抗剪强度高、压缩性低和透水性强的要求,要求填筑料压缩模量高、抗剪强度大。料源来自石料场奥陶系马家沟组灰色层状白云岩、白云质灰岩和灰岩。采用微弱风化爆破料。控制最大粒径 800 mm,小于 5 mm 的颗粒含量为 20.0% ~10.0%,小于 0.075 mm 的颗粒含量不大于 5%,级配连续。干密度 2.17 g/cm³,孔隙率不大于 21%,压实后每层厚度为 80 cm,填筑时加水 15% ~20% 碾压。主堆石料级配曲线包络图如图 3-4 所示。

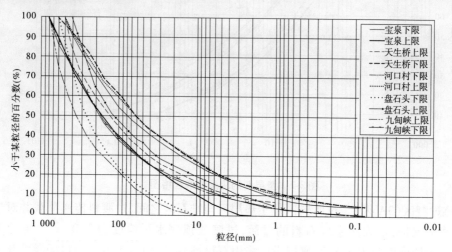

图 3-4 主堆石料级配曲线包络图

(4)下游次堆石区(3C 区)。次堆石区位于坝轴线下游主堆石区后侧,受水荷载影响较小,其压缩性对面板变形的影响不大,仅起到稳定下游坝体的作用,因此对该区的坝料和铺填碾压要求低于主堆石区。按尽可能利用枢纽工程开挖料的设计思路。设计部分采用坝基、溢洪道、泄洪洞及饮水发电洞等开挖弃料,大都来自石料场的微风化、弱风化等的白云岩、白云质灰岩及花岗岩和灰岩等。控制最大粒径 1 200 mm,小于 5 mm 的颗粒含量不大于 35%,小于 0.075 mm 的颗粒含量不大于 8%,级配连续,其中下游水位以下采用主堆石料,干密度 2.09 g/cm³,孔隙率不大于 24%。

(5)防渗补强区(1A 区 1B 区)。对于高面板堆石坝,作为死水位以下的面板及接缝,很少有放空水库进行维修的机会,因而加设上游斜墙铺盖及其盖重区。该料区位于面板上游周边缝处,属于辅助防渗设施。顶部高程为 215.00 m,顶部宽度为 6.0 m,分内外两层布置。内层为粉煤灰和壤土料,作为面板开裂及周边缝止水损坏后的自愈填充材料,其中粉煤灰铺盖(1A₂)水平宽度 1.0 m,在粉煤灰铺盖上游设壤土铺盖(1A₁),顶部水平宽度 3.5 m,上游坡度为 1:1.75,采用壤土料场轻中粉质壤土,干密度为 1.8 g/cm³。外层为开挖石渣料,顶宽 6 m,上游坡度为 1:2.5,用于保护内层土料,防止库水冲蚀。

(6)下游石渣压坡区(4A 区)。为保证下游坝坡的稳定性,给大坝稳定性留有一定的富裕度且防止坝基覆盖层及夹砂层在地震 8 度下液化,在 195 m 高程设置了 110 m 长的石渣区压盖重。

二、河口村水库面板堆石坝各区材料特性及技术要求

(一)反滤料及反滤层标准

反滤料标准:被保护土类别和小于 0.075 mm 的粒径含量。反滤层标准:细粉土和黏

土细颗粒含量 85% 以上,$D_{15} \leqslant 9d_{15}$(D_{15} 为反滤料粒径,小于该粒径土占土总重的 15%;d_{15} 为被保护土粒径,小于该粒径土占土总重的 15%);砂粉土以及粉质砂土细粒含量 40% ~ 85%,$D_{15} \leqslant 0.7$ mm;粉质砂土和砾石细粒含量 15% ~ 39%,$D_{15} \leqslant \dfrac{40 - A}{40 - 15}(4d_{15} - 0.7 \text{ mm}) + 0.7$ mm(A 为小于 0.075 mm 颗粒含量);砂和砾石细粒含量小于 15%,$D_{15} \leqslant 4d_{15}$。

防止颗粒分离的 D_{90} 和 D_{10} 的极限值如表 3-1 所示。

表 3-1 防止颗粒分离的 D_{90} 和 D_{10} 的极限值

D_{10} 最小值(mm)	D_{90} 最大值(mm)	D_{10} 最小值(mm)	D_{90} 最大值(mm)
<0.5	20	2.0 ~ 5.0	40
0.5 ~ 1.0	25	5.0 ~ 10	50
1.0 ~ 2.0	30	10 ~ 50	60

(二)各区材料特性及技术要求

各区材料特性及技术要求见表 3-2。

表 3-2 各区材料特性及技术要求

材料名称	小区料	垫层料	过渡料	主堆料	次堆料	反滤料
孔隙率(%)	17	16	19	20	23	10
干密度(g/cm³)	2.22	2.19	2.21	2.2	2.12	3.2
渗透系数(cm/s)	1×10^{-3} ~ 1×10^{-4}	1×10^{-2} ~ 1×10^{-3}	1×10^{-2}	1×10^{-1}		1×10^{-3} ~ 1×10^{-4}
厚度(cm)	20	20	40	80	120	40
最大粒径(mm)	40	80	500	800	1 000	60
小于 5 mm 颗粒含量(%)		35 ~ 55	≤20	≤10		35 ~ 55
小于 0.075 mm 颗粒含量(%)		<8	<5	<5	<8	<5
加水量(%)	10 ~ 20	10	10 ~ 20	15 ~ 20	10 ~ 20	10

(三)总体要求

(1)各种料物的料场应查明其储量、质量及开采的地质条件,同时利用枢纽建筑物区的开挖料时,按场料要求增设料场。其所开挖的料应进行室内物理力学性质试验,内容主要包括比重密度、吸水率、抗压强度和弹性模量、渗透系数等,有特殊要求的宜作岩石矿物成分分析和岩矿化学分析等,并做级配相对密度、抗剪强度和压缩模量等试验,然后根据试验成果并结合工程类比,合理确定坝体各分区材料的物理力学性能指标。

(2)根据工程整体布置和对坝料源及其数量、质量的要求对开采石料及建筑物区所开挖的石料进行料场规划,并在施工组织中详细安排。

(3)主堆石区宜采用硬岩堆石料及砂砾石填筑。枢纽建筑物开挖石料凡符合主堆石区或下游次堆石区质量要求的,也可分别用于主堆石区或下游次堆石区。

(4)硬岩堆石料的最大粒径应不超过压实层厚度,小于 5 mm 的颗粒含量不宜超过 20%,小于 0.075 mm 的颗粒含量不宜超过 5%,且压实后能自由排水,有较高的压实密度和变形模量。

(5)软岩堆石料压实后应具有较低的压缩性和一定的抗剪强度,可用于下游堆石区下游水位以上的干燥区。渗透性不满足要求时可设置坝内排水。

(6)下游堆石区在坝体底部下游水位以下部分应采用能自由排水的抗风化能力较强的石料填筑,下游水位以上部分可以利用与主堆石区相同的材料,但可以采用较低的压实标准或采用质量较差的石料(如各种软岩岩料、风化石料)等。

(7)过渡区细石料要求级配连续,最大粒径不宜超过 300 mm,压实后应具有低压缩性和高抗剪强度并具有自由排水性能,过渡料的区域可采用专门开采的细堆石料经过破碎筛选加工的洞挖石渣料等。

(8)垫层料应具有连续级配,最大粒径为 80 mm,粒径小于 5 mm 的颗粒含量宜为 35.1% ~49.9%,小于 0.075 mm 的颗粒含量不宜小于 8%,压实后应具有内部渗漏稳定性、低压缩性、高抗剪强度,并有良好的施工特性。垫层料可采用径筛选加工的人工砂石或其掺配料。人工砂石料应采用坚硬和抗风化能力强的母岩加工。

(9)周边缝下游侧的小区料(特殊料)宜采用最大粒径小于 40 mm 且内部稳定的细反滤料等薄层,碾压密实以尽量减少周边缝的位移,同时对缝顶面的粉细砂、粉煤灰等起到反滤作用。

(10)混凝土面板上游铺盖区材料宜采用黏土、粉煤灰或其他材料,上游石渣盖重区(1B 区)可采用弃渣料。

(11)下游护坡可采用干砌石或由堆石体内选超大石运至下游坡石,以大头向外的方式码放。

(12)坝体内设置竖向和水平排水体时,应选用耐风化的岩石或砾石,并有良好的排水能力。

第四章 坝料的开采

混凝土面板堆石坝的坝体主要是堆石体,而堆石体的材料通常是人工爆破开采的石料(包括枢纽各建筑物的开挖石料和山麓堆积料),它们或单独使用或分区堆放便于填筑坝体,以达到充分利用当地材料、降低造价的目的。

第一节 坝料开采的主要内容

一、料场复查

施工地段的料场复查应以初步设计地段的料场详察为基础,施工单位进入现场后应认真核实坝料的有效储量和设计坝体所需的各种坝料的数量和质量,对设计选用的料场情况进行全面、认真的核实,必要时应辅以适量的操控和钻孔取样进行复核。优化修改设计料场,并了解如下事项:

(1)料场的有效储量:按照料场实际可开采量的总量(自然方)与坝体填筑数量的一般比值(石料取 1.1~1.4,砂砾料以上部分取 1.5~2.0)进行复查。

(2)岩层的分层、分布、覆盖层的厚度、岩层层理及软弱夹层厚度和弃渣数量等。

(3)料场的范围占地面积、开采运输条件及道路。

(4)料场的重要技术性能指标的检测。

料场调查后应编写复查的技术报告,提示料场的有效开采深度面积储量、覆盖层的厚度和数量以及开采比例,补充试验后各坝料的质量。

二、料场规划

为了满足堆石坝坝体坝料供料强度,选择合理的开采、运输、加工推荐方式,配置相应的施工设备和设施(风、电、水等),确定不同料场的开采程序、数量和填筑部位,作为料场全面而具体的布置和安排。所以料场规划是施工组织设计的重要内容,也是指导坝料开采的具体依据。

料场规划可分为料场的空间规划和时间规划,料场规划的原则为:

(1)少占耕地,保护环境,做到:①优先利用建筑物基础开挖料并力求其开采料与坝体填筑平衡;②多用上游淹没区以下的石料;③占地还地;④采用软弱岩石,减少弃料,且注意料场附近的植被和水土保持。

(2)全面规划、统一布置,面板堆石坝的填筑需要大量主堆石、次堆石、过渡料、垫层料、反滤料,此外还有面板和趾板混凝土等建筑物的混凝土砂石料,对各种石料的利用和整个各地段用料应统一考虑、全面安排,以保证大坝各工序不同施工期的用料需求。避免出现相互争料或停工待料的现象。为此应考虑设置以下料场:①堆石料的主料场和次料场(备用料场),在施工中选择一个或几个储量的主料场,作为在某时段内供主堆石料或次堆石料的主要场地;②过渡料、垫层料和反滤料都需要有备用料场,不能直接爆破,开采时应考虑加工和储存的场地,因过渡料和垫层料、反滤料一般都有特殊的级配要求,除过渡料可直接爆破采用外,其他料需要进行加工掺配,所以需要有专门含量的场地和制备系统,其生产能力应满足填筑强度的需要,还要考虑超前的加工设备;③考虑混凝土工程需要的骨料开采筛选,加工场地视工程具体情况而定,混凝土骨料生产地可以与垫层料生产相结合;④要设置堆料场与弃料场。

(3)统筹安排,减少干扰。为了服从枢纽的布置需要,料场的选择应避免与主体建筑物发生干扰,如坝体两端泄洪洞、发电洞料场的选择应慎重考虑,避免影响建筑物的施工。各料场之间全面安排,协调配合,要从全局着眼,统一权衡,由于料场开采一般噪声较大、灰尘较多,存在爆破飞石的可能,故料场规划要周密考虑料场对永久工程施工设置、施工人员及附近居民的影响。

(4)就近取料。堆石坝填筑料的运费一般占坝体造价的 50% ~60% ,如能就近取料,缩短运距,就能大大降低成本。

(5)料尽其用。在保证工程质量的前提下,要研究多种料源,做到料尽其用,力求挖填平衡,根据设计要求分级使用,区别对待不同质量等级的料用于设计所制订的不同分区和部位,例如软岩石用于次堆石区,超大块石用于下游堆石棱体和下游护坡。在施工中坝料的质量要以设计要求为准,并都要经过抽样检查、试验论证,符合要求后方可使用。

三、料物规划

料场的规划一般有几个不同的供料目标的开采区和料场,如主堆石料场、次堆石料场、过渡料料场、垫层料料场等。依据施工中所需石料的种类和数量应对料场进行总体规划,优选几个开采区并确定每个开采区的位置、地区范围和供料任务,统筹安排开采区的次序,使其成为各自独立的钻、爆、挖、装、运、碾、堆存的作业系统。根据作业区的规模和开挖方法及机械化程度、开挖进度网络计划来规划料场面积的大小,以满足储料的供应。

四、料场布置

料场场地的布置是指包括所有开采在内的整个供料系统的场地布置。

(一)料场布置的依据

(1)料区枢纽布置图和地形地貌图及地质图。

(2)计划开采方案、工艺流程,使用施工机械设备、设施,道路运输条件及其对场地要求。

(3)坝体所用数量和开挖量与规模,供料期的长短和供料部位进度情况。

(4)满足施工总进度要求的开采强度和高峰强度。

(5)开采区之间和工序作业之间的相互关系。

(二)料场布置的主要内容

料场布置的主要内容有开采区的布置,料场机械、道路和排水系统的布置,风、水、电系统的布置。

1.开采区的布置

主堆石料场的布置:开采区主要是开采主堆石料,所以应有一个以上的料源,质量好、储量集中的大开采区作为主堆石的料场。过渡料的开采因坝体填筑量较少,故可在主堆石料附近选择符合其设计要求的料场。垫层料和反滤料的料场布置主要考虑因素有需要加工的数量、加工设备和工艺及设备所需占用的面积,原料石块加工储料的场地、加工成品的堆料场地、生产强度及所需数量。

备料场的布置:由于所开采的石料不能一次性运输上坝及在开采运输过程中的不可预见因素影响坝料供应,为坝体填筑高峰或级配的需要储备用料,故应考虑布置足够的储备场地。堆料场地的大小与开采工程数量、上坝高峰强度和运输距离的长短有关,备用料场一般按开采量的10%~30%考虑或根据实际情况确定,如运距较远,宜在坝区附近集中布置堆石料场。

弃渣场的布置:对于所开采的弃料和覆盖层料应妥善安排与规划,避免施工中乱弃乱放,以免影响交通运输和洪水的通畅,弃渣应充分利用,如修路、平整场地等,并根据弃渣场数量和时间采取分散和集中的形式布置弃渣场。

2.料场机械、道路和排水系统的布置

料场机械、道路和排水系统布置的主要原则是应满足坝料开挖和运输强度以及机械运行活动的要求,并应有利于提高生产强度和减少机械的损耗。道路要平顺,排水系统通畅,以便为坝料开采和车辆行驶创造良好的施工环境,减少雨水对施工作业的影响。

(1)道路布置:道路的宽度、坡度、回车半径和路面路况结构都应根据开采和运输强度、作业时间长短、机械形式要求等来确定,道路的高程与转换应尽可能地避免影响坝料的开采作业,道路结构要坚固耐用。

(2)排水系统:道路边及开挖区一定要修排水沟,并根据当地雨量强度和成雨面积来计算排水流量。确定排水沟渠的断面,排水沟渠的前底高程应低于坝料开挖面的高程,以便排水通畅。

(3)道路与转换:开采区内的道路高程应随爆破梯级高程的变化而改变,所以在石料开采中道路要进行多次转换,故应尽可能地避免影响坝料的开采作业,道路结构既要坚固耐用也要考虑转换比较简便。

(4)为了保证机械的完好率和出勤率,要有相应的修理能力。

(5)停车场地的布置:停车场地是为机械设备临时修理和闲置机械停放的场所,其场地面积应依设备的数量、种类确定,布置方式有集中布置和分散布置或两者相结合布置3种。

3.风、水、电系统的布置

为了保证料场生产的需要,风、水、电系统的布置至关重要,它是料场生产的重要保证,应根据工地的实际情况进行合理布置。

第二节　坝料开采的设计思路

坝料的开采方式决定了坝料的生产强度和成本,也是料场规划中的重要问题,为了解决好这个问题,一般各个面板堆石坝的坝料开采场都首先进行各种爆破试验,探求最佳的开采方式。

一、坝料的开采方式

混凝土面板堆石坝坝料的开挖方式主要有两种:一种是采用梯段控制爆破方式,另一种是采用梯段爆破和洞室爆破相结合的方式。两种方式的优缺点如下:

梯段控制爆破方式在国内外的面板堆石坝中的应用和发展很快,我国"七五"国家科技攻关项目在开采坝料方面进行了大规模的试验研究,取得了很好的成果,其优点是能控制粒径、满足各种坝料的要求。虽开采的强度不高,但随着钻孔机械设备的改进、大口径机械设备的发展,钻孔能力大大加快和提高,爆破的梯段高度可以增大,同时采用深孔梯段微差爆破和挤压爆破技术开采坝料可以取得良好的效果。

洞室爆破方式是过去国内外一般采用的传统方式,其可用人工开挖导洞,对机械设备的要求不高,一次性爆破的石方量大,成本低,但不利于开挖装料且没有利用微差技术时,其爆破振动大,影响周围村民及建筑物的安全,所以现在很少采用。

但有的面板堆石坝工程为了充分发挥以上两种开采方式的优点,取长补短。在部分的建坝过程中有采用梯段控制爆破和洞室爆破相结合的方式,如河南省的盘石头水库、江西省的东律水电站等在洞室爆破中应用微差爆破技术,取得了较好的效果。

二、爆破的设计思路

混凝土面板堆石坝的坝料开采爆破主要采用深孔梯段爆破,堆石坝的坝料一般分为两类:过渡料和主堆石料。为了保证其压实效果和其他的水工要求,对石料的级配要求高,所以在进行爆破设计时应考虑以下技术问题:

(1)要求控制石料的最大粒径小于坝料设计的最大粒径,使爆破料一次成型,减少二次破碎。例如鲁布革堆石坝料最大要求粒径为 800 mm,盘石头堆石坝为 800 mm,河口村堆石坝为 800 mm,西北口堆石坝和龙滩堆石坝为 600 mm。

(2)设法控制小于某粒径颗粒的含量,即设法提高 5 mm 以下的细颗粒含量,增大坝料的不均匀系数,以利于坝体填筑时堆石料的压实。如鲁布革堆石坝要求设法减少小于 10 mm 颗粒的含量,而西北口堆石坝和龙滩堆石坝则要求设法提高石料中粒径小于 5 mm 颗粒的含量。

(3)爆破中应扩大孔网面积,提高钻孔利用率,节省成本,提高产量。

(4)控制爆破岩石飞散,减少或避免损坏现场施工机械设备。

(5)避免或减轻爆破的后冲破裂作用,保证爆后梯段边坡岩石的稳定,以保证下一次钻孔和施工安全。

在坝料的开采中除应考虑以上几项基本要求外,其设计的主要思想是建立在充分梯段岩体的层理、节理结合岩体地质状况及原生裂隙、断层、软弱夹层等相互切割的基础上,对单个符合的能量和总体爆破规模进行控制,使炸药爆破的能量合理地分布于爆破岩体中,炸药能量充分地用于破碎岩面,减少多余的能量,避免碎块飞扬。故在爆破设计时首先在充分考虑地质条件的基础上通过优化爆破各参数而达到良好的爆破效果。

三、爆破设计的基本原则

岩体的地质状况是确定整个爆破方案最重要的因素,在进行爆破设计时应把握以下几项原则。

(一)岩层的产状

岩层的产状与爆破作用方向的相互关系对爆破料的颗粒组成有很大影响,当爆破作用方向与岩层面产状走向垂直时,爆破石料级配好,不均匀系数大,如图4-1所示。

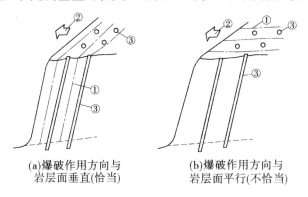

(a)爆破作用方向与　　　　　(b)爆破作用方向与
　岩层面垂直(恰当)　　　　　　岩层面平行(不恰当)

①—岩层层理;②—爆破作用方向;③—炮孔

图4-1　爆破作用方向与陡倾角或垂直层面的关系

当爆破作用方向与岩层走向平行时,爆破石料较细,不均匀系数低,如图4-2所示。

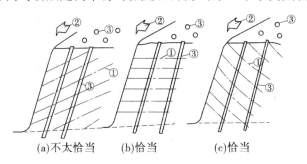

(a)不太恰当　　　(b)恰当　　　(c)恰当

①—岩层层理;②—爆破作用方向;③—炮孔

图4-2　爆破作用方向与缓倾角或水平层面的关系

因此,在确定爆破方案时,岩层产状是很重要的。

(二)岩体的裂隙程度

岩体的裂隙分布对爆破效果的影响超过岩石力学强度的影响。因为爆破岩石的过程及其几何尺寸在很大程度上受荷载附近不连续界面的控制,根据国内外许多面板堆石坝坝料开采效果分析,其抵抗线 W、裂隙间距 J 和石料最大粒径 M 三个变量的关系如表4-1中所示的6种情况。

表 4-1　抵抗线 W、裂隙间距 J 和石料最大粒径 M 三者之间的关系对爆破效果的影响

序号	W、M、J 关系	控制作用的因素	大块料出现的可能性
1	$W > M > J$	裂隙	低
2	$M > W > J$	裂隙	低
3	$J > W > M$	爆破	中等
4	$W > J > M$	裂隙	高
5	$M > J > W$	爆破	低
6	$J > M > W$	爆破	低

从表 4-1 中可见,当 $M > J$ 时,可采用较大的抵抗线,即按 $W > M > J$ 的形式布孔,所爆破的石料大块率低,石料级配连续,同时单耗药量小;当 $J > M$ 时,可采用较小的抵抗线,即按 $J > M > W$ 的形式布孔,以使岩石充分破碎,降低大块率。

(三)岩性及其成分

岩性及其成分决定岩性的强度特性,是确定岩石单耗药量的主要因素,因为在标准抛掷爆破时爆破每立方米岩石所消耗的药量和松动爆破时爆破每立方米岩石所消耗的炸药量有着很大的关系。

四、各种爆破方式的设计参数

(一)梯段爆破方式的设计参数

梯段爆破因至少有两个临空面的岩石爆破,爆破作业形成台阶进行,所以又称台阶爆破,其爆破生产率高、工作条件好又便于大型机械作业,满足高强度开采石料的需要。其主要的设计参数有钻孔直径、梯段的高度、底板抵抗线、孔距、排距、超钻深度、孔深、孔边距等。梯段上垂直和倾斜孔网的参数如图 4-3 所示。

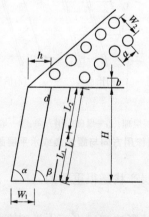

H—梯段高度;W_1—前排孔的底板抵抗线;h—超钻深度;L—炮孔深度;

L_1—装药长度;L_2—堵塞长度;a—炮孔间距;W_2—炮孔排距;$α$—梯段坡面角;

$β$—炮孔倾斜角;d—钻孔直径;b—梯段上缘至前排孔口距离

图 4-3　梯段上垂直和倾斜孔网的参数

（1）钻孔直径：应根据所采用机械的类型和孔径大小来确定，目前国产潜孔钻机的种类很多，常采用钻头直径为 100 ~ 120 mm 的潜孔钻机，其型号分别为 YQ - 100 型及 YQ - 150B 型，主要优缺点如表 4-2 所示。

表 4-2　YQ - 100 型及 YQ - 150B 型潜孔钻机优缺点

比较因素	YQ - 100 型	YQ - 150B 型
梯段条件	机动灵活,受现场限制少	钻机体积大,钻机作业平台较宽
穿孔速度	较慢	较快
相同条件下爆破量	较多	较少
对作业面影响	小	大
破碎情况	块度较小,二次破量少	块大,二次破量较多

（2）梯段的高度：一般根据地质和岩石层的状况来确定，一般梯段的高度在 10 ~ 15 m 范围内选定，并配合钻机装料机械，当采用 1 ~ 2 m³ 电铲装料时梯段高度为 8 ~ 10 mm，当采用 3 ~ 4 m³ 较大电铲装料时梯段高度以 12 ~ 15 m 为宜。

（3）底板抵抗线：根据所开采的石料种类来考虑，如开采过渡料应选用较小的抵抗线，开采主堆石料应适当增大抵抗线。钻孔直径越大，抵抗线值也越大。可爆性好的岩石，采取较大的抵抗线。梯段高度越高，其抵抗线值越大，但梯段高度超过一定值后，抵抗线与梯段高度无关。

梯段高度大于 5 m 时底板的抵抗线可按下式计算：

$$W_1 = kd \tag{4-1}$$

式中：k 为孔径系数（见表 4-3），由岩石的性质决定；d 为钻孔直径。

表 4-3　底板抵抗线的孔径系数 k

岩石系数 f	13	10	8	6
孔径系数 k	30 ~ 33	35 ~ 37	38 ~ 40	41 ~ 43

（4）孔距：与底板的抵抗线和开采的最大粒径有关，孔距可按下式计算：

$$a = mW_1 \tag{4-2}$$

式中：m 为密集系数，值不应小于 1，一般采用 1.0 ~ 2.0。

（5）排距：当采用交错形布孔时，钻孔之间成正三角形，即排距 $W_2 = 0.707a$。

多排齐发爆破：$W_2 = (0.9 ~ 1.0)W_1$

多排微差爆破：$W_2 = W_1$

（6）超钻深度：是指钻孔深度超出梯段高度以下的一般孔深，其作用是降低装药的中心位置，克服地板的夹制作用，使爆破后不留根坎。超深与底板抵抗线大小、坡面角度及底部装药量等有关。一般可按下式计算：

$$h = (0.05 ~ 0.3)W_1 \tag{4-3}$$

（7）孔深：可根据钻孔的类型来计算。

对于垂直的深孔：$L = H + h$

对于倾斜的深孔:$L = (H + h)/\sin\beta$

(8)孔边距的计算:

$$b = W_1 - H\cot\beta \qquad\qquad (4\text{-}4)$$

孔网的布置:对于面板堆石坝的坝料开采,一般常采用多排孔爆破,所以多排孔爆破的孔网布置方法有两种,即矩形布孔和交错布孔,如图4-4所示。

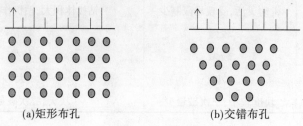

(a)矩形布孔　　　　　　　(b)交错布孔

图4-4　孔网布置

(二)装药参数

装药参数包括单位耗药量、线装药密度、每孔装药量、装药长度和堵塞长度等。

(1)单位耗药量。在保证堵塞长度大于2 m的条件下,深孔梯段爆破的单位耗药量可按表4-4的要求。

表4-4　深孔梯段爆破单位耗药量值

岩层系数 f	0.82 ~ 2	3 ~ 4	5	6	8	10	12	14	16
单位耗药量 （kg/cm³）	0.10	0.44	0.47	0.52	0.55	0.58	0.62	0.66	0.70

(2)线装药密度:

$$q' = nd^2\Delta/4$$

式中:Δ 为装药密度。

(3)每孔装药量。多排孔齐发爆破时,第一排孔装药量为

$$Q_1 = qW_1Ha$$

后排孔抵抗线用排距计算,药量增加30%,后排孔装药量为

$$Q_{后排} = 1.2qW_2Ha$$

多排孔微差爆破时,第一排孔的装药量为

$$Q_1 = qW_1Ha$$

(4)装药长度和堵塞长度:每孔的堵塞长度为 $L_2 = L - L_1$,装药长度为 $L_1 = Q_1/q'$。但一般要求堵塞长度不小于$(0.7 \sim 0.8)W_1$,至少不应小于孔边距,因小于孔边距爆破时容易因爆破体从孔口冲出而影响效果。

(三)装药结构的设计

面板堆石坝坝料的开采一般有三种装药结构,即间隔装药结构、不耦合装药结构和混合装药结构。

1.间隔装药结构

间隔装药结构就是把钻孔中的炸药分成数段,使炸药能量在爆破中能使岩石比较均

匀的分布,降低大块率,改善爆破效果。为了便于装药和堵塞作业,间隔装药不宜过多,一般当梯段高度为 15 m 时可分为 2~3 段,中间不装药长度为 1~2 m。段数不超过 4 段,上层药包顶至孔口的距离不小于孔边距。在多排孔爆破中,可采用孔间交错间隔装药,但要求每孔间隔不装药区的位置相互交错,如图 4-5 所示。

分段药量的分配:按单孔装药量来分,总装药 Q,上段药包装 $0.4Q$、下段装 $0.6Q$;分 3 段装药时,上段为 $0.25Q$、中段为 $0.35Q$、下段为 $0.4Q$。

2. 不耦合装药结构

不耦合装药结构即采用较小直径的药卷装入孔内使药卷与孔壁间存在一定的空气隔间,使炸药爆破时对孔壁的岩石初始峰降低,在爆破能力不变的情况下降低消耗于碎岩的能量,从而提高它对岩石破坏

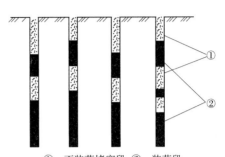

①—不装药堵塞段;②—装药段

图 4-5 孔间交错间隔装药结构

做功的能力,使爆破后岩石粉碎的少而破碎的多,故不耦合装药可以降低大块率,使岩石破碎均匀。在不耦合装药中,不耦合装药系数为

$$n = v/v_0 = d/d_1$$

式中:d 为炮孔直径;d_1 为装药直径。

n 值应视岩石性质而定,其取值范围为 1.17~1.39,硬岩取较小值,软岩取较大值。

3. 混合装药结构

混合装药结构一般用于底孔威力大、爆力高,且上部威力小、爆速慢的炸药,或孔底采用高装药密度、上部采用低装药密度的炸药。

第三节 爆破试验

面板堆石坝的石料开采,必须通过爆破试验来验证设计爆破方案的效果,并通过试验来调整各种参数,优选爆破参数和装药结构,完善爆破设计,以指导坝料开采,确保坝料规格粒径的要求。爆破试验一般是在施工初期进行,其主要目的是优化试验成果,调整试验设计参数,指导施工,求取高效。

一、爆破试验的主要内容

(1)对所有爆破石料进行取样筛分,每次选所爆破石料的 0.5%~1% 进行筛分,根据其结果绘制颗粒级配曲线,验证其是否在坝工设计的颗粒级配曲线的包络范围内,以便调整爆破参数再做试验。

(2)检查爆破后堆渣情况,测算堆渣体积、抛掷距离、超块大石的位置等,以及爆后岩石颗粒的完整性和稳定性。

(3)结合现场碾压试验,检查所有爆破料的压实效果,如最大干密度、孔隙率和最优的设计颗粒碾压参数等。

（4）对每次试验段试验的结果和爆破设计资料应及时进行整理分析，并编写试验报告。

（5）确定爆破对环境的影响范围，确定最佳爆破参数，确保料场周围群众的住房和安全。

（6）根据爆破不同的要求，考虑开挖轮廓、基岩的保护，降低大块率，力求减少或避免二次开采。

二、爆破试验的主要技术要求

堆石坝的石料一般分为两类：过渡料和主堆料，为了保证压实效果，应对石料的级配严格要求。

（1）要求控制石料最大粒径为 800 mm，而西北口堆石坝和龙滩堆石坝为 600 mm。

（2）设法控制小于某粒径颗粒的含量，以满足工程的需要，如鲁布革堆石坝要求设法减少粒径小于 10 mm 颗粒的含量，而西北口堆石坝和龙滩堆石坝要求设法提高石料中粒径小于 5 mm 颗粒的含量。

（3）控制爆破岩石飞散，以减少或避免损坏现场施工设施和施工机械。

三、河口村水库施工前的爆破试验

河口村水库施工前的爆破试验主要有两项：①控制爆破振动和飞石的影响范围；②进行主、次堆石料的开采爆破试验及过渡料开采试验。

（一）施工爆破检测试验

2011 年 8 月 30 日委托中国地震局地球物理勘探中心郑州基础工程勘察研究院在河口村爆破现场进行检测，检测爆破附近数百米内由爆破所引起的地面质量振动速度的大小，以确定爆破点对周围建筑物的影响是否超出了国家的规定，同时利用各观测点的数据求取爆破振动传递的特殊性场地参数 k、a 值。

正常施工是每次数吨炸药的微差爆破，为了获得场地的 k、a 值，本次检测除正常施工常用的 2.5 t 炸药量的微差爆破外，还专门进行了 150 kg 炸药量的齐发爆破。监测齐发爆破有利于获得 k、a 值，监测微差爆破即实测了施工对周围环境的影响。齐发爆破参数炸药量 150 kg；微差爆破共分 7 个级别，18 排总药量 2.5 t，最大单响炸药量 250 kg。

按照委托要求，中国地震局地球物理勘探中心郑州基础工程勘察研究院投入了 15 台 pos－2 型数字地震仪，监测了 150 kg 的齐发爆破和 2.5 t 的微差爆破。监测任务分为两项：一是实测爆破施工在关注部位的振动大小，二是求取爆破振动传递特性的场地参数 k、a 值。

监测部位的设置，根据现场附近居民点及村庄建筑物的情况和地形地貌适当选点设置 16 处，具体布置如图 4-6 ～图 4-8 所示（包括所有影响的范围）。本次监测点位中的 1、2、3、4、5、6、8、9 号监测点距爆心较远，所以都布置在建筑物附近，主要目的是实测施工爆破在建筑物处振动速度的大小。而本次监测点位中的 B_1、B_2、B_3、B_4、B_5、B_6、B_7 号监测点设置距爆心较近，主要目的是求取爆破振动传递特性的场地参数 k、a 值。所设的监测点应分布在距爆心不同的距离上，未对最近距离和最远距离有要求。距离的范围与炸药量有关，炸药量越少，距离越近，范围越小，反应越大，但由于条件的限制，工程现场距爆心最近的点距只能布设在 285 m 的距离上。各监测点上布设的地震仪能全面记录各观测点的地面原点在爆破时的振动速度。

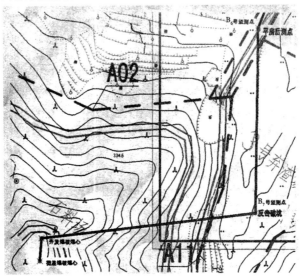

图 4-6　B_6、B_7 号监测点位及齐发爆破爆心和微差爆破爆心分布示意图

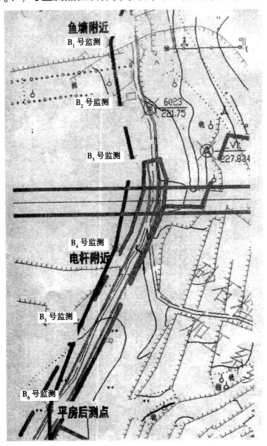

图 4-7　B_1、B_2、B_3、B_4、B_5、B_6 号监测点位分布示意图

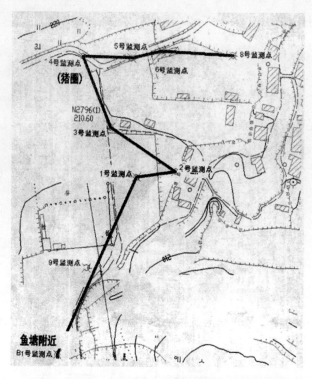

图 4-8　1、2、3、4、5、6、8、9、B₁ 号监测点位分布示意图

　　实测数据与国家标准对比,爆破时地质原点最大振动速度:2.5 t 微差爆破(单响为 250 kg)时在有建筑物的监测点上测点所测得的最大振动速度为 0.12 cm/s(4 号测点处);150 kg 齐发爆破时,在有建筑物的监测点上测点所测得的最大振动速度为 0.08 cm/s(在 4 号测点处)。根据《爆破安全规程》(GB 6722—2003)中规定的爆破振动安全标准如表 4-5 所示。

表 4-5　爆破振动国家安全标准(GB 6722—2003)

序号	保护对象类别	安全允许振速(cm/s)		
		< 10 Hz	10 ~ 50 Hz	50 ~ 100 Hz
1	土窑洞、土坯房、毛石房屋	0.5 ~ 1.0	0.7 ~ 1.2	1.1 ~ 1.5
2	一般砖房、非抗震的大型砌块建筑物	2.0 ~ 2.5	2.3 ~ 2.8	2.7 ~ 3.0
3	钢筋混凝土结构房屋	3.0 ~ 4.0	3.5 ~ 4.5	4.2 ~ 5.0
4	一般古建筑与古迹	0.1 ~ 0.3	0.2 ~ 0.4	0.3 ~ 0.5
5	交通涵道		10 ~ 20	
6	水工涵道		7 ~ 15	
7	矿山巷道		15 ~ 30	

从表4-5可认定,2011年8月30日的爆破试验,其爆破振动对监测点处的建筑物是安全的。

爆破时爆心周围地面质点最大振动速度可按下式计算:

$$v = k(Q^m/R)^a \qquad (4-5)$$

式中:v为地面质点的振动速度;Q为炸药量;R为监测点与爆心之间的距离;m为钻孔装药取值;a为与爆破场地有关的指数;k为与爆破场地有关的系数。

实际装药量Q为150 kg。用距爆中心最近的7个监测点的数据来计算k、a值,将各监测点的地面质点振动速度数据和测点距爆心的距离分别代入式(4-5)并做最佳拟合得$k = 118.2$,$a = 1.46$。

(二)各种坝料的开采试验

1.过渡料开采爆破试验

爆破试验采用2号岩石硝铵炸药、非电毫秒导爆管雷管微差起爆网络,微差间隔为25～100 ms,初拟5组爆破试验的具体钻爆参数如表4-6所示。

表4-6　过渡料开采试验参数

试验编号	梯段高度(m)	布孔形状	间距(m×m)	孔径(mm)	孔深(mm)	单耗药量(kg/m³)	单孔药量(kg)	堵塞长度(m)	最小抵抗线(m)
A_1	9.0	梅花形	3.4×2.5	120	9.5	0.6	48	2.5	2.0
A_2	9.0	梅花形	3.5×2.0	120	9.5	0.76	48	2.0	2.0
A_3	9.0	矩形	3.5×2.0	120	9.5	0.6	48	2.0	2.0
A_4	8.0	梅花形	3.5×2.0	120	8.7	0.66	40.5	1.9	2.0
A_5	9.0	矩形	3.5×2.5	120	9.5	0.66	52	1.7	2.0

试验区爆破后对爆堆料取样进行级配筛分试验,根据筛分试验结果绘制出级配曲线并与设计给出的过渡料包络曲线进行比较,然后将5种级配曲线进行分析,选择最佳方法和爆破参数。

2.主、次堆石料爆破试验

主、次堆石料开采的基本原则是在满足设计要求的前提下尽量可能多地获得可用料,避免开采弃料,提高开采料的可利用率。通常在坝料开采过程中不发生超径和逊径现象,如何控制这些不利因素是开采主、次堆石料的关键环节,与常规坝料开采相同,通过爆破试验取得爆破参数。根据其他项目的经验,在石料场进行6种爆破试验。采用英格索兰钻机造孔,孔径为120 mm,钻孔倾角85°,采用2号岩石硝铵炸药、非电毫秒导爆管雷管微差起爆网络,所选择的具体爆破参数见表4-7。

表 4-7　主、次堆石料爆破试验参数

试验编号	梯段高度（m）	布孔形式	间距（m×m）	孔深（m）	单耗药量（kg/m³）	单孔药量（kg）	堵塞长度（m）	装药结构
B_1	9.0	梅花形	4.0×3.0	9.5	0.37	40	2.5	不偶合连续
B_2	9.0	梅花形	4.5×3.0	9.5	0.33	47	2.5	不偶合连续
B_3	9.0	梅花形	5.0×3.0	9.5	0.26	36.5	2.5	不偶合连续
B_4	8.5	矩形	3.5×4.0	9.0	0.26	31	2.6	不偶合连续
B_5	8.5	矩形	4.0×5.0	9.0	0.23	41.4	2.6	不偶合连续
B_6	8.5	矩形	4.0×4.0	9.0	0.25	38	2.7	不偶合连续

爆破后对试验进行取样,并进行级配筛分试验,经试验结果分析,总结并推荐合适的爆破参数。

第四节　河口村水库料场石料开采施工方案

根据招标文件和设计要求,选定河口村石料场作为大坝石料和人工骨料料源,用于大坝的主堆石、过渡料、垫层料和反滤料的来源。

河口村石料场位于坝址下游沁河右岸的河口村村南冲沟西侧。产区属低山丘陵区,自然坡度20°~60°,料场岩石基本裸露,岩层厚度及质量较稳定,风化轻微,为Ⅱ类料场。

河口村石料场石料质量和数量均满足设计和规范中对坝料和混凝土人工骨料的质量技术要求。料场储量较丰富,无地下水出露,施工现场场地开阔,距坝址区直线距离为2~3 km,岩石面裸露,覆盖层浅,开采和运输比较便利。

但是由于河口村石料场开采范围边缘距离河口村和侯月铁路较近,石料场爆破开采时要考虑对河口村居民和建筑物的影响,同时考虑对铁路安全行车的影响,合理设计各种爆破参数,做好爆破试验,在此基础上制订出合理的开采爆破方案。

一、地形条件、地质情况和开采的特点

河口村料场有9#路通往石料场侧山脚,上山的道路需自行修建。

现场有一当地停产的碎石料场,场区面积约5 000 m²,可利用作为临时存料场,附近规划一处用地作为筛分系统的场地。

料场中上部为上马家沟组（O_2m^2）,灰色原层状白云岩、白云质灰岩和灰岩,局部夹有0.1~0.5 m的泥灰岩;下部为下马家沟组（O_2m^1）,其上部灰色白云岩质、灰岩夹页岩、泥质灰岩,由于该层含薄层页岩和泥灰岩较多,其强度、块径不能满足块石料和人工混凝土骨料的质量要求,故以其顶面作为块石料场开挖的下限。

料场系裸露的单斜岩层,岩层产状倾向NW300°左右,倾角20°~25°,表层强风化层一般厚1~1.5 m,近东西的小断层裂隙比较发育,端距均较小。主要发育两组节理:①走

向270°,倾向S,倾角70°~80°,节理间距0.2~0.7 m;②走向44°,倾向SE,倾角87°左右,节理间距0.8~1.5 m。

石料场的石料物理力学指标:岩石的饱和抗压强度为41.4~152 MPa,平均值92.6 MPa;干密度为2.71~2.84 g/cm³,平均值2.77 g/cm³;软化系数为0.43~0.96,平均值0.80;冻融损失率为0.01%~0.6%,平均值0.06%。料场石料满足块石料的质量要求。

河口村块石料用作人工混凝土粗骨料时,其干密度、饱和抗压强度、吸水率、冻融损失率等指标均应满足技术质量要求,同时碱活性试验结果表明,岩石不具有碱活性,满足混凝土粗骨料的质量技术要求。

石料场根据上述的地质状况,其开挖范围内的下部界线应控制在中奥陶统下马家沟组(O_2m^1)顶面,料场勘探的储量约为1 700万 m³,满足建坝坝料的要求。

石料场开采的特点:

(1)因山势陡峻,料场开采场面狭小,开采强度大,且不同级配料的品种多。

(2)各种石料的级配和规格要求严格,需分区开采破碎、堆存,工序复杂。

(3)开挖时要严格控制下部界线位置和高程,不能超越中奥陶统下马家沟组(O_2m^1)顶面,需有一定厚度的保护层。

(4)考虑爆破震动对河口村的影响,在满足石料开采强度的前提下严格控制震动影响。

二、石料开采规划和施工布置

(一)料场整体规划与开采分区布置

由于坝体填筑料需要不同级配的料源,因此需根据不同级配的要求,在满足施工质量控制和进度要求的前提下,进行开采区分区。按级配要求可分为主堆石开采区、次堆石开采区、过渡料开采区、反滤料和垫层料加工区等。反滤料和垫层料加工区利用现场9#路末端业主所提供的占地范围料场。附近业主提供的8#渣场用地,经平整后可作为临时存料场。

料场从东北到西南方向依次布置过渡料开采区、主次堆石开采区。开采爆破从山顶开始,逐渐下降,但总体控制爆破临空面朝东南方向,即背离村庄方向,以减小爆破震动冲击波和飞石带来的影响。

(二)料场复查

施工阶段的料场复查,应以初步设计阶段的料场详察资料为基础,现场调查并分析设计选用的料场,在了解和研究料场设计意图的基础上,对所指定的料场情况进行全面、认真的核实,必要时应辅以适量的探坑和钻孔,取样进行复核。

河口村水库大坝施工单位进场后,首先根据所需各种料的使用要求,对所提供的料源资料进行复查,复查的内容主要有:

(1)覆盖层或剥离层厚度,料场的地质变化及夹层的分布情况。

(2)料源的分布及地质、底层情况及储量。

(3)开采及运输条件、料场范围、占地面积。

(4)料场地下水位与汛期河水的关系。

(5)根据料场的施工场面、施工方法、机械可能开采的深度等因素,复查料场的弃料数量及可用料场厚度和有效储量。

(6)进行必要的室内和现场试验,核实坝料的主要物理力学性质及其特性。

(7)料场复查后应编写复查的技术报告并附料场地形图、探坑或钻孔平面图、地质剖面图、试验分析成果表及储量计算书和代表性样品或照片等,以及对料场详察中遗留的问题、复查后的意见和新呈现的问题及处理意见等。

(三)料场规划

面板堆石坝的坝料填筑能否快速施工、缩短工期,其关键因素在于能否实现高强度的填筑堆石体,这就要求做好料场规划、满足供料强度。料场规划的基本原则和目的:

(1)充分利用枢纽附近的当地材料,实现合理开采、均衡供料,满足高强度填筑的需要。

(2)根据各料场坝料的性质,分别开采与制备,以满足坝体分区设计在质量上的要求。

(3)最大限度降低施工费用,满足经济方面的要求,并根据枢纽条件,设备供应,生产能力,风、水、电的具体情况统筹安排。

(4)料场规划的原则:占耕地少、保护环境、减少干扰、全面规划、统一布置、就近取材、材尽其用等。

(四)开采区的规划

(1)依据施工中所需石料和种类、数量,对料场进行总体规划,优选几个开采区,并确定其位置、地域范围和供料的任务,统筹安排开采区的开采顺序,使其成为一个独立的作业系统,能进行钻爆、挖、装、运等作业及道路循环等。

(2)开采区应根据开采的方式和机械化作业水平而定,做到作业场地大、料源充足。

(3)开采区作业面的高度和开采的方法与挖掘机械的型号、钻孔深度等有关。

(五)河口村水库大坝项目部石料场开采规划

根据现有形成的工作面,拟将整个工作区开挖至约432.0 m高程面,按照分区、分块、自上而下、台阶法梯段爆破的原则进行开采,最终按岩层走向形成大致平整的开采平面。

1.道路规划

根据现有的交通条件及现场的实际地形,在现有的上山路主线的基础上布置施工道路支线,在施工过程中按开挖分层或开挖的梯段高度,从施工便道引支线便道至各个工作面,支线便道路面宽8.0~10.0 m,最大坡度控制在1∶10以内。

2.分区规划

根据实际地形情况,拟计划将料场分为A、B、C三个工作区,A、B区分别作为主堆石料区和次堆石料区,C区作为过渡料开挖区,并且该区为垫层料和反滤料加工系统提供原料。为保证连续循环作业的需要,再将各工作区分为两个生产区,即钻爆区和装运区,两个区域互相轮换作业。其中A区和C区由爆破作业一起进行开采,B区由爆破作业二续开采。

随着开挖高程下降,开挖作业面将会越来越大,这时再将各个开挖工作区划分为若干个20~80 m的工作小区,实行循环作业。

3.爆破面边界控制规划

为满足工作强度,根据现场地形情况及安全防护要求。采用梯段台阶爆破,每次爆破厚度为10 m,爆破面积1 400~1 600 m²。计划每次爆破方量为14 000~16 000 m³。高峰强度施工期每日爆破两次,正常强度施工期每日爆破一次即可满足供料强度要求。

分次爆破作业,并将爆破临空面设置为正对爆破分界线方向,由爆破分界线分别向东南和西北山体方向进行,减少震动和爆破空气冲击对河口村居民的影响,石料场开采东南和西北区与相邻山体连接处设永久边坡,永久边坡位置采用预裂爆破技术开采。

分层开采层厚控制在10 m左右,坡比控制为1:0.3。预留台阶宽度为3 m。

4.弃渣规划

拟将石料场剥离层弃渣挖运至调整后3#弃渣场和原设计弃渣区。

根据现场地形勘测,石料场总弃渣量约40万 m³,各弃渣场规划弃渣量见表4-8。

表4-8 弃渣区规划弃渣量

序号	弃渣地点	规划弃渣量(万 m³)	已完成弃渣量(万 m³)
1	调整后3#弃渣场	15	10
2	原设计弃渣场	25	0

5.水土保持规划

根据水土保持措施与主体施工"三同时"的原则,对于施工期弃渣,要采用坡脚砌石挡墙防护,开采过程中进行覆土绿化,确保弃渣区水土保持良好,环境恢复到与开采前大致相同。

在施工期各弃渣区坡脚处砌筑干砌石挡渣墙进行防护。待弃渣结束后,将弃渣区顶面大致整平,将边坡修整为1:2.5的稳定坡面,并在弃渣区顶面覆盖种植土进行植草绿化,坡面采用填土草袋覆盖,坡脚处种植爬藤类植物以增加绿化覆盖率。

为减少山顶雨水汇集对弃渣场边坡壤土冲刷造成的水土流失,拟在弃渣场顶边设置截水沟,截水沟采用浆砌石砌筑,底宽30 cm、高50 cm,砌筑长度约185 m。

三、石料开采方案

(一)石料开采的主要任务

根据设计要求,设计开采所需要的开采量如表4-9所示。

表4-9 河口村大坝料场开采方案

序号	坝料名称	单位	数量	序号	坝料名称	单位	数量
1	主堆石料	万 m³	380.15	4	反滤料	万 m³	8.72
2	次堆石料	万 m³	31.79	5	过渡料	万 m³	40.92
3	垫层料	万 m³	11.52	总计	各种料	万 m³	473.1

(二)石料场开挖程序

石料场开挖程序如图4-9所示。

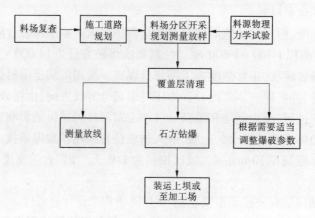

图 4-9　石料场开挖程序

（三）料场地质条件对坝料开采工艺的影响分析

开采爆破经验表明,地质条件是确定爆破方案的重要因素。在进行开采爆破设计时,主要把握以下几个方面。

1.岩层产状

理论研究表明,当爆破作用方向与岩层走向垂直或接近垂直时,爆破石料级配良好、不均匀系数大;当爆破作用方向与岩层走向平行或接近平行时,爆破石料颗粒均匀、不均匀系数较低,对级配控制有不良的影响。可以据此设计炮孔的布置形式,使其尽可能与岩层走向垂直。

2.岩体裂隙发育程度

岩体裂隙发育程度及分布状况对爆破破碎效果的影响很大,有时会超过岩石力学的强度影响,甚至超过炸药本身的影响,因为爆破过程及岩石尺寸在很大程度上受药包附近不连续界面的控制,这一影响因素是人们无法控制的,只能适应和利用其爆破特性为工程服务。

3.岩性

岩性决定岩石的强度,是确定炸药用量的主要因素。在试验阶段为控制爆破费用和工期,且便于进行对比,简化试验步骤,增加实际的操作性,初拟爆破参数中将一些次要参数如梯段高度、钻孔倾角、孔径药卷直径、堵塞长度等因数确定下来,而重点调整单耗药量、钻孔间距、装药结构以及爆破网络连接的形式,每次爆破试验的规模为 $1\ 000 \sim 1\ 500\ m^3$。

4.施工准备

在爆破工程进场施工前及开始施工后,为了确保施工安全,应对施工现场有较为详细的了解,主要注意以下几点:

(1)组织工程技术人员编写爆破技术方案,交业主与监理单位审批并着手办理施工前必要的各种审批手续,如爆破器材购买证、运输证等。

(2)按设计要求组织相应的施工队伍、机械设备、机具材料、油料以及劳动保护用品,并限期到位,以保证按期开工。

(3)组织施工人员进行技术培训和安全教育,各施工组织分别制定岗位责任制,进行岗前技术交底,明确质量、安全、进度的保证措施。

(4)场地周围设置警戒线,设立明显的警戒标志,防止外人进入,以保证施工安全。

(5)调查了解施工工地及周围环境情况,包括施工工地内和邻近区域的水、电、气和通信管线路的位置、埋深、材质和重要程度,邻近爆破区的建(构)筑物、交通道路、设备仪表或其他设施的位置、重要程度和对爆破的安全要求,附近有无危及爆破安全的电磁波发射源、射频电源及其他生产杂散电流等不安全因素等。根据实际情况安排施工现场,并对必要部位采取相应措施。同时将这些资料提供给爆破设计人员以保证爆破设计中提出正确的安全措施。

(6)了解爆破后周围的居民情况,会同当地相关部门做好施工的安民告示,消除居民的紧张心理,妥善解决施工噪声、粉尘等扰民问题,取得群众的密切配合与支持,以确保施工的顺利进行,同时对爆破时可能出现的问题作出认真的估计,提前防范、妥善安排,避免不应有的损失或造成不良的影响。

(7)按照现场条件,对所提供的地形、地貌和地质条件进行复核,如有变化应提交爆破设计人员按实际情况进行设计,同时还应注意有无影响爆破安全和爆破效果的因素。

(8)根据天气情况及爆区周围环境情况,包括车流和人流的规律,确定合理的爆破时间。

爆破作业是国家严格管理控制的行业。在开始施工前,必须获得当地相关部门的批准,并办理相关的证件,这些证件包括《爆炸物品使用许可证》《爆炸物品安全储存许可证》《爆炸物品购置证》和《爆炸物品运输证》等,到指定地点购买爆破物品,按指定路线使用专用车辆运输爆炸物品。

凡从事爆破工作的人员、单位及其主管部门违反爆破安全管理规定的,均应追究其责任,视情节轻重,分别给予批评教育、罚款、收回有关证件等行政处分,直至追究刑事责任。

5.施工测量与控制

施工测量是控制爆破工程质量和安全的主要手段之一。深孔爆破中,由于最小抵抗线测量不准,引起爆破区域距离过远,在爆破安全事故中占有相当大的比例,地形测量的缺陷会带来致命的失误,严重影响爆破效果。在一般爆破工程中,药包是布置在爆破体内的,装药部位与爆破体临空面关系不直观,只能通过测量来判断,可以说测量是设计和施工的"眼睛"。

在爆破工程的设计阶段,施工测量应为爆破设计提供必要和准确的技术图纸,如岩土爆破中的地形图、爆破区周围的环境平面图等,对业主已提供图纸的爆破工程进行复测校核是爆破质量控制中的一个重要环节。

在爆破施工阶段,施工测量应贯穿整个施工过程,在初期主要提供钻孔的施工放样,按设计要求准备定孔位置,控制钻孔的精度,包括深度、坡度;在施工后期着重施工质量的检查,钻孔的实测为最终确定装药量提供准确的数据。施工爆后测量岩土爆破的堆积状态、范围、方量,一方面是衡量爆破效果的依据,另一方面为爆破技术总结提供完善的资料。

6. 工程爆破设计的原则和依据

1) 设计的原则

本着安全生产、质量第一的原则,采用先进的爆破技术,确保爆破施工安全,保证大坝工程开挖质量,加快工程施工进度,进行工程爆破设计。根据工程的实际情况,合理设计施工方案,周密部署,合理安排组织施工。制订切实可行的施工爆破方案和创优规划与质量保证措施,采用新工艺、新材料、新技术和新设备,确保爆破施工质量。合理配置生产要素,优化施工平面布置,减少工程消耗,降低生产成本,坚持科学合理、经济适用、安全可靠、实事求是的原则。

2) 设计的依据

(1) 设计单位提供的图纸和其他技术资料。

(2) 施工现场踏勘资料。

(3) 国家标准《爆破安全规程》(GB 6722—2003)。

(4)《中华人共和国环境保护法》。

(5)《爆破作业人员安全技术考核标准》。

(6)《水工建筑物岩石基础开挖工程施工技术规范》(SL 47—94)。

(7) 国家和地方政府颁布的有关技术法规、规范和条例等。

3) 工程爆破总体设计方案

A. 方案选取

根据地形、地貌情况,先对开挖山体表皮植被和覆盖层进行清除,按不同的地形、地貌和地质状况,辅以浅孔岩石爆破的方法。对大粒径石块采取二次炮解和机械法解小,对边坡采用预裂爆破的方法和机械法破碎,料场以梯段爆破为主,实行多作业面、多台阶同时作业的总体施工方案。

B. 梯段爆破的参数设计要点

梯段爆破就是至少有两个临空面的岩石爆破,爆破作业是在已经形成的台阶上进行的,所以又称台阶爆破。孔深不小于 5 m 的梯段爆破为深孔梯段爆破,此种爆破生产率高,工作条件好,便于大型机械作业,因此能适应高强度开采石料的需要。

(1) 孔网参数设计要求。

孔网参数是表示钻孔在梯段中的位置,梯段上垂直和倾斜孔网的参数如图 4-3 所示。

①钻孔的直径 d。在工程开工前根据料场规划和工程规模进度要求及机械设备的情况,确定使用机械的类型和孔径的大小。国产潜孔钻机械的种类很多,常见的几种潜孔钻机的性能见表 4-10。

河口村水库料场所使用的钻机为阿特拉斯·科普柯产的 ROC D5107 钻机。

表 4-10　国产潜孔钻机的技术性能

型号	YQ－150A	YQ－150B	CLQ－80	YQ－100	YQ－100B	YQ－80
钻孔直径 （mm）	150	150	80～100	100	100	80
适应岩种	$f \geq 8$	$f \geq 8$	$f = 8 \sim 12$	$f = 8 \sim 16$	$f = 8 \sim 16$	
钻孔深度 （m）	17.5	17	20	17	12	20
耗风量 （m³/min）	11～13	10～12	(4.8～9.5)×2	9	6	6
使用风压 （MPa）	0.5～0.6	0.5～0.6	0.5～0.6	0.5～0.6	0.5～0.7	0.45～0.60
钻杆长度 （m）	9	6	1.5	1.23	2.13	2.8
行走速度 （km/h）	1.5	1.1	5			
爬坡能力 （坡度）	20°	20°	≥20°			
行走方式	履带自行	履带自行	履带自行	无	履带	轮胎非自行
设备质量 （kg）	12 000	12 000	4 500			860
捕尘方式	干式旋流	湿式强力吹风	湿式	湿式	湿式	干式
生产厂家	宜风、太矿	宜风	宜风	宜风	武汉工程机械厂	太矿

②梯段高度 H。一般情况下,确定爆破梯段高度通常考虑以下几个方面:必须满足大坝填筑的最大强度。满足料场总体布置和规划的要求,该料场还有一个特点:因 3A 和 3B、3C 料的生产均在同一料场,而 3A 料同时也是加工 2A 和 2B 料的原材料,故必须协调 3A 和 3B、3C 料之间的开采进度。为大规模机械化施工创造条件,保证开采石料质量和

施工安全,所需要的辅助工作尽量少。根据上述要求综合分析,确定梯段高度 H 为 9 ~ 10 m。

③底板抵抗线 W_1。在深孔梯段爆破中,为避免残坝和简化计算,常采用底板抵抗线 W_1,而不是最小抵抗线。因底板抵抗线的大小直接与被爆破岩石的性质有关,如开采主堆石料,抵抗线则适当增大。如开采过渡料应选用较小的抵抗线。钻孔直径越大,W_1 值也越大。梯段高度越高,所取得抵抗线越大。

根据开采石料的设计要求、最大石料粒径,合理确定底板抵抗线。综合考虑以上各因素,底板抵抗线拟定为 $W_1 = 2.0$ m。

④孔距 a。根据现场的实际情况,密集系数 m 值取 1.5 和 1.75 两个数据时孔距分别为 3.0 m 和 3.5 m。

⑤间距 W_2。当采用交错形布孔时,常使钻孔成三角形,即 $W_2 = 0.707a$,因此排距确定为 2.5 m,对于多排齐发爆破 $W_2 = (0.9 ~ 1.0)W_1$,多排微差爆破 $W_2 = W_1$。

⑥超钻深度。主要取决于岩石的可爆性能,如果岩石坚硬,岩石结构面不发育,则超钻深度要加大,另外超钻深度与底板抵抗线的大小、坡角和底部装药情况有关,一般可为 $(0.05 ~ 0.30)W_1$,河口村料场取 0.2 m。

⑦孔深 L。对于倾斜深孔: $L = (H + h)/\sin\beta$,河口村水库料场考虑投标文件和现场情况所见岩石产状和降低钻孔强度的要求,β 值取 85°,所以 $L = (9.0 + 0.2)/\sin85° = 9.235$(m)。对于垂直孔深: $L = H + h$,河口村料场 $L = 9 + 0.2 = 9.2$(m)。

⑧孔边距。孔边距的计算主要是为了保证钻机作业的安全和核对堵塞的长度,孔边距值应为 2 ~ 3 m,否则钻机钻凿将有危险,另外堵塞长度不能小于孔边距的值。

(2)孔网的布置的要求。

梯段爆破的孔网布置(孔位的布置)直接影响爆破效果和开挖进度。孔网布置应按每一个钻爆循环系数进行设计,每个钻爆循环的石方爆破量和爆破区域的梯段高度,开采工作面的长度以及爆破器材的情况等决定每次点爆破循环所需的钻孔数及排数。河口村水库料场石料的开采,多采用多排孔爆破,因为多排孔爆破一次爆破石方量大,可以减少整个工程的爆破次数,减少钻机转移的次数,且不受上一循环爆破后冲的影响,并提高钻孔效率。

多排孔爆破的孔网布置方法有两种,即矩形布孔和梅花形(交错形)布孔。

矩形布孔法:有利于微差爆破网络的选择,单爆破块度大,常用于开采面板坝的主堆石料。

交错形布孔法:能使炸药在岩石中均匀分布,前排孔为后排孔创造更多的自由面,有利于改善爆破效果,常用于开采面板坝的过渡料或垫层料,但交错形布孔法在施工中有孔边的问题,即有的排边孔距边坡的距离过大,会引起边坡附近的爆破效果不好,故而在边坡附近增加布孔。

应该注意的是,多排孔爆破设计中,当确定第一爆破循环的参数后,下一循环的第一排与上一循环的最后一排之间的距离应取底板抵抗线值。

第五节　坝料开采中的爆破技术

一、微差爆破技术

微差爆破又称毫秒爆破,国际上惯称为毫秒期爆破,是指在爆破施工中采用一种特制的毫秒雷管,以毫秒级时差顺序起爆各个组药包的爆破技术。微差爆破能有效地控制爆破冲击波的震动和噪声及飞石,操作简单、安全、迅速,可近火爆而不造成伤害,破碎程度好,可提高爆破效率和技术经济效益。但网络设计较为复杂,需特殊的毫秒延期雷管及导爆材料。微差爆破适用于开挖岩石地基、挖掘沟渠、拆除建筑物和基础,以及用于工程量和爆破面积较大,对截面形状、规格、减震、飞石、边坡后面有严格要求的控制爆破工程。

(一)微差爆破的作用原理、安全性及应用效果

由于毫秒系列雷管各段有微小时差,先起爆炸药在岩体中已造成一定的破坏,形成了一定的裂隙和附加自由面,为后起爆炸药提供了有利的爆破条件。如果爆破参数选择合理,就会改变后爆炸药的最小抵抗线方向,使其作用方向平行于壁,这样就减少了岩石的抛掷距离和爆破宽度。因为在爆破运动中,在自由面的条件下,最小抵抗线方向是岩石易于破坏和发生运动的主要方向,根据这一原理可以认为:微差爆破的先后时间非常短促(一般数十毫秒),在第一炮的裂缝或破裂漏斗刚刚形成的瞬间,第二炮(后爆药包)立即起爆,充分利用第一炮(先爆药包)所形成的裂隙或破裂漏斗形成的新自由面(自由面扩大、自由面数量增多),有利于后爆的应力波发射拉伸作用,相应缩短了最小抵抗线,随之减弱了岩石的夹制性和爆破的阻力,分离出来的岩块获得的初速度比先爆的大,变动能为机械功,由于最小抵抗线方向的改变,使分离的岩块在运动中剧烈碰撞的机会增多,促成了岩块继续破碎,加上先后药包在岩石内形成应力波的叠加,加强了岩石的破坏作用,所以微差爆破能得到比较好的效果。实践证明,毫秒爆破技术能更好地解决传统爆破工艺存在的问题,有较好的经济效益。

使用毫秒爆破技术,由于放炮次数量明显减少,因而对顶板的震动次数相应减少,安全性好。

爆破时间使整个循环提前完成,提高了产量和工效。合理的微差间隔时间,使先后起爆所产生的地震能量在时间上和方向上错开,特别是错开地震波的主震向,从而大大降低了地震效应,另外先后两组地震波的干扰作用,也会降低地震效应。总的来说,微差爆破比普通爆破能降低震波30% ~ 70%。但必须指出的是,地震效应的减低,在很大程度上与整个爆破区的总药量分散为多段起爆(化多为少)有关。微差爆破控制每一段最大药量所产生的爆炸能,从而消减地震波的峰值,减少了对周围环境的不良影响。

(二)微差爆破间隔时间的确定

微差爆破将一次爆破分为若干段,每段之间有一间隔时间(以 ms 计)。其取决于爆波应力波在介质中的发展以及爆破主体的作用,而应力波的作用又跟岩石体的地质条件和爆破参数的大小密切相关。选择间隔时间时必须考虑以下因素:岩石体的性质(岩石的致密程度、硬度和裂缝发育程度)、孔网参数(抵抗线孔距、排距等)以及炸药的性质和

密度、每孔的装药量。若岩石坚硬,裂缝不发育,抵抗线和孔排距较大以及使用高爆速炸药时,可选择间隔时间短一些,反之选择长一些。

微差间隔时间的计算,一般按克纳因卡耶(A. N. KHayn)所提出的公式计算,即

$$t = t_1 + t_2 + t_3$$

式中:t_1 为起爆后应力波从药包到达自由面后返回的时间,一般为 $1 \sim 2$ ms;t_2 为形成长度等于抵抗线的裂缝所需要的时间,ms;t_3 为裂缝宽度达到 $8 \sim 10$ cm 所需要的时间,ms。

$$t_2 = \frac{W}{v_c \cos\beta}$$

式中:W 为爆破抵抗线,m;v_c 为裂缝线速度,一般取 1 700 m/h;β 为漏斗的破裂角。

$$t_3 = v_r B$$

式中:v_r 为岩石抛掷移动的平均速度,一般取 10 m/s;B 为宽度,取 $8 \sim 10$ m。

微差间隔时间,还可按下式计算:

$$\Delta t = KW_1(24 - f)$$

式中:Δt 为保证岩石有限破碎的最优延缓时间,ms;K 为岩石的硬度系数,如表 4-11 所示。

表 4-11　岩石的硬度系数

裂缝分类	裂缝岩块最小边长(m)	岩石裂缝系数
小	<1	0.5
中等	0.5 ~ 1	0.75
发育	0.5	0.9

(三)微差网络设计

在进行微差爆破时,起爆网络常采用以下连接法。

1. 顺序布置排间微差连接法

顺序布置排间微差连接法是从临岩石的一排炮孔开始,每排作一段,分段向里延伸,其布置形式如图 4-10 所示。

这就是常用的多排间微差爆破法,它适用于易爆岩石,其特点是设计和施工简单。当炮眼少,$3 \sim 5$ 排时,对爆破材料的施工要求不高,在同一爆破网络中,可以保证已确定的爆破参数。爆堆整齐均匀,后排孔塌落后平整。破碎质量有所改善。因排炮孔未进行微差分段,震动效果仍然较大,最后一排孔在备发爆破作用下,对未爆岩石破坏较为严重,不利于下一循环的爆破作业。

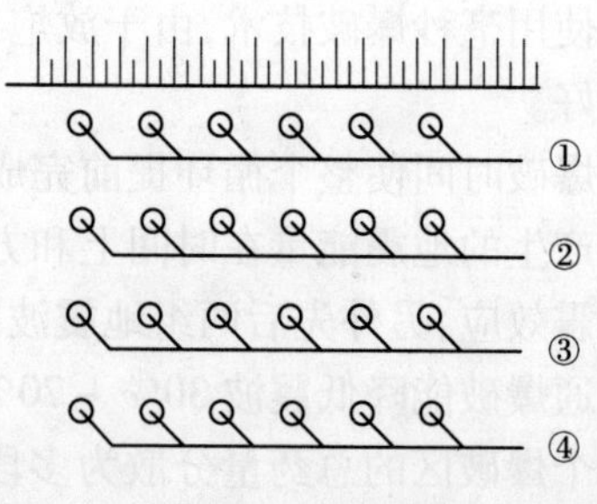

图 4-10　顺序布置排间微差连接法

2. 顺序布置孔间微差连接法

顺序布置孔间微差连接法是将同一排分成两段起爆,间隔一孔为一段,其布置形式如图 4-11 所示。

该法适用于中硬及软岩岩性一致的情况。此法可以减小爆堆尺寸,并能消减地震波

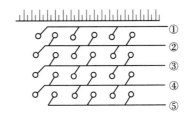

图 4-11　顺序布置孔间微差连接法

的峰值。

3. 对角连接法

对角连接法是同时起爆的各排孔与开挖工作面斜交。其特点是:在一般情况下同孔数的微差爆破中,其微差分段数要超过其他连接方法的分段数,可以降低震动效应,改善爆破质量。以顺序连接来看,相当于各排间的微差爆破后冲击小,有利于下—循环的钻爆工作。在对角连接中,同时起爆的一排孔最小的抵抗线与工作面之间有个夹角,若岩石抛掷功能一定,由于夹角的存在,必定缩短爆岩投掷到台阶正面的垂直距离。对角连接法可根据工程需要设计成各种形式,如侧翼式和中心式,如图 4-12 所示。

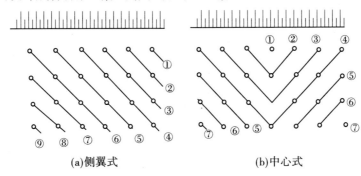

(a)侧翼式　　　　　　　　(b)中心式

图 4-12　对角连接法

4. 梯形掏槽法

在对角线连接的基础上,可以根据现场实际具体工作条件和要求,组织各种波浪式连接网络,当地质构造复杂时,可采用梯形掏槽法,如图 4-13 所示。

5. 深孔分段连接起爆法

深孔分段连接起爆法是当孔深为 6 ~ 8 m 时,起爆顺序按分段装药结构的起爆次序,可在孔内进行分段,从上至下顺序进行微差起爆(见图 4-14)。对于深孔爆破,采用此法可以改善爆破效果,使爆破能量均匀发挥,提高爆破效率。该法是深孔爆破的主要起爆方式。

6. 多排深孔分段连接起爆法

多排深孔分段连接起爆法为多排深孔分段起爆,可将上述各个孔深相同的毫秒分段连接起来,自上而下顺序起爆(见图 4-15)。此法爆破率高、效果好,为各工程工地常用。

为了四周的环境安全,石方爆破全部采用毫秒、微差适时爆破技术,其导爆管起爆网络的施工技术要求如下:

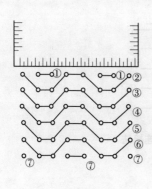

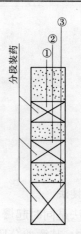

图 4-13　梯形掏槽法　　　　　　　图 4-14　深孔分段连接起爆法

（1）一般的施工要求：

①施工前应对导爆管进行外观检查,用于连接用的导爆管不允许有破损、拉细、进水、管内杂质、断荷、塑化不良、封口不平等。在连接过程中,导爆管不允许打结,不能对折,要防止管壁破损和管径拉细及异物入管。如果在同一分支网络上有一处导爆管打结,爆速会降低,若有两个或两个以上的死结,就会产生拒爆。对折通常发生在反向起爆的装药处,对折可使爆速降低从而导致起爆管延期时间不准确,严重时可产生拒爆。

②导爆管网络应严格按设计进行连接,用于同一工作面上的导爆管必须是同厂同批所生产

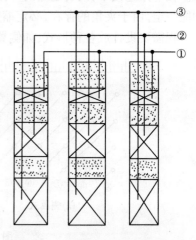

图 4-15　多排深孔分段连接起爆法

的产品,每卷导爆管两端封口处应切掉 5 cm 后才可使用。露在孔外的导爆管封口不宜切掉。

③根据炮孔的深度,孔间距选取导爆管的长度,炮孔内导爆管不应有接头。

④孔外相邻导爆管之间应要有足够的距离,以免相互错爆或切断网络。

⑤用雷管起爆导爆管网络时,起爆导爆管的雷管与导爆管捆扎端头间距离应不小于 15 cm,应有防止雷管聚能穴炸断导爆管和延时雷管的气孔烧坏导爆管的措施,导爆管应均匀敷设在雷管周围并用胶布带捆扎牢固,接头胶布不小于 3 层。

⑥只有在所有人员、设备撤离爆破危险区,具备安全起爆条件,才能在主起爆导爆管上连接起爆雷管。

（2）捆联网络的施工要求。

导爆管起爆网络连接采用捆联法,直接将导爆管捆扎在雷管上,如接力捆联网络、复式交叉网络等。

①捆扎材料。捆联网络通常采用塑料电工胶布捆绑导爆管和雷管,塑料电工胶布有

一定的弹性和黏性,能将导爆管紧紧地密贴在雷管的四周。

②捆扎导爆管的根数。按导爆管的质量和捆绑时的操作情况,一般1发雷管外侧最多捆扎20根导爆管,导爆管末端应露出捆扎部位15 cm以上,胶布层数为3~5层,关键是捆扎时导爆管要均匀布在雷管四周,捆扎要密贴。

③雷管方向。雷管击发导爆管是靠其主装药部位,为防止金属壳雷管爆炸时聚能穴部位的金属碎片在高速射流的作用下损伤捆绑在雷管四周的导爆管和延时雷管的气孔,烧坏导爆管,应在金属壳导爆管雷管的底部先用胶布包严,再在其四周捆绑导爆管。金属壳导爆管雷管最好反向起爆导爆管,即导爆管雷管聚能穴指向导爆管起爆的方向。

二、挤压爆破技术

挤压爆破技术又称堆渣爆破,即如果在开挖面的前方保留一定厚度和高度的堆渣,可以改善爆破质量,提高炸药能量利用率。这种方法所保留的堆渣是后爆岩石的缓冲层,它能改善冲击波的分布,延缓其作用时间。促使爆破过程中来不及扩张的表面附近的裂隙继续扩张,从而减少因自由面应力波反射和卸载作用而产生的大块石。堆渣可以限制和阻爆振动作用和应力波动作用而使岩块沿原有不连续面崩塌、震落、开裂形成大块石。另外,新分离的岩块带有一定的能量,以50~100 m/s的速度冲击堆渣或前排爆破体,使两者能得到进一步的破碎,从而减少过多的能量用于抛掷岩块和产生空气冲击波。所以,挤压爆破时爆破工作面应先爆岩块上面留有松散的堆渣,因这些堆渣的性质和形态直接影响着挤压爆破的质量。挤压爆破的主要参数是堆渣的松散系数和厚度。

假设岩石密度 ρ_1(见图4-16),前排孔底板抵抗线为 W_1,在工作面前的堆渣密度为 ρ_2,堆渣厚度为 W_ρ,则堆渣的松散系数为 K_ρ 的计算公式如下:

$$K_\rho = \rho_1/\rho_2$$

K_ρ 值越大,表示堆渣越松散。

对于 K_ρ、W_ρ 值,常根据经验来选择:$(1.3~1.4) \geq K_\rho > 1.15$,$W_\rho/K_\rho < 1$。

如 K_ρ、W_ρ 值选择不合理,在爆破时可能产生"硬墙",也就是说在接近爆破作业面的地方堆渣被爆破压实,松散系数变

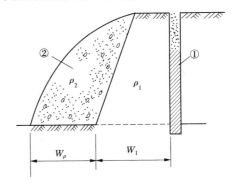

①—炮孔;②—堆渣
图4-16　挤压爆破示意图

小,从而降低挖掘机械的工作效率。为防止这种情况可采取以下三种措施:

(1)尽可能改善和提高堆渣的松散系数,并对上一循环的爆破采取一定的措施。在孔距不变时,应将最后一排孔距缩小10%左右。增加最后一排的总装药量或装以高威力、高密度的炸药,提高最后一排孔的爆破能量。在安全条件允许下,适当延长最后一排孔的起爆时间,以增加此排孔爆破岩石的位移量,提高岩堆的松散系数,减少岩堆的存放时间。

(2)降低堆渣的厚度,以改善挤压爆破第一排孔的爆破质量。

(3)在挤压参数不合理时,可增加第一排孔的单位耗药量,使每孔药量提高30%~

40%,减小 W_1 值。

专家对河口村水库大坝工程石方开挖工程爆破设计方案的安全评估和评审:该单位所编制的《河南省河口村水库主体工程石方开挖工程爆破设计方案》比较完善,较详细地论述了工程爆破设计总体原则,其爆破设计总体方案是可行的。基本的爆破参数选择是合理的,爆破危害效应控制与施工方法是安全的,基本可按照所编制的爆破方案进行实施。

第五章　大坝应力应变及稳定分析

目前国内面板堆石坝的稳定和应力应变特性研究内容主要是通过数值分析的方法,对影响面板堆石坝应力应变特性的主要相关因素进行系统的分析研究,主要包括河谷地形条件、坝基覆盖层结构分区与填筑碾压标准、坝体分期施工及水库蓄水过程,面板防裂控制等。对于覆盖层较深时,选择垂直防渗处理方案,利用混凝土防渗墙作为地基防渗措施,将趾板直接置于砂卵石深层地基上,并用连接板与趾板将防渗墙和面板连接起来,接缝处设置止水结构,从而形成完整的防渗体系。在这种情况下,工程的设计关键是保证防渗墙、连接板和趾板的变形协调,并满足设计强度方面的要求。

通过系统的研究表明:河口村水库大坝基础深覆盖层与上部坝体的相互作用,主要表现为坝基覆盖层的压缩变形对上部坝体的影响。其直接后果将导致坝体最大的沉降区域的下移,坝顶产生向内拗陷变形,并有可能引起一期面板顶部与坝体间产生局部脱开的趋势。由于深层覆盖层地基上的面板堆石坝体位移,面板变形以及周边缝的位移均有所增加。坝基防渗墙与趾板之间也存在一定的变形差异,而这种差异变形可以采用连接板过渡。从防渗墙的应力应变看,趾板与防渗墙之间连接板的长度与防渗墙的应力和位移有着明显的相关关系,应通过优化分析合理确定连接板长度。综合上述可以得出面板堆石坝应力应变稳定的主要规律有:

(1)面板应变和应力以及面板的垂直缝和周边缝的位移都受到河谷与坝基形状、覆盖层深度的影响。凹形坝基面会使得坝体变形增大,面板挠度等值线与河谷形状(面板形状)关系密切,坝体应力等值线与坝体剖面形状关系密切,面板轴向位移和应力对称分布,河谷不对称面板轴向位移和应力不对称分布,面板垂直缝张开区都在两岸附近,陡峻岸坡附近的周边缝剪切位移较大。

(2)坝体变形分布的主要影响因素是坝体分区,坝体各区填筑特征、填筑标准和填筑施工顺序,即坝体变形分布与坝体各区填筑材料的变形性(即变形模量和流变特性等)密切相关。

(3)面板的自重和上游水压力特别是坝体变形时坝体对面板的摩擦力是影响面板应变和应力的3个主要因素。面板浇筑后,在横剖面上坝体继续向坝中心部位变形,而造成面板脱空,导致面板裂缝,同时造成面板顺坡向压力随着高程的降低而增加,在面板的中底部呈现最大值。在纵剖面上坝体是朝着河谷中央变形,两岸附近面板处于张拉区,垂直缝产生张拉位移,两岸附近的面板出现拉应力,在河谷中央部位面板呈现较大压应力,压应力最大值一般在河谷最大剖面附近。

(4)上游水压力是面板产生挠度的主要因素,因面板的最大挠度一般都发生在面板中部,分期浇筑面板的挠度还受到坝体变形(流变)、面板自重和分期蓄水荷载的影响。分期浇筑面板的各期面板顶部挠度会较大,其挠度分布比较复杂。

第一节　大坝及趾板边坡的稳定指标

目前国内外混凝土面板堆石坝的坝体大都参照已建工程类比选定,一般不作稳定性分析,但同时也规定当存在下列情况时,必须进行相应的稳定分析:

(1)坝基有软弱夹层或坝基砂砾石层中存在细砂层、粉砂层或黏土夹层。

(2)坝址地震设计烈度为 8~9 度。

(3)施工期堆石坝体过水或堆石坝体用垫层挡水度汛且挡水水头较高时。

(4)坝体用软岩堆石料填筑时。

(5)坝址地形条件不利。

另外规定稳定指标的最小安全系数应满足相关规范要求,为确保混凝土面板堆石坝的安全应做到:

(1)面板和堆石坝体在施工期、运行期和地震时选稳定的。

(2)趾板建在覆盖层上的混凝土面板堆石坝的坝基防渗设施(混凝土防渗墙连接板、趾板、面板防浪墙和接缝止水结构所形成的防渗体系在施工期、运行期和地震时是正常工作的)。

(3)在施工期、运行期和地震时堆石坝体的变形是协调的,面板变形与堆石坝变形方向是同步协调的。

总之,稳定分析和渗流分析是透析混凝土面板堆石坝安全稳定和渗流安全的手段。故对 100 m 以上的高混凝土面板堆石坝进行稳定分析一般可以判断其是否稳定安全,并可以从稳定安全的角度优化设计、节省投资、缩短工期。

混凝土面板堆石坝稳定分析的控制工况是施工期的上下游坝坡,根据《碾压式土石坝设计规范》(SL 274—2001)规定,当采用计条块间作用力的计算方法时,坝坡抗滑稳定安全系数不小于表 5-1 中规定的数值。

表 5-1　坝破抗滑稳定最小安全系数

运用条件	工程等级			
	1	2	3	4、5
正常运用条件	1.5	1.35	1.3	1.25
非正常运用条件 I	1.3	1.25	1.2	1.15
非正常运用条件 II	1.2	1.15	1.15	1.1

一、大坝稳定分析方法

稳定计算分析的方法可以分为两大类,即刚体极限平衡法(推荐使用简化毕肖普法和摩根斯顿 – 普赖斯法)和有限元法,相关规范规定采用前者,越来越多的工程开始使用有限元强度折减法来作为补充。

二、河口村水库工程混凝土面板堆石坝稳定计算分析

(一)计算工况

本次计算共计算三种工况,分别是:

(1)正常运用条件:水库水位处于正常蓄水位和设计洪水位与死水位之间的各种水位稳定渗流期的上下游坝坡,要求安全系数不应小于1.5。

(2)非常运用条件Ⅰ:施工期,要求安全系数不应小于1.3。

(3)非常运用条件Ⅱ:正常运用条件下遇地震的上下游坝坡,要求安全系数不应小于1.2。

(二)计算步骤与假定

计算过程中,对计算断面进行了适当简化和概化,并选取河床段的典型断面(D0+140.00)和右岸泥化夹层的断面(D0+320.00)进行上下游堤坡计算,在计算过程中:①对材料分区简化,上游坡不考虑面板的固坡作用,下游将块石护坡分区合并到次堆石料区。②泥化夹层(黏土夹层)的记标高程和厚度,按实际分四层:

第一层:分布高程175~168 m,平均高程173 m,厚2~3 m,最厚6.6 m。分布范围,自坝轴线向上游,顺河略偏右岸,呈带状大面积分布,连续性较强,长350 m以上,宽50~100 m。第一层上游趾板及其附近范围已经挖除,不再考虑,坝轴线及其下游没有挖掉的部分,按桩号D0+140.00断面残留部分进行计算。

第二层:分布高程168~152 m,平均高程162 m,厚0.5~1.5 m,最厚6.4 m,该层厚度变化很大,至下游坝脚处一般0.5 m左右。呈带状分布在河床中心,长800 m,宽40~100 m,该层整体性差,为各小层在168~152 m高程上连接而成。根据上述地质描述,计算过程中第二层壤土夹层简化为:夹泥层沿坝基连续分布,厚6.4 m,中心线高程162 m。

第三层:分布高程154~148 m,平均高程152 m,厚度极不一致,一般2~3 m,最厚6.2 m、最薄0.3 m。坝轴线以上呈带状分布,宽10~60 m(较厚),坝轴线以下呈片状分布(较薄)。根据上述地质描述,计算过程中第三层壤土夹层简化为:夹泥层沿坝基连续分布,厚6.2 m,中心线高程152 m。

第四层:分布高程148 m左右,该层连续性极差。坝轴线以上呈长条状分布,宽30 m,厚0.5~1.5 m。根据上述地质描述,计算过程中第四层壤土夹层简化为:夹泥层沿坝基连续分布,厚1.5 m,中心线高程148 m。

(三)稳定计算参数

坝基夹泥层的物理参数根据地质关于各层黏土夹层主要以棕黄色至深灰色中、重粉质壤土为主的描述,在计算中采用各层中这两种土样参数值的平均值,并考虑由于沉积作用,土质相同情况下容重应随深度的增加而加大。坝基砂卵石、坝基基岩等物理力学参数根据地质报告选取,坝体主堆石区、次堆石区的容重根据地质报告提供比重并结合《混凝土面板堆石坝设计规范》(SL 228—98)中表4.2.2坝料填筑标准的规定计算,稳定计算中采用的材料的物理力学性质参考地质报告相应内容选取,具体见表5-2。

表5-2 坝体和坝基材料强度指标

材料名称	天然容重 （kN/m³）	浮容重 （kN/m³）	内摩擦角 φ（°）	$\Delta\varphi$（°）	黏聚力 c（kPa）
垫层	23.3	14.7	54	13	0
过渡层	22.5	14.2	54	13	0
坝体主堆石	21.9	13.8	54	13	0
坝体次堆石	21.1	13.3	52	12	0
坝基砂卵石	20.7	13.0	34	0	0
坝基第一层壤土夹层	19.75	10.26	23	0	5
坝基第二层壤土夹层	20.00	10.30	23	0	5
坝基第三层壤土夹层	20.15	10.47	24	0	5
坝基第四层壤土夹层	20.45	10.65	24	0	5
坝基基岩	26.5	16.5	40	0	0
右岸山体泥化夹层	18	8	14	0	0

（四）计算方法

此次根据相关规范中推荐采用的计条块间作用力的简化毕肖普法及摩根斯顿－普赖斯法，和"土面坝稳定分析系统 HH-SLopey1.3"计算软件（该软件有相关规范中规定的瑞典圆弧法和考虑条块间作用力的各种方法），并根据具有坝体分区特点的混凝土面板堆石坝，特别是存在软弱夹层的河口村面板堆石坝，认为采用满足力和力矩平衡的摩根斯顿－普赖斯法计算稳定显得更加合适。

（五）稳定计算结果

1. 大坝河床断面（D0＋140）

稳定计算主要针对坝基存在软弱夹层的情况计算了下游不设195 m高程压重平台和设置195 m高程压重平台两种方案。

稳定计算分别采用两种计算方法，对上游坡主要计算了施工期、不利水位、不利水位＋地震三种工况，对下游坡主要计算了施工期、校核洪水位对应下游水位、设计洪水位对应下游水位、设计洪水位对应下游水位＋地震四种工况，计算结果见表5-3及图5-1。

从计算结果可以得出以下结论：

（1）上坡使用两种计算方法在各种计算工况下安全系数均满足相关规范要求。

（2）当在坝体下游设有195 m高程平台时，顺水流向长度110 m。下游坝坡采用两种计算方法在各个工况下计算得到的安全系数均满足规范要求。

（3）河床砂卵石覆盖层中存在壤土夹层，第一层平均高程为172 m，分布在坝轴线上游，予以挖除，经计算比较，坝基第二层在164 m高程黏土层对坝体上下游坡稳定起控制作用。由于在164 m高程附近夹泥层分布规律，计算中按上下游贯通来顾虑。第三层152 m高程夹泥层不控制坝体下游坡的稳定。

表 5-3　大坝河床断面(D0+140)稳定计算成果

位置	工况	简化毕肖普法安全系数		摩根斯顿-普赖斯法安全系数			[K]
		下游无压重平台	有压重平台	无压重平台	有压重平台	滑裂面位置	
上游坡	非正常运用条件Ⅰ(施工期)	1.55	—	1.48	—	(1)	1.3
	正常运用条件(不利水位)	1.87	—	1.86	—	(2)	1.5
	非正常运用条件Ⅱ(不利水位+地震)	1.6	—	1.56	—	(3)	1.2
下游坡	非正常运用条件Ⅰ(施工期)	1.68	1.91	1.64	2.19	(4)	1.3
	正常运用条件(设计洪水位)	1.53	1.91	1.48	1.96	(5)	1.5
	非正常运用条件Ⅰ(校核洪水位)	1.53	1.91	1.48	1.93	(6)	1.3
	非正常运用条件Ⅱ(设计洪水位+地震)	1.33	1.6	1.27	1.59	(7)	1.2

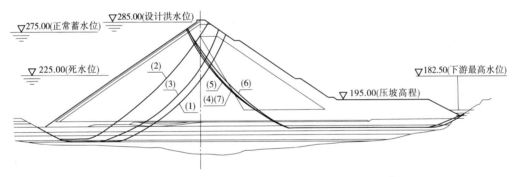

图 5-1　大坝河床断面(D0+140)稳定计算成果图(摩根斯顿-普赖斯法)

2. 右岸大坝断面(D0+320)

右岸大坝断面的稳定计算主要针对坝基存在软弱夹层的情况进行。按上游不设压重平台和设置 242 m 高程压重平台两种条件计算。首先在上游坝坡不设压重平台用摩根斯顿-普赖斯法计算,施工期、不利水位、不利水位+地震三种工况的安全系数不满足相关规范要求。后考虑上游坝坡在 242 m 高程设置压重平台,采用同样的方法计算,其安全系数满足相关规范要求,其结果如表 5-4 和图 5-2 所示。

表 5-4　右岸大坝断面(D0+320)稳定计算成果

坝坡	计算工况	简化毕肖普法安全系数		摩根斯顿-普赖斯法安全系数			[K]
		上游无压重	上游有压重	上游无压重	上游有压重	滑裂面位置	
上游坡	正常运用条件(不利水位)	1.54	1.93	1.29	1.85	(1)	1.5
	非正常运用条件(施工期)	1.54	1.93	1.29	1.85	(2)	1.3
	非正常运用条件(不利水位+地震)	1.32	1.65	1.05	1.64	(3)	1.2

续表5-4

坝坡	计算工况	简化毕肖普法安全系数		摩根斯顿－普赖斯法安全系数			$[K]$
		上游无压重	上游有压重	上游无压重	上游有压重	滑裂面位置	
下游坡	正常运用条件(设计洪水位)	1.80	—	2.0	—	(4)	1.5
	非正常运用条件(施工期)	1.80	—	2.0	—	(5)	1.3
	非正常运用条件 (校核洪水位)	1.80	—	2.0	—	(6)	1.3
	非正常运用条件 (设计洪水位＋地震)	1.54	—	1.78	—	(7)	1.2

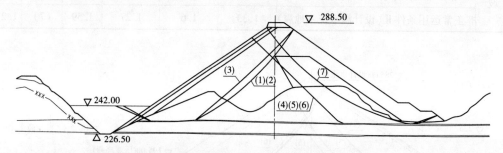

图5-2　右岸大坝断面(D0＋320)稳定计算成果图

从以上计算结果可以得出以下结论：

(1)下游坡使用两种计算方法在各种计算工况下,安全系数均满足相关规范要求。

(2)采用在大坝 D0＋320 设高程为 220 m 的压重平台,向右岸与地形相交,向左平行于坝轴线,采用 1∶2 的坡度放坡。采用此种布置后安全系数能满足相关规范要求。

3.左右岸坝肩稳定分析及处理

1)右岸泥化夹层对右岸坝肩坝坡稳定的影响

坝址寒武系 $\in_1 m^3$ 岩层中广泛发育着泥化夹层, $\in_1 m^2$ 顶面的泥化夹层面积最大,基本连续。该层在右岸坝肩分布高程为 230 m 左右,同时以 195～230 m 高程切割右岸山体下部。

经计算,右岸坝肩泥化夹层上覆的岩层越薄,抗滑稳定安全系数越小,不能满足设计要求,为此对趾板基础处(230 m 高程左右)的局部山坡出露的泥化夹层予以挖除,挖除后坝坡抗滑稳定安全系数满足要求。

2)左岸古滑坡体稳定

左岸古滑坡体分布在从左岸坝肩起向上约 500 m 的范围内,下界为 $\in_1 m^2$ 和 $\in_1 m^3$ 岩层分界线,高程 260 m 左右,坝体位于古滑坡体的最西头,挖除坝体范围内的古滑坡体,使之满足大坝稳定要求。

(六)趾板边坡的稳定计算

1.计算说明

由于大坝为 1 级坝,因此左右岸趾板开挖边坡为 1 级。右岸断面上, $\in_1 m^2$ 岩层顶面分布有泥化夹层。趾板在两岸部分置于弱风化层上,系在两岸山坡上开挖而成,局部形成高 50～70 m 的岩质边坡,经初步判别后,需要对其岩质边坡的稳定问题进行计算。因此,选择具有代表性趾板横断面 5—5(趾横 D0+194.81),11—11(趾横 D0+492.36)进行边坡稳定计算。

趾板边坡主要涉及馒头组 1～4 段、中元古界汝阳群、太古界登封群地层。

根据地质报告,馒头组地层主要发育两组节理,其产状分别为走向 0～20°、倾向 E 或 SE、倾角 60°～85°和走向 270°～290°、倾向 NE 或 SW、倾角 60°～85°,其发育程度为 20～27 条/m²;中元古界汝阳群地层主要发育两组节理,其产状分别为走向 270°～290°、倾向 NE 或 SW、倾角 60°～85°和走向 60°～90°、倾向 SE、倾角 70°～80°,其发育程度为 1～9 条/m²;太古界登封群地层主要产状为走向 0～20°、倾向 E 或 SE、倾角 60°～90°的节理,裂隙发育程度为 5.6 条/m²。以上几组节理裂隙的共同特征是延伸远,倾角陡,裂隙面光滑、平直。

软弱结构面均发育于馒头组,主要有三种类型:

第一种类型:$\in_1 m^2$ 岩层顶面分布有软弱夹层,主要成分为粉质壤土、岩屑及碎粒等,矿物成分以绿泥石、白云石、方解石为主,其次为石英等。针对这一软弱泥化夹层,做了现场原位抗剪试验,建议综合指标为 $f=0.25$、$c=0.005$ MPa。

第二种类型:分布于 $\in_1 m^3$ 泥灰岩层中,浸水易于泥化,主要为轻粉质、中粉质壤土,矿物成分有白云石、方解石、黏土矿、石英等。该软弱夹层多呈条带状沿层间分布。由于岩相关系,连续性差。

第三种类型:分布于 $\in_1 m^3$ 泥灰岩层间错动的切层破裂面中,其物质组成与矿物成分和第二组基本相同,局部性分布。

边坡岩体的风化卸荷程度随岩性的不同而有所变化,具体参数见表5-5。

表 5-5　岩体分类及力学参数建议值

岩性	天然容重（kN/m³）	饱和容重（kN/m³）	抗剪强度指标 f	抗剪断强度指标 f'	c'（MPa）
微风化 Ard 伟晶花岗岩	26.7	27.0	0.75	1.3	1.6
微风化 Ard 片麻岩、片岩	26.6	27.0	0.65	1.0	1.0
微风化 Pt₂r	26.8	27.0	0.75	1.3	1.6
微风化馒头 1-2	26.6	26.9	0.7	1.2	1.5
微风化馒头 3	26.5	26.7	0.6	0.8	0.7
微风化馒头 4	26.6	26.9	0.65	1.0	1.0
弱风化 Ard 伟晶花岗岩	26.6	27.0	0.7	1.0	1.1
弱风化 Ard 片麻岩、片岩	26.5	26.9	0.55～0.65	0.9	0.9
弱风化 Pt₂r	26.7	27.0	0.7	1.0	1.1
弱风化馒头 1-2	26.5	26.8	0.65	0.9	0.9
弱风化馒头 3	26.4	26.7	0.5	0.65	0.45

续表 5-5

岩性	天然容重 (kN/m³)	饱和容重 (kN/m³)	抗剪强度指标	抗剪断强度指标	
			f	f'	c'(MPa)
弱风化馒头 4	26.5	26.8	0.60	0.8	0.7
强风化 Ard	26.5	26.7	0.45 ~ 0.5	0.5 ~0.7	0.5
强风化 Pt$_2$r	26.5	26.8	0.7	0.75	0.55
强风化馒头 1 - 2	26.4	26.7	0.6	0.70	0.55
强风化馒头 3 - 4	26.4	26.7	0.45	0.4 ~0.50	0.05 ~0.2
软弱夹层				0.25	0.005
断层带			0.35	0.4 ~0.5	0.07 ~0.1

2. 计算工况

河口村水库工程面板堆石坝趾板边坡为Ⅰ级边坡,根据《水利水电工程边坡设计规范》(SL 386—2007)的要求及工程的情况,趾板边坡抗滑稳定工况有:

水库水位处于正常蓄水位和设计洪水位与死水位之间的各种水位时,形成稳定渗流期的上游坝坡的安全系数应不小于1.3。

非正常运用条件Ⅰ:①施工期(无水)要求安全系数应不小于1.25。②不同情况下水位非常降落及降雨等原因造成地下水位变化,按相关规范要求安全系数不小于1.25。

非正常运用条件Ⅱ:不利水位 + 地震,安全系数应不小于1.15,大坝按8级地震复核。

3. 计算采用的程序及计算参数

稳定计算采用黄河勘测规划设计有限公司与河海大学工程力学研究所联合研制的土石坝稳定分析系统 HH-SLope 及中科院陈祖煜所编写的岩质边坡计算程序 EMU。采用 HH-SLope 程序进行简化毕肖普法及摩根斯顿 - 普赖斯法等的计算。针对各种工况进行的稳定计算所采用的相关参数见表5-6。左岸趾板边坡5—5稳定计算示意图及左岸趾板边坡11—11稳定计算示意图见图5-3和图5-4。

表 5-6 左右岸趾板边坡稳定计算参数

岩性	天然容重 (kN/m³)	浮容重 (kN/m³)	抗剪强度指标	
			φ(°)	c(kPa)
微风化 Ard 片麻岩、片岩	26.6	17.0	33	150
微风化 Pt$_2$r	26.8	17.0	36.8	150
微风化馒头 3	26.5	16.7	31	150

续表 5-6

岩性	天然容重 (kN/m³)	浮容重 (kN/m³)	抗剪强度指标	
			$\varphi(°)$	$c(kPa)$
弱风化 Ard 片麻岩、片岩	26.5	16.9	28.8	120
弱风化 Pt₂r	26.7	17.0	35	120
弱风化馒头 3	26.4	16.7	26.5	120
强风化 Ard	26.5	16.7	24	80
强风化 Pt₂r	26.5	16.8	35	80
强风化馒头 3 – 4	26.4	16.7	24	80
软弱夹层			14	5
断层带			19	70

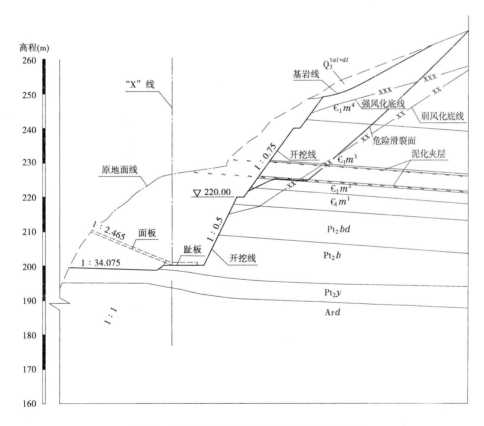

图 5-3　右岸(趾板边坡 5—5)稳定计算示意图

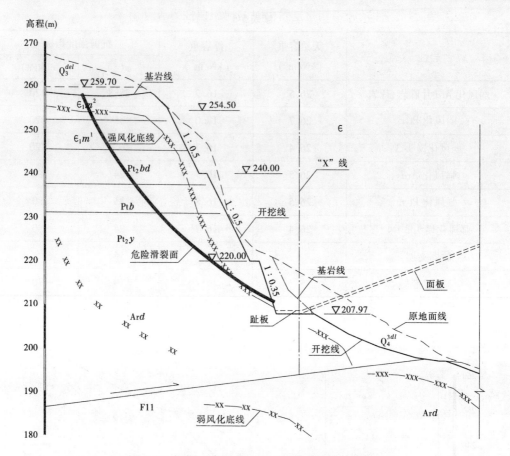

图 5-4　左岸(趾板边坡 11—11)稳定计算示意图

4. 计算结果

综合各种计算后得每种工况的最危险情况下的安全系数如表 5-7 所示。

表 5-7　左右岸趾板边坡每种工况的最危险情况下的安全系数

运用条件	工况	右岸断面	左岸断面	I 级边坡规范要求值	说明
正常运用条件	正常蓄水位	1.90	1.76	1.30	
非正常运用条件 I	施工期	1.46	1.38	1.25	
	不利水位	1.47	1.44		
非正常运用条件 II	不利水位 + 8 度地震	1.27	1.27	1.15	$0.2g$,且考虑垂直加速度

从以上计算结果可以看出,在各种工况下,所计算的各个工况的安全系数均满足要求,边坡是安全的,但在现场施工时要注意控制开挖爆破等因素对岩石破坏的影响,并及时喷护混凝土,防止岩体风化破碎等,结合现场开挖揭露的实际情况,对局部软弱夹层进行适当加强支护处理。

稳定计算分析时应注意以下几点:

（1）在正常应用条件及施工期稳定目标时的地震惯性力应等于零。

（2）在施工期稳定计算时，坝体条块为实重（由设计干容重和含水量求得）。当坝基有地下水存在时，条块重 $W = W_1 + W_2$（W_1 为地下水位以上条块容重，W_2 为地下水位以下条块容重）。若采用有效应力法，孔隙压力 u 应用 $u_0 - Y_wZ$ 代替（u_0 为施工期孔隙压力，Y_w 为水的容重，Z 为条块底部重点至坡外水位的距离）。若采用总应力法，条块重同上，孔隙水压力 $u = 0$。

（3）正常应用条件的稳定计算。应用有效应力法时，孔隙压力 u 应用 Y_wZ 代替，u 为稳定渗流期的孔隙水压力。条块重 $W = W_1 + W_2$（W_1 为外水位以上条块实重，浸润线以上为湿重；W_2 为外水位以下的条块浮重）。

硬岩堆石体是自由排水的，软岩和砂砾石作为筑坝材料的面板堆石坝都设置 L 形的排水体，因而一旦混凝土面板堆石坝的防渗体系发生事故，坝体的浸润面很低，局限在排水体内，所以面板堆石坝稳定计算分析时浸润面位置孔隙压力的计算可以简化。

第二节　大坝应力应变的分析方法

为了提高混凝土面板堆石坝的设计施工和运用水平，预测坝体的变形分布、面板的应力和应变以及周边缝和垂直缝的张开量和压缩量等有着重要意义。

面板堆石坝的应力应变计算分析对象可以分为两类：一类是防渗墙、面板、趾板或高趾墙、挡墙和防浪墙，都是混凝土结构或钢筋混凝土结构，可以简单地采用线弹性模型来代表；另一类是坝体和覆盖层，包括堆石、砂砾石、砂卵石等组成的粗粒料，其应力变形特性具有非线性、压硬性、剪缩性和剪胀性等特点，应运用堆石料的本构模型代表。应力应变分析法一般有两种途径：一是有限元分析，二是土工模型试验。

一、有限元分析

采用有限元法对土石坝进行应力应变分析，起始于 20 世纪六七十年代。与一般的心墙土石坝相比，面板堆石坝因其自身结构的特点，在数值计算分析法上也有着不同于常规心墙土石坝的特殊性。对面板堆石坝应力和应变的全面分析，需要综合考虑材料的应力和应变关系、强度及变形特性等各方面的因素。平面和空间有限元分析的应用，使得各种复杂问题有可能得以解决：如在施工期、运行期各种加载和卸载条件下，根据堆石体和面板的应力与应变的大小及分布、周边缝的变位、材料强度发挥的程度，从而判断坝体的稳定性。这为堆石体坝料分区、断面优化、施工安排、运行形态预测提供了依据。近年来，由于有限元法的出现和计算技术的迅速发展，土力学界对土的本构关系的研究日益深入，而且随着一批能够施加复杂应力条件的大型室内试验设备的研制成功和现场试验设备及相关试验技术的进展，国内外的研究者对堆石料等粗粒土的工程特性有了较为深入的了解，从而使得堆石材料的本构模型研究由简单模式向理论的复杂模式发展。

为了理解和掌握有限元法应力应变的计算分析，应首先掌握理想弹塑性理论，即德鲁克普拉格条件。

有限元强度折减法具有有限元法的一切优点，一般用此法进行边坡稳定分析。它在本质上与传统的极限平衡法是一致的。

二、计算模型

(一)模型种类

岩土材料的本构关系研究在 20 世纪 70 年代开始形成高潮,80 年代有多次全国性和国际学术会议涉及这一课题。进入 90 年代下半期,本构关系的研究进入更理性的阶段,岩土力学和工程学科的工作者认识到本构关系的研究中更重要的事,就是对本构模型的验证。模型的验证包括对工程建立模型时引入的假定验证和计算参数测定方法的验证,以往的验证都是用本构结构模型计算出的试验(例如大型三轴试验)结果计算模型,然后采用其他类型试验来验证计算模型可靠性。

混凝土面板堆积坝的应力应变计算分析和土石坝的应力应变计算分析实践表明,应用最广泛的粗粒料本构模型有邓肯－张非线性弹性 E－B 模型、南京水利科学院双屈服面弹性模型、成都科技大学提出的改进 K－E 模型、清华大学提出的非线性解耦 K－G 模型等。

南京水利科学院双屈服面弹性模型既反映了堆石体的剪胀(缩)性和应力路程转折后的应力应变特性,同时又可以采用常规三轴试验确定其模型参数,使用非常方便。将采用不同本构模型的计算结果与堆石坝实际观测资料对比发现,采用该模型得到的堆石坝应力应变特性比较符合实际,是比邓肯－张 E－B 模型更合适的模型。当坝体应力路径变化较为复杂时尤其是如此。

邓肯－张 E－B 模型是非线性弹性模型的典型代表,该模型的弹性模量是应力状态的函数,可以描述粗粒料应力应变关系的非线性和压硬性,对加荷和卸荷的粗粒料分别采用不同的模量,可以在一定程度上反映粗粒料的剪胀性和剪缩性。邓肯－张 E－B 模型具有模型参数少、物理概念明确、确定计算参数所需的试验简单易行等优点,在土石坝和堆石坝的应力应变分析中得到了广泛的应用。

清华大学非线性解耦 K－G 模型建立在对岩土材料进行大量常规及特别设定的应力路径的大型三轴试验的基础上,根据试验结果,总结出了一系列有关粗粒料变形特性的规律。该模型能适应土石坝等土工结构各种复杂应力路径的变化,能反映土体应力应变的非线性、弹塑性、剪缩性和对应力路径的依赖性等主要的变形特性。该模型参数少而且明确物理意义,通过建立与模型配套的模型参数回归方法,模型参数可以从不同应力路径的单调加荷试验(包括常规三轴试验)求出。通过与三轴试验结果及原型观测结果的比较,证明该模型与邓肯－张 E－B 模型相比,具有一定的优越性。

(二)堆石坝结构模型的应用评价

从堆石坝性质看,实际工程中的堆石材料具有非常复杂的应力应变特性。在面板堆石坝中,堆石材料应力应变关系具体强烈的非线性,建立的基本结构模型必须准确反映这种非线性关系。另外,堆石料的剪缩特性是影响面板应力的主要因素,对于堆石料剪缩特性的合理考虑,宜采用弹塑性模型,就理论分析而言,采用多屈服面非关联流动法则的弹塑性模型在理论上具有较好的完备性,但这一类型目前仍面临着试验方法特殊、计算参数类比性差,以及计算复杂等问题,目前采用邓肯－张 E－B 模型并结合一些适当的修正,其计算分析的结果基本可以反映面板堆石坝的实际特征,从工程实用的角度而言,其分析结论也较为可信。

需要特别指出的是,相应于各种计算模型,除其模型本身的因素外,模型参数的确定也是影响面板堆石坝计算分析结果的重要因素,就 Duncan 模型而言,由于其试验资料充分,因此模型参数的应用可以在试验的基础上通过工程类比的方式确定参数的合理取值范围。

第三节　河口村水库大坝应力应变的分析计算

混凝土面板堆石坝面板的变形主要取决于堆石体的变形,如果堆石体变形过大,就会使面板产生裂缝,从而影响其防渗功能,甚至危及坝体的稳定,应力变形分析的目的就是预测大坝及面板在施工期和运行期应力应变的变化过程及大小,为大坝堆石料的分区设计、物理力学参数的选择、特殊边界条件的模拟、数值算法的选择等提供依据。

河口村工程的河床存在一定深度的覆盖层,坝体防渗系统为面板—趾板—连接板—防渗墙布置,和常规的岩基上的面板—趾板布置形式有较大不同。岩基上的面板坝基础的水平位移和沉降都非常小,常可作为固定边界条件处理,覆盖层上面板坝由于趾板及坝体在河床段建在覆盖层上,使得在填筑期趾板底部产生向上游方向的水平位移和垂直沉降,蓄水期产生较大的向下游方向的水平位移,为此需要仔细分析这些位移的大小和对趾板、面板应力的影响,尤其要关注周边缝以及各种接缝的相对位移,避免变形过大造成防渗系统的漏水和失效。

一、三维非线性静力分析

为验证设计坝体结构的安全性及合理性,对河口村水库混凝土面板堆石坝进行三维非线性静力分析。

(一)三维非线性静力有限元计算

(1)根据施工过程和填筑顺序,给出坝体施工期水平、垂直位移场,大小主应力分布,应力水平分布,对坝体的三维应力状态进行评价。

(2)研究防渗系统(面板、趾板、连接板、防渗墙)的应力和变形特性,详细分析面板受力状态,给出面板挠度,水平方向、顺坡方向的应力数值分布,大小主应力数值和方向等计算结果。根据面板应力计算结果推荐合理的面板配筋方案。

(3)计算并评价周边缝、垂直缝、防渗墙与连接板缝等接缝的相对位移。

(二)所采用的计算模型和分析计算的方法

国内外大量研究表明,面板堆石坝的堆石料具有非线性、各向异性剪胀(缩)性和压硬性,同时,对实体的应变直接影响到面板接缝的应力变形。而面板接缝的良好工作状态是保证面板堆石坝安全运行的关键,对高面板堆石坝尤为如此。因此,要科学地测试面板坝应力应变,必须寻求合适的本构模型来模拟堆石料的应力应变关系。目前国内外许多学者在大学室内外试验研究和理论分析的基础上,提出了不少的堆石料的本构模型。河口村水库的计算模型采用邓肯 – 张 E – B 模型。面板与垫层间采用了 Goodman 接触单元模拟,同时边缝、面板和垂直缝等接缝采用接缝单元模拟。

施工程序按照填筑—浇筑—蓄水过程等进行。采用增量法计算。

加荷过程模拟填筑蓄水过程,大坝填筑和蓄水过程应根据面板堆石坝施工进度安排,按以下顺序进行:①防渗墙及趾板浇筑;②填筑一期坝体到高程 225.5 m;③填筑三期坝体到高程 238.5 m;④浇筑一期面板到高程 233 m,同时浇筑连接板;⑤利用面板挡水(旧期库水位为 219 m);⑥填筑三期坝体到高程 288.5 m;⑦浇筑二期面板到坝顶高程 286 m;⑧蓄水到设计洪水位 285.43 m。

面板与垫层之间(挤压边墙接触面)采用非线性接触面材料模型和无厚度 Goodman 单元。

(三)各种计算单位和模型的参数

堆石材料模型计算参数是堆石材料的本构模型计算分析的重要基础,其试验参数的确定也是影响面板堆石坝计算结果的重要因素,由于邓肯 – 张 E – B 模型的广泛应用,目前已积累了相当多的试验资料,在此基础上通过对各类堆石材料的计算参数进行相关的统计分析,可以充分了解各种模型的参数变化趋势与数值范围,从而为坝体应力变形的预测提供依据。

参照国内面板堆石坝堆石材料邓肯 – 张 E – B 模型参数资料和河口水库工程地质勘测结果,确定河口村水库大坝工程的静力学计算参数。

二、应力频率曲线

面板坝数值模拟的主要目的是了解重要部位的应力位移和分缝的变形情况。关于应力面,一般只会给出应力等值线和最大最小值(拉压)。常把这些应力的最大最小值作为面板堆石坝的特征值数据。黄河勘测规划设计有限公司通过对几个工程的计算和研究,发现仅给出等值线和应力的最大最小值是不够的,而且最大最小值本身是难以确定的,也不能完全说明问题。其原因是应力的计算是通过对位移求导得到的,面板体的受力状态很复杂,防渗系统的变形模量和坝体的受力状态相差两个数量级以上,而且总是存在不同程度的形状突变,所以很难保证应力的具体情况,总是不同程度地存在有应力集中的现象。故在对河口村水库大坝工程的设计中,对应力结果进行了改进,除绘出一般的等值线图和最大最小值外,还给出应力频率曲线。以应力点(高斯点)的等效体积为权重,计算这个点的应力值对应的体积占整体体积的比重得到应力—体积直方图,然后对应力—体积直方图进行求和和规划形成应力频率曲线。

从应力频率曲线上可以看到小于某一数值的应力出现的比例,如大于 2 MPa 的应力占整个面板的 98%,小于 –1 MPa 的应力占整个面板的 0.5% 等。通过数值试验发现网格的粗细对应力的最大最小值影响很大,对频率曲线影响很小,通过频率曲线能够更好地了解应力的状态。

以防渗墙竖向应力频率曲线为例(见图 5-5)。从图 5-5 可以看出拉应力部分约占 28%,最大拉应力 6 MPa。但拉应力为 0.6 ~ 6 MPa 时,所占的比例很小,不具代表性的拉应力的数值为 0.6 MPa。

三、应变图

为了直观,给出防渗墙各蓄水期的变形图,如图 5-6 ~ 图 5-8 所示。

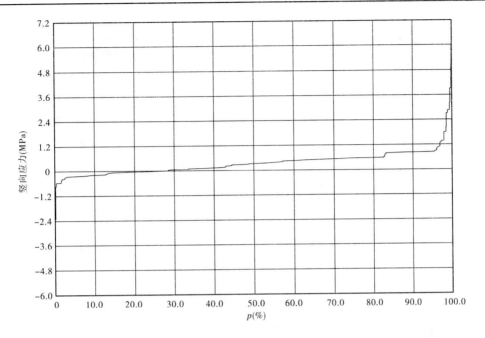

图5-5　一期蓄水后防渗墙下游面竖向应力频率曲线

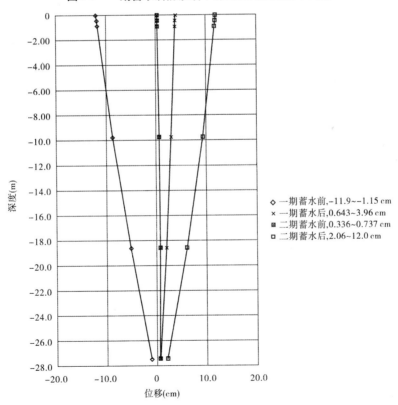

◇ 一期蓄水前,-11.9~-1.15 cm
× 一期蓄水后,0.643~3.96 cm
⊠ 二期蓄水前,0.336~0.737 cm
□ 二期蓄水后,2.06~12.0 cm

图5-6　防渗墙顺水流方向位移

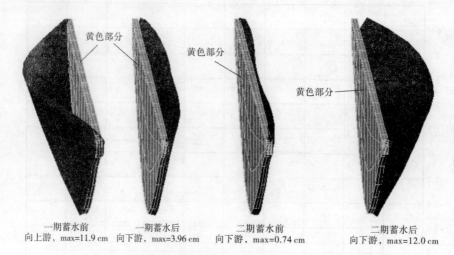

一期蓄水前	一期蓄水后	二期蓄水前	二期蓄水后
向上游，max=11.9 cm	向下游，max=3.96 cm	向下游，max=0.74 cm	向下游，max=12.0 cm

图 5-7 防渗墙各阶段变形图(放大 100 倍,黄色是浇筑位置)

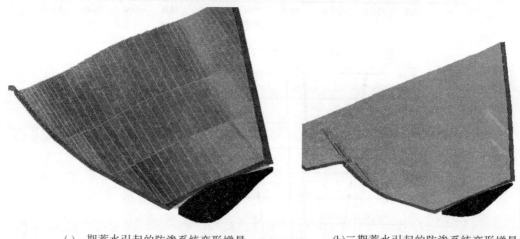

(a)一期蓄水引起的防渗系统变形增量 (b)二期蓄水引起的防渗系统变形增量

图 5-8 防渗系统变形增量

四、主要应力变形数据

在列出计算结果的主要数据中,顺水流方向的位移:向下游为" + ",向上游为" - ";轴向位移:向右岸为" + ",向左岸为" - ";竖向位移:向上为" + ";应力:拉为" - ",压为" - "。

频率曲线图中 $p=0.5\%$ 值对应通常的最小值,但实际不是最小值。对于位移而言,$p=0.5\%$ 值和最小值非常接近;对于应力而言,$p=0.5\%$ 值和最小值的差别取决于是否有应力集中。如果应力集中存在,应力有起点(应力为无穷大),则计算的最小应力(拉应力)可能其绝对值非常大,但其占体积范围又非常小,这个拉应力是不具有代表性的,必须削峰处理。事实上 $p=0.5\%$ 值就是去掉占总体积 0.5% 最大拉应力后的应力值,如果应力没有集中,则 $p=0.5\%$ 值应该接近最小值。频率曲线图中 $p=99.55\%$ 值对应通常的最大值,但实际不是最大值,它是将压应力最大值削峰以后的压力。

五、坝体(含覆盖层)位移应力和应变

(一)坝体变形

典型剖面(D0 + 140 m)竣工期坝体和坝基顺河向位移、沉降等值线图和典型剖面(D0 + 196 m)运行期坝体和坝基顺河向位移、沉降等值线图,如图5-9和图5-10所示。竣工时坝体最大沉降量为93 m,蓄水后坝体沉降100 m。水平沿河流方向的位移竣工时基本以坝轴线为分界,上游坝壳向上游位移,最大值为 − 14 cm;下游坝壳向下游位移,最大值为25 cm。在蓄水运行期,由于水压力的作用,大部分区域向下游位移,此时坝体上、下游向水平位移最大值分别为 − 13 cm 和32 cm。上游坝壳受水压力作用影响较大,下游坝壳影响甚微,从最大剖面(D0 + 140 m)变形分布看出,坝体填筑引起的坝基中央部分的沉陷最大值约40 cm,约为覆盖层厚度的1.1%。

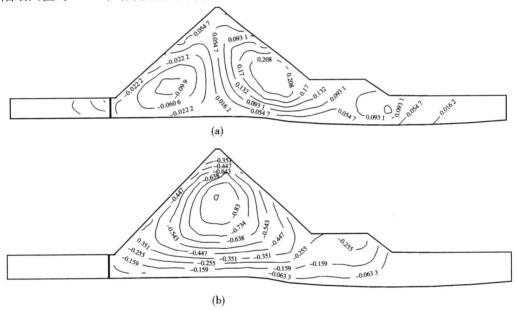

图5-9　典型剖面(D0 + 140 m)竣工期坝体和坝基顺河向位移、沉降等值线图　（单位:m）

(二)坝体应力

坝体的大小主应力最大值均发生在最大剖面坝基的深部。典型剖面(D0 + 140 m)和典型剖面(D0 + 196 m)运行期、竣工期坝体和坝基应力分布等值线图见图5-11和图5-12。竣工期和运行期坝基最大主应力极值分别为267 kPa和4 978 kPa,最小主应力极值分别为1 311 kPa和1 100 kPa。由应力水平等值线分布规律发现,竣工期面板下端垫层部位应力水平为0.20%,蓄水期上游坝壳应力水平等值线有所增大,尤其是面板下端以及趾板位置的垫层区应力水平上升到0.4%左右,说明上游坝坡满足坝体强度的要求,应有较大的安全富余,蓄水后上游坝脚不会受到破坏,面板是稳定的,蓄水后下游坝壳趾部以及195 m平台压变处应力水平变化不大,下部为0.6% ~ 0.8%,局部在0.9%以上,但范围不大,不会影响下游坝坡的稳定。

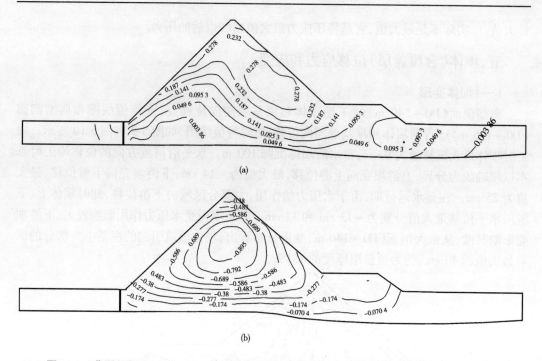

图 5-10　典型剖面(D0 + 196 m)运行期坝体和坝基顺河向位移、沉降等值线图　（单位:m）

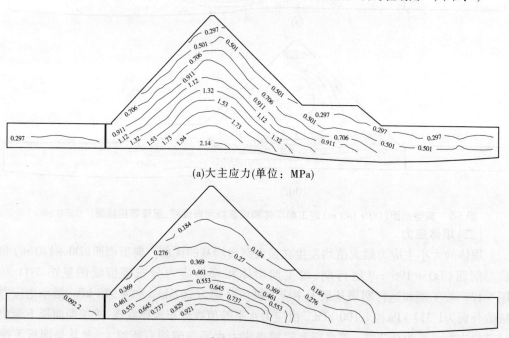

(a)大主应力(单位：MPa)

(b)小主应力(单位：MPa)

图 5-11　典型剖面(D0 + 196 m)竣工期坝体和坝基应力分布等值线图

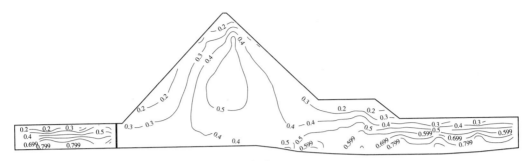

(c)应力水平(%)

续图 5-11

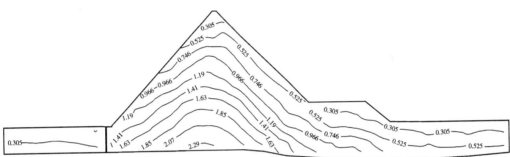

(a)大主应力(单位：MPa)

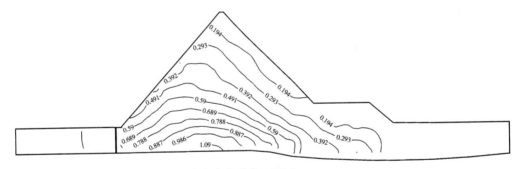

(b)小主应力(单位：MPa)

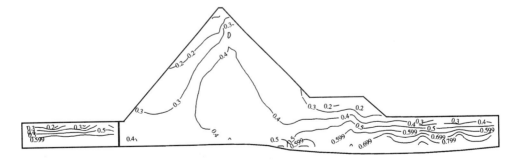

(c)应力水平(单位：MPa)

图 5-12　典型剖面(D0+196 m)运行期坝体和坝基应力分布等值线图

六、面板变形和应力

(一)面板的变形

面板宏观上呈"锅状"变形,其竣工期和运行期变形图见图5-13和图5-14。面板的轴向(沿坝轴线方向)表现为由两岸指向河谷。竣工期,左岸面板的水平变形指向右岸,最大值为29.3 mm,右岸面板的水平变形指向左岸,最大值为20.9 mm,面板顺坡向位移44 mm,面板最大挠度181 mm,大致位于河床中部最大坝高的底部。运行期,在水库水压力的作用下,面板最大挠度增大到396 mm,大致位于河床中部2/3坝高处,左右岸面板轴向位移的最大值分别为59 mm和46 mm,面板顺坡向位移134 mm,面板最大挠度发生在河谷中央面板的中心部位,整个面板在水压力的作用下成为一个略凹的曲面。由于河床部

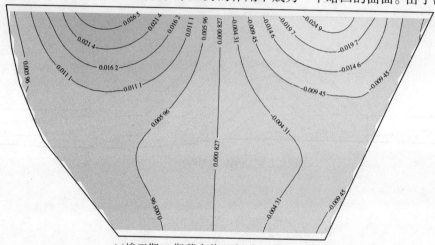

(a)竣工期(二期蓄水前)面板(表面)轴向位移

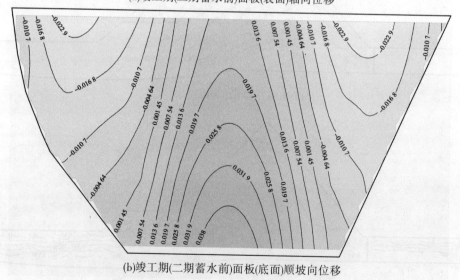

(b)竣工期(二期蓄水前)面板(底面)顺坡向位移

图5-13　竣工期面板挠度和轴向、顺坡向位移等值线图　(单位:m)

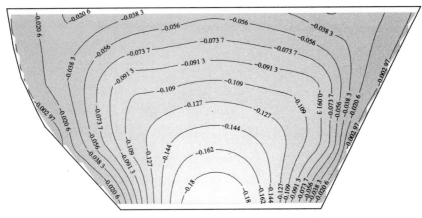

(c)竣工期(二期蓄水前)面板(表面)法向位移

续图 5-13

分趾板建造在覆盖层上,面板下端部的挠度也比较大,达到 362 mm。同时运行期由于面板受库水压力作用内陷,面板顶部也产生一定的位移,位移量最大达 158 mm,则面板与防浪墙之间接缝需要特别注意。

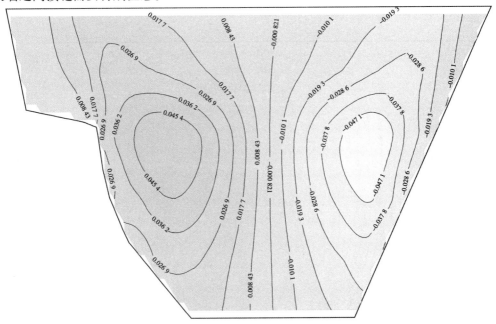

(a)运行期(二期蓄水后)面板(表面)轴向位移

图 5-14　运行期面板挠度和轴向位移等值线图　(单位:m)

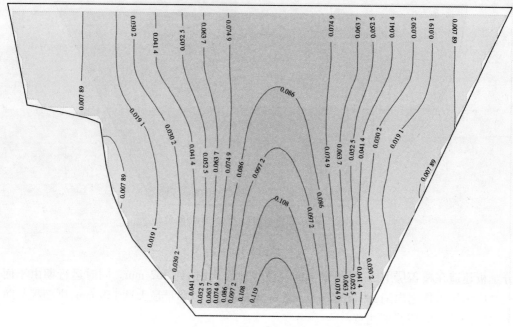

(b)运行期(二期蓄水后)面板(表面)顺坡向位移

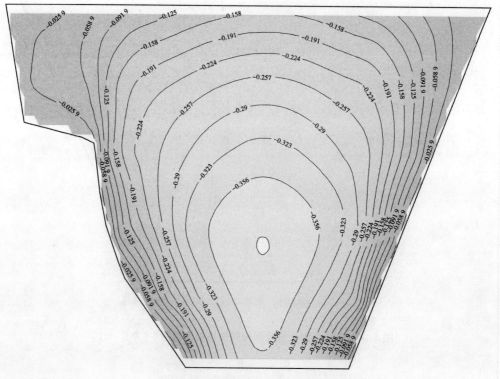

(c)运行期(二期蓄水后)面板(表面)法向位移

续图 5-14

(二)面板的应力

各工况的面板应力的分布见图 5-15 和图 5-16。竣工期面板轴向最大压力为 5.067 MPa,出现在河床中间的坝顶处。由于右岸岸坡比较陡,右岸面板边缘局部轴向产生拉应力,最大值为 −3.93 MPa,大部分面板顺坡向应力为压应力,最大值为 7.7 MPa,右岸附近面板顺坡向产生拉应力,最大值为 −0.015 MPa。由于河床部位趾板建造在覆盖层上,水

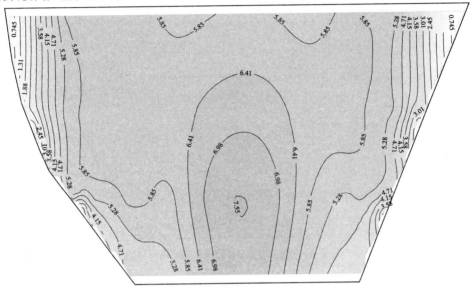

(a) 竣工期(二期蓄水前)面板(底面)轴向应力

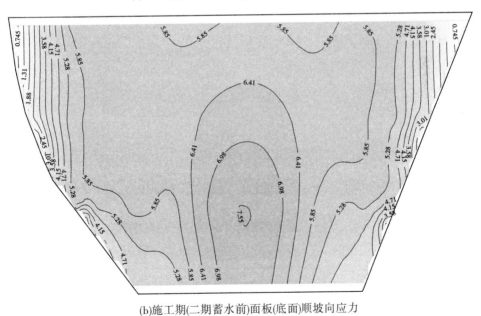

(b)施工期(二期蓄水前)面板(底面)顺坡向应力

图 5-15 竣工期面板轴向应力、顺坡向应力等值线图 (单位:MPa)

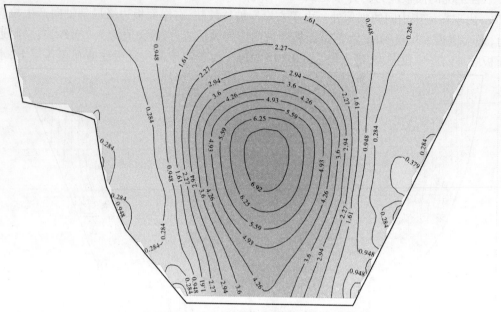

(a)运行期(二期蓄水后)面板(底面)轴向应力

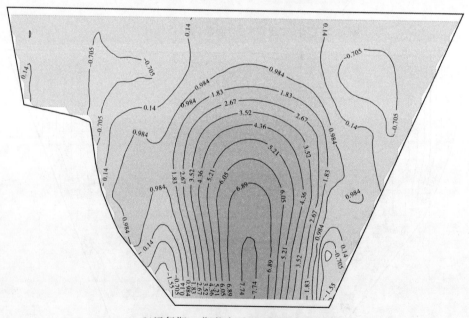

(b)运行期(二期蓄水后)面板(底面)顺坡向应力

图 5-16　运行期面板轴向应力、顺坡向应力等值线图　（单位：MPa）

库蓄水使面板产生较大的轴向位移和挠度,轴向位移指向河谷中央,故而运行期左右岸附近面板轴向应力产生拉应力,但很小,不超过 1 MPa,面板轴向最大压应力为 7.0 MPa,顺坡向最大压应力为 7.97 MPa,出现在河床中间偏右岸坝底处。面板运行期应力频率曲线见图 5-17。

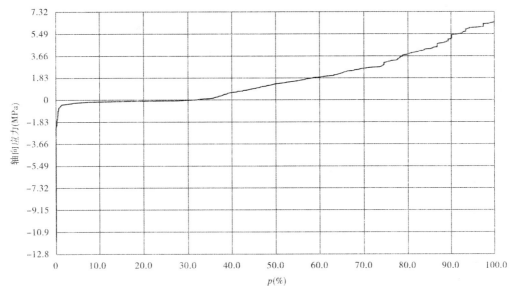

(a)运行期(二期蓄水后)面板(底面)轴向应力频率曲线

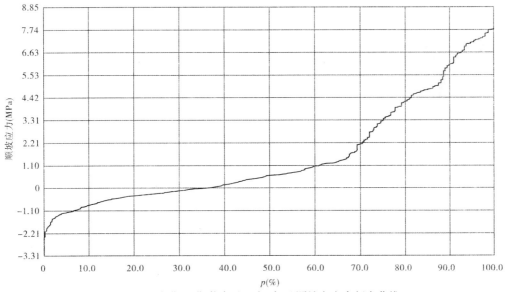

(b)运行期(二期蓄水后)面板(底面)顺坡向应力频率曲线

图 5-17　面板运行期应力频率曲线

七、趾板连接板变形和应力

(一)趾板连接板的变形

典型剖面(D0 + 140 m)防渗墙、连接板及趾板变形的示意图见图 5-18。在一期蓄水前,由于坝体填筑趾板向上游位移 13.64 cm,同时趾板发生 + 2.49 ~ − 1.93 cm 的沉降,一期蓄水后趾板向下游位移 695 cm;连接板表面向下游位移 20.52 cm,连接板底面向下游位移 18.71 cm,连接板上游段只有 − 0.6 cm 的沉降,连接板下游段有 − 9.08 cm 的沉降。二期蓄水前,趾板表面向下游位移 3.466 cm,趾板底面向下游位移 2.435 cm,同时趾板发生 − 7.15 ~ 16.76 cm 的沉降。连接板底面向上游位移 16.62 cm,连接板底面向下游位

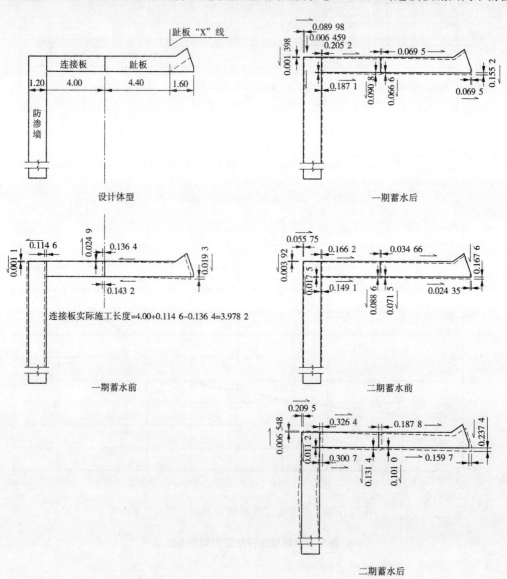

图 5-18　典型剖面(D0 + 140 m)防渗墙、连接板及趾板变形示意图

移14.91 cm,连接板上游段只有 -0.6 cm 的沉降,连接板下游段有 -8.86 cm 的沉降。二期蓄水后,在运行期由于水库水压力的作用,趾板和连接板向下游位移,趾板表面向下游位移18.78 cm,趾板底面向下游位移15.97 cm,同时趾板发生 -10.1～23.74 cm 的沉降。连接板表面向下游位移32.64 cm,连接板底面向下游位移30.07 cm,蓄水使连接板上游段沉降 -1.12 cm,下游段的沉降达13.14 cm。竣工期、运行期趾板和连接板沉降、位移等值线图如图5-19、图5-20 所示。

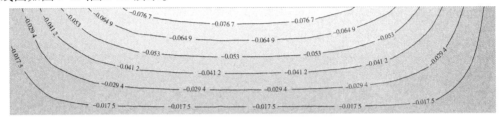

(a)二期蓄水前连接板(表面)沉降

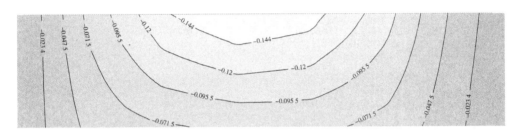

(b)二期蓄水前河床段趾板(表面)沉降

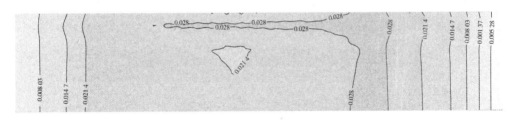

(c)二期蓄水前河床段趾板(表面)顺水流向位移

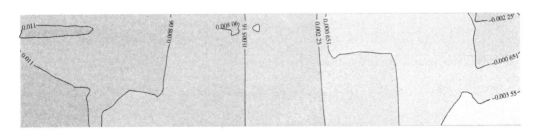

(d)二期蓄水前河床段趾板（表面）轴向位移

图5-19　竣工期趾板和连接板沉降、位移等值线图　（单位:m）

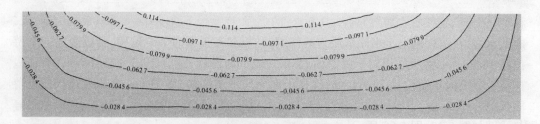

(a)二期蓄水后连接板(表面)沉降

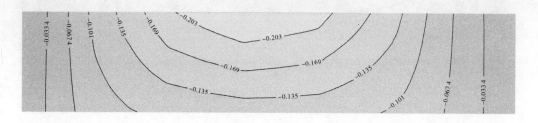

(b)二期蓄水后河床段趾板(表面)沉降

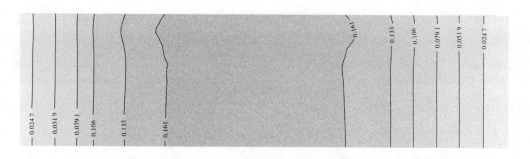

(c)二期蓄水后河床段趾板（表面)顺水流向位移

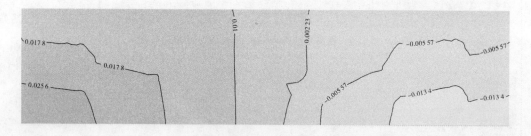

(d)二期蓄水后河床段趾板（表面）轴向位移

图 5-20　运行期趾板和连接板沉降、位移等值线图　（单位:m）

从以上位移数值看出,趾板的沉降比连接板大,运行期沉降有较大增加。竣工期趾板和连接板向上游位移,运行期趾板和连接板向下游位移,河谷中央趾板和连接板向下游位移较大,这是与作用水头较大相对应的。

(二)趾板、连接板的应力

竣工期、运行期趾板和连接板应力等值线图见图5-21、图5-22。连接板上游段与防渗墙接触部位的应力最大,最大主应力达12.1 MPa,最小主应力达–3.1 MPa。与面板相连的趾板主要承受压应力,最大主应力为8~10 MPa,其余部位拉应力均小于–1.0 MPa。

(a)二期蓄水前连接板(表面)顺水流向应力

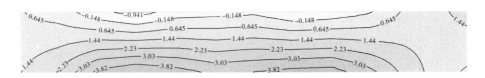

(b)二期蓄水前连接板(表面)轴向应力

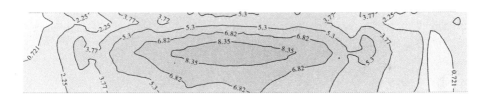

(c)二期蓄水前河床段趾板(表面)顺水流向应力

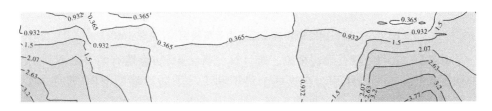

(d)二期蓄水前河床段趾板(表面)轴向应力

图5-21　竣工期趾板和连接板应力等值线图　（单位：MPa）

八、防渗墙变形和应力

(一)防渗墙的变形

防渗墙分布在桩号 D0 + 106. 34 m 至 D0 + 240. 00 m 之间,其中桩号 D0 + 118. 00 m

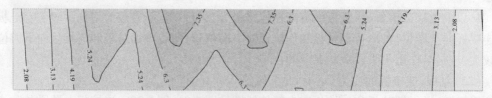

(a)二期蓄水后连接板(表面)顺水流向应力

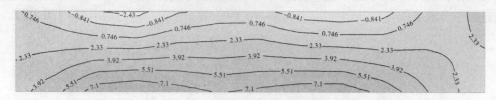

(b)二期蓄水后连接板(表面)轴向应力

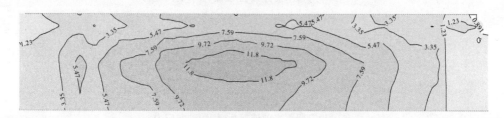

(c)二期蓄水后河床段趾板(表面)顺水流向应力

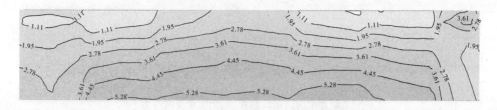

(d)二期蓄水后河床段趾板(表面)轴向应力

图5-22　运行期趾板和连接板应力等值线图　（单位：MPa）

至 D0 +230.00 m 之间为槽孔墙。根据三维计算分析结果,防渗墙有两个最不利工况,分别是一期蓄水前和二期蓄水后。在这两个最不利工况下防渗墙顺河向、竖向的变形见图 5-23 和图 5-24,轴向变形分布见图 5-25。从图上看出,一期蓄水前和二期蓄水后防渗墙顶的压缩沉降量很小,均小于 1 cm,远小于覆盖层的压缩沉降量。防渗墙顶顺河向位移,在一期蓄水前,向上游位移最大量 11.5 cm,最大值在剖面 D0 +170.00 m 处;在水库蓄水至正常蓄水位 275.00 m 时,防渗墙顶部向下游位移最大量 21 cm,最大位移发生在 D0 +170.00 m 剖面,水库蓄水使墙顶向下游净位移最大量 32.5 cm。防渗墙轴向变形很小,竣工期和运行期都是从河谷中央向两岸变形,变形很小都小于 1.0 cm。

（二）防渗墙的应力

防渗墙的上游面和下游面的应力特征值见表 5-8。

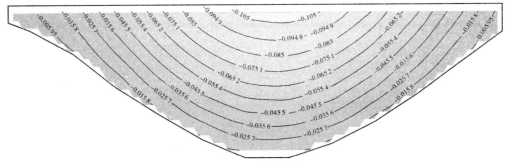

(a)一期蓄水前

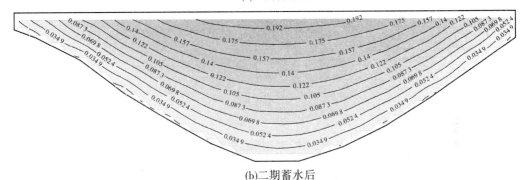

(b)二期蓄水后

图 5-23 防渗墙顺水流方向位移

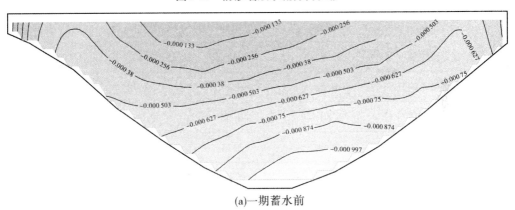

(a)一期蓄水前

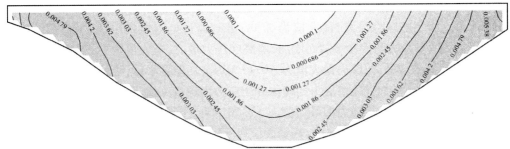

(b)二期蓄水后

图 5-24 防渗墙竖向变形

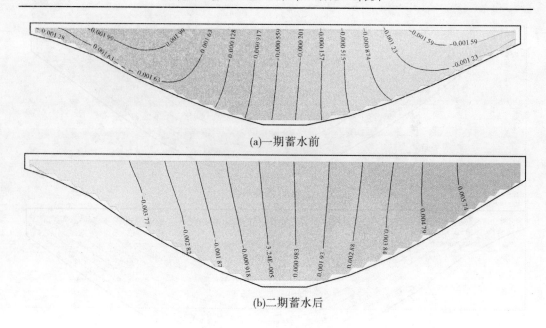

(a)一期蓄水前

(b)二期蓄水后

图 5-25　防渗墙轴向变形

表 5-8　防渗墙上下游面应力特征值　　　　　　（单位：MPa）

工况	一期蓄水前		二期蓄水后	
位置	上游面	下游面	上游面	下游面
垂直应力最大值	2.58	3.64	6.67	4.65
垂直应力最小值	-0.54	-0.17	-3.78	-1.88
轴向应力最大值	1.80	-0.58	2.76	2.41
轴向应力最小值	-3.60	-2.11	-3.84	-3.38

　　下面给出了防渗墙两个最危险的工况应力频率曲线（见图5-26），从应力频率曲线上可以看到小于某一数值的应力出现比例。在一期蓄水前，上游面垂直正应力随深度的增加逐渐增大，墙底部应力最大，最大值为2.58 MPa，墙顶处应力最小，最小值为-0.54 MPa。下游面垂直应力随深度增加而增加，墙底部压力最大，最大值为3.64 MPa，在两岸墙顶处局部存在拉应力，拉应力最大值为-0.17 MPa。二期蓄水后，防渗墙的垂直应力随深度增加而增加，上游面在距墙底1/3墙深处压应力出现最大值，最大值为6.61 MPa，在两岸墙顶处出现拉应力，拉应力的最大值为-3.78 MPa，下游面在墙底部出现最大值，最大值为4.65 MPa。两岸存在拉应力，其最大值为-1.85 MPa。防渗墙的轴向应力随墙身的增加逐步减小，上游面在下部和两岸墙顶处存在拉应力，最大值为-3.84 MPa，下游面在下游存在拉应力，在墙底部存在应力集中情况，拉应力最大值为-3.38 MPa。

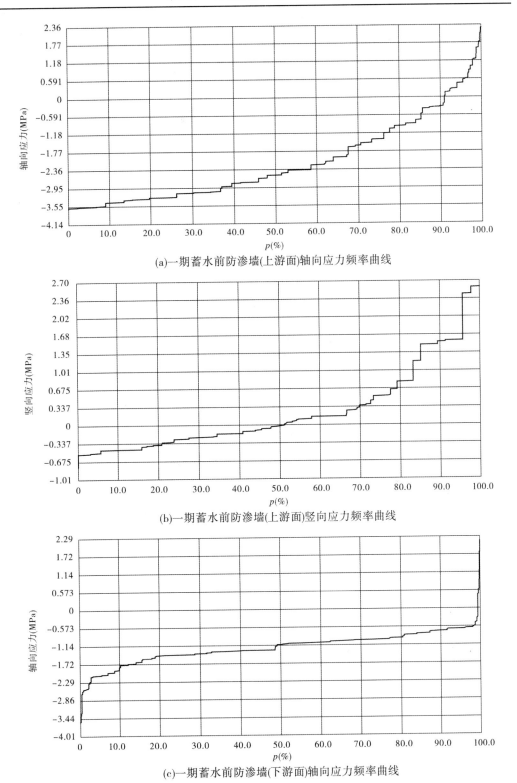

(a)一期蓄水前防渗墙(上游面)轴向应力频率曲线

(b)一期蓄水前防渗墙(上游面)竖向应力频率曲线

(c)一期蓄水前防渗墙(下游面)轴向应力频率曲线

图 5-26 各期防渗墙应力频率曲线

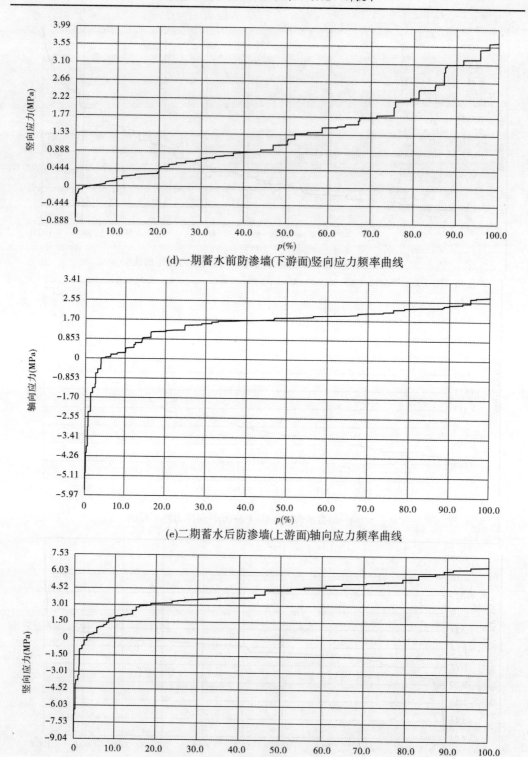

(d)一期蓄水前防渗墙(下游面)竖向应力频率曲线

(e)二期蓄水后防渗墙(上游面)轴向应力频率曲线

(f)二期蓄水后防渗墙(上游面)竖向应力频率曲线

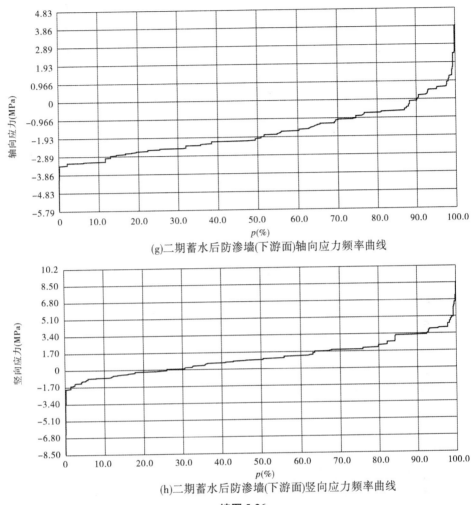

(g)二期蓄水后防渗墙(下游面)轴向应力频率曲线

(h)二期蓄水后防渗墙(下游面)竖向应力频率曲线

续图 5-26

九、接缝相对位移

二期蓄水后接缝相对位移值见表 5-9。

表 5-9 二期蓄水后接缝相对位移值

工况	相对位移最大值(单位)	设计体型,原参数	设计体型,变形模量 +15%	设计体型,变形模量 −15%
二期蓄水后	横缝错动量(mm)	24.0	22.3	27.5
二期蓄水后	横缝相对沉降量(mm)	28.2	24.0	29.8
二期蓄水后	横缝张开量(mm)	15.4	13.8	16.9
二期蓄水后	周边缝错动量(mm)	27.3	26.1	32.9
二期蓄水后	周边缝相对沉降量(mm)	37.6	34.4	42.3
二期蓄水后	周边缝张开量(mm)	51.3	42.9	61.8

续表 5-9

工况	相对位移最大值(单位)	设计体型,原参数	设计体型,变形模量 +15%	设计体型,变形模量 -15%
二期蓄水后	趾板－连接板错动量(mm)	50.8	44.0	59.2
二期蓄水后	趾板－连接板相对沉降量(mm)	11.0	6.9	15.2
二期蓄水后	趾板－连接板张开量(mm)	15.8	12.0	14.2
二期蓄水后	连接板－防渗墙错动量(mm)	19.0	16.6	21.9
二期蓄水后	连接板－防渗墙相对沉降量(mm)	10.5	9.1	11.8
二期蓄水后	连接板－防渗墙张开量(mm)	3.0	2.4	4.8

(一)周边缝的变形

大坝运行期周边缝变形如图 5-27 所示。在蓄水期,河床部位周边缝的张开位移最大 51.3 mm(左岸拐点处)、相对沉降量最大 37.6 mm(右岸高边坡处,指向坝内)、切向错动位移最大 27.3 mm(右岸高边坡处,指向河床)。右岸岸坡较陡,因而沿缝长错动量较大,达 27.3 mm,右岸高边坡部位周边缝垂直缝长错动和相对沉降量都较大。左岸岸坡变化部位周边缝张开量也较大,达到 18~32.7 mm。

(二)面板横缝的变形

从图 5-28 中可知,大坝运行期面板横缝的变形情况,蓄水期,垂直缝张拉区和张拉量,由于是半轴向位移指向河谷中央,两岸附近面板的垂直缝必然张开,其张开量一般为 1~7 mm,右岸开挖高边坡较大的附近面板垂直缝张开量大,为 5~13.3 mm。河床部位趾板建在覆盖层上,这部分面板底部的垂直缝也有一定的张开量,但较小,一般为 1~5 mm,面板相对沉降不大,一般为 0.2~1 mm,沿缝长的剪切错动量值较大,尤其是在一期面板其值一般为 10~20 mm,最大达 23.9 mm。

(三)防渗墙与连接板之间的接缝的变形

大坝蓄水期,趾板与连接板,连接板防渗墙接缝变形如图 5-29 和图 5-30 所示,竣工期在坝体自重作用下,以及运行期在库水压力作用下,防渗墙连接板和趾板一起先向上游后下游位移,向河谷中央的轴向水平位移相对较小,故而防渗墙与连接板、趾板与连接板之间接缝的轴向水平错动不大。蓄水期防渗墙与连接板、趾板与连接板之间接缝的轴向水平错动为 3.8~17 mm。但在坝体自重和库水作用下,防渗墙连接板和趾板发生不均匀沉降较大。故而这些接缝垂直错动变形较大,尤其是连接板与趾板发生不均匀沉降较大,蓄水期防渗墙与连接板、连接板与趾板之间的最大垂直错动量分别为 17.5 mm、11 mm。

不同时期防渗墙、趾板与连接板之间接缝的变形值如表 5-10 所示,从表 5-10 中可以得知,防渗墙与连接板、连接板与趾板之间接缝的变形是依次递增的。

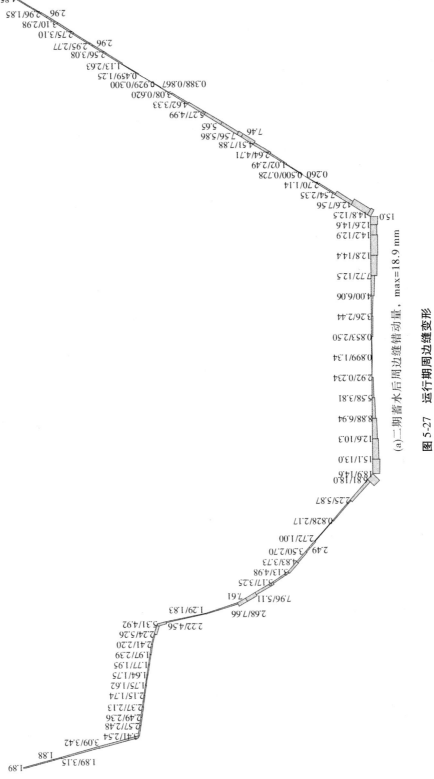

(a)二期蓄水后周边缝错动量，max=18.9 mm

图 5-27　运行期周边缝变形

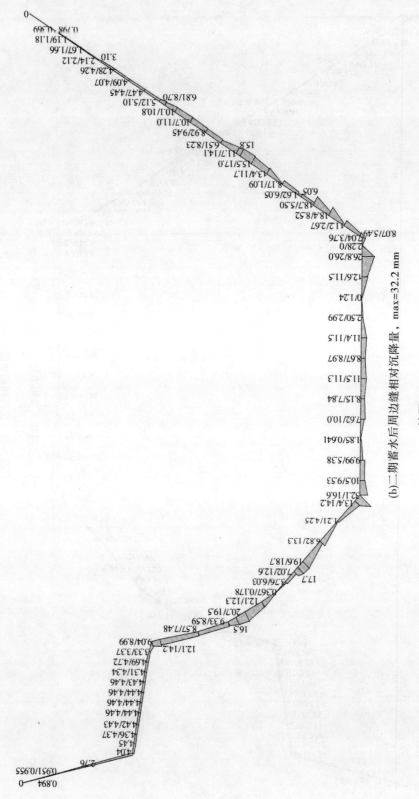

(b)二期蓄水后周边缝相对沉降量，max=32.2 mm

续图 5-27

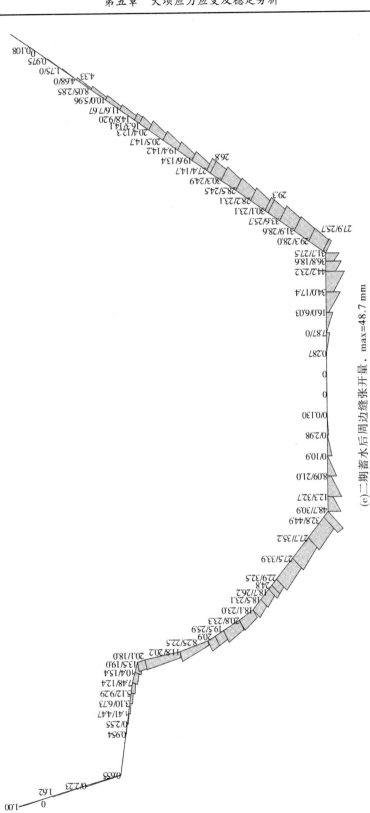

(c)二期蓄水后周边缝张开量，max=48.7 mm

续图 5-27

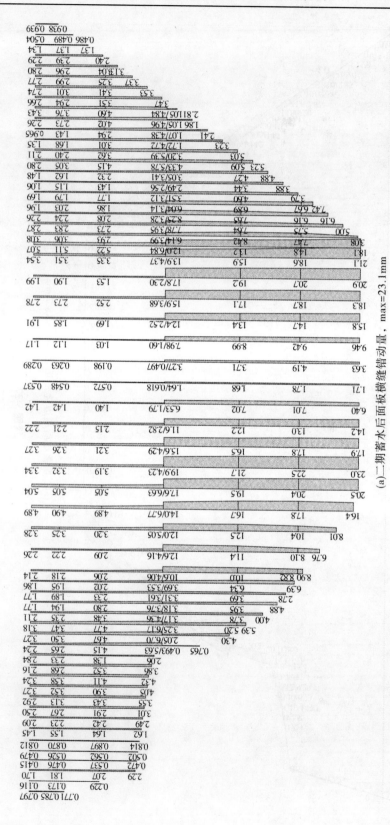

(a) 二期蓄水后面板缝横缝错动量，max=23.1mm

图 5-28　运行期面板板横缝变形

(b) 二期蓄水后面板横缝相对沉降量，max=19.7mm

续图 5-28

(c) 二期蓄水后面板横缝缝张开量，max=14.8 mm

续图 5-28

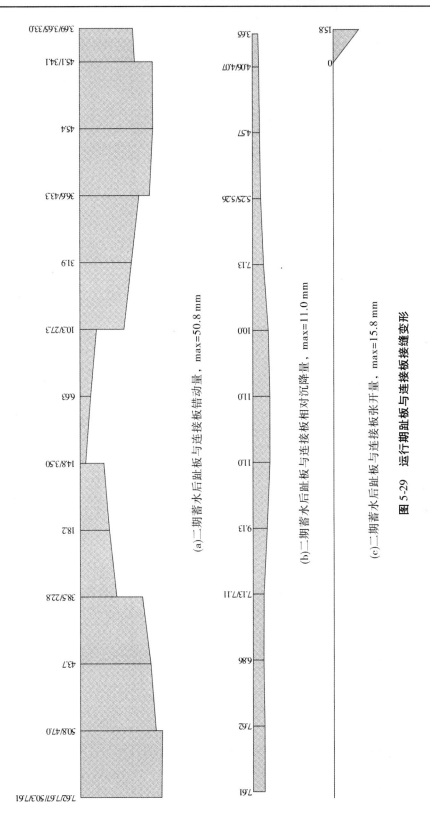

(a) 二期蓄水后趾板与连接板错动量，max=50.8 mm

(b) 二期蓄水后趾板与连接板相对沉降量，max=11.0 mm

(c) 二期蓄水后趾板与连接板张开量，max=15.8 mm

图 5-29 运行期趾板与连接板接缝变形

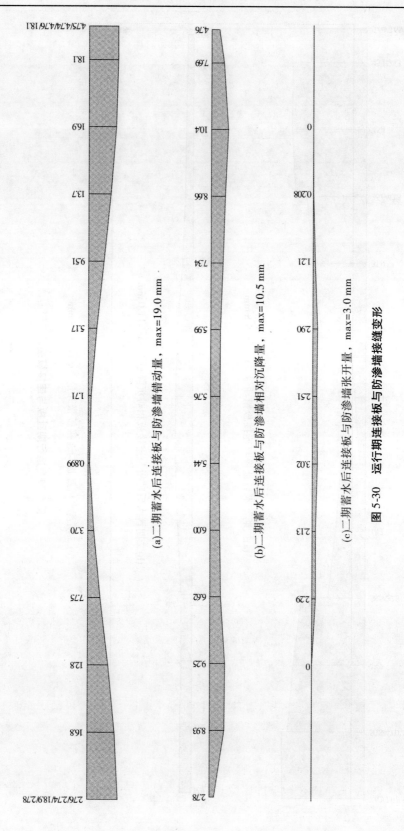

(a)二期蓄水后连接板与防渗墙错动量，max=19.0 mm

(b)二期蓄水后连接板与防渗墙相对沉降量，max=10.5 mm

(c)二期蓄水后连接板与防渗墙张开量，max=3.0 mm

图 5-30　运行期连接板与防渗墙接缝变形

表 5-10　防渗墙、趾板与连接板之间的接缝的变形值与察汗乌苏坝对比情况

（单位:mm）

水库名称和项目			河口村水库(D0 + 140 m)	察汗乌苏坝(D0 + 196 m)
防渗墙和连接板	竣工期	张开缝		0.7
		垂直错动缝		0.1
		水平错动缝		−0.1
	运行期	张开缝	3.0	0.3
		垂直错动缝	10.5	−0.1
		水平错动缝	19.0	0.0
连接板与连接板	竣工期	张开缝		0.0
		垂直错动缝		−2.6
		水平错动缝		0.0
	运行期	张开缝		0.0
		垂直错动缝		−5.0
		水平错动缝		0.0
连接板与趾板	竣工期	张开缝		0.0
		垂直错动缝		−10.8
		水平错动缝		0.0
	运行期	张开缝	15.8	0.0
		垂直错动缝	11.0	−43.3
		水平错动缝	50.8	−7.8

十、计算结果的评价

针对面板堆石坝关键的四个阶段(一、二期蓄水前后)进行了三维有限元的计算,关于两个体型的应力变形计算和参数的敏感性分析,有针对性地整理了详细的计算结果,归纳为以下几点:

(1)坝体应力位移情况处于正常状态,竣工期和蓄水期坝体应力水平代表值 0.5 MPa 左右。满足坝体强度要求,并有较大的安全富裕。覆盖层的应力水平相对较大,为 0.6 ~ 0.8 MPa,满足强度要求,仅在统计时发现防渗墙附近个别单元达到 0.95 MPa 以上,提示作为坝体基础的覆盖层可能在防渗墙周围存在局部的拉裂和剪切破坏,但范围很小对坝体和坝基的影响甚微。

(2)坝体竣工期沉降值为 0.90 m,坝体变形模量 ±15% 后,沉降值为 0.78 ~ 1.04 m,接近坝高的 1%,在正常范围。原设计体型和修改体型(趾板取值)对坝体应力变形的影响不大,对面板应力和周边缝的影响较为明显。

（3）蓄水后面板的变形呈锅底状，最大挠度 0.40 m，坝体变形模量 ±15% 后，最大挠度为 0.36～0.47 m。修改方案（趾板取值）对面板最大挠度没有明显的影响，与实测的资料对比：河口村水库大坝面板挠度值比国外的几座面板坝的实测值偏大，主要原因是受河床覆盖层的影响，坝体材料的变形计算参数和其他类似工程相比略偏小。

（4）二期蓄水后的面板应力统计值见表 5-11。由表 5-11 可见，面板的拉、压应力极值是比较大的。如果忽略 0.5% 范围的应力集中，则面板的拉应力在 1 MPa 以内、压应力在 8 MPa 以内。

表 5-11　　二期蓄水后面板应力统计　　　　　　　　（单位：MPa）

位置	变量名称	拉应力				压应力			
		极值	$p=0.5\%$	$p=1\%$	$p=2\%$	极值	$p=99.5\%$	$p=99\%$	$p=98\%$
表面	轴向应力	−3.721	−0.419 8	−0.313 8	−0.152 5	6.808	6.121	6.108	5.997
	顺坡应力	−1.077	−0.159 4	−0.104 5	−0.071 31	7.335	5.900	5.889	5.874
底面	轴向应力	−3.250	−0.229 7	−0.204 1	−0.163 8	7.571	6.126	6.091	5.897
	顺坡应力	−1.455	−0.373 8	−0.280 5	−0.226 5	5.955	5.892	5.873	5.790

面板应力的计算符合一般的规律，面板表面（迎水面）压应力稍大，顺坡拉应力和轴向压应力都未超过混凝土的抗压强度，计算结果显示轴向和顺坡向拉应力数值相差不大，但根据以往经验，面板的可能破坏形式主要是水平向裂缝，应该重点配置顺坡向钢筋，由于面板表面和底面应力相差不大，单层钢筋就能满足要求，如果布置双层钢筋，将两层钢筋网分别布置在 1/3、2/3 厚度处。理论和实践证明，配置在中部的防裂钢筋比表层钢筋更能防止贯穿性裂缝的产生。

（5）改变坝体和覆盖层的变形模量，对防渗墙的应力有一定的影响，但敏感性不强，以工期蓄水后下游面轴向应力为例，当变形模量 ±15% 时，拉应力值分别 ∓0.3 MPa 左右。

（6）河口村水库大坝工程防渗墙有两个最不利的工况，分别为一期蓄水前和二期蓄水后。一期蓄水前受坝体填筑影响向上游侧位移，位移最大值为 119 mm。二期蓄水后，受水压力作用向下游侧位移，位移最大值为 12 m。需要注意的是，填筑荷载的变形主要集中在河床中心附近。

蓄水前防渗墙以轴向应力为主要应力，从等值线图可见，蓄水前防渗墙的拉应力集中在河谷中间顶部。由于防渗墙受填筑位移和水压力交替循环作用，需要在厚度方向进行双层配筋。

（7）连接板以二期蓄水后为最不利工况，最大沉降量为 16 cm。连接板以底面轴向应力为主应力，分布比较光滑，最大拉应力 1.4 MPa。

（8）趾板是坝体填筑前浇筑的，和防渗墙类似，坝体填筑时河床段的趾板向上游位移，其位移量为 15.7 cm，蓄水后向下游位移，位移量为 10.2 cm。趾板的总沉降量为 26.6 cm。计算时考虑了河床趾板的分缝，与整体趾板相比，趾板分缝对其应力状态有极大的改善，而且缝的相对位移也在可以承受的范围内，最大张开量约为 21 mm。所以认为趾板分缝是十分必要的。

(9)各分缝的变形最大值出现在二期蓄水以后。原体型最大变形为趾板与连接板错动,为 31.9 mm。

参考上述相关的实测数据,河口村水库大坝工程的接缝相对位移的计算值在正常范围内。

十一、河口村水库大坝工程三维有限元静力计算结论

为充分了解坝体在各个运行工况下的应力和应变规律以及坝体与坝基覆盖层和混凝土防渗墙之间的相互作用关系,在计算分析中采用三维有限元静力计算,全面反映坝体与坝基,特别是防渗体系的应力变形特征(包括各种接缝变性的特点)其计算结论如下:

(1)河口村水库大坝高 122.5 m,竣工期和运行期最大沉降量分别为 93 cm 和 100 cm。竣工期上游部分坝体向上游最大水平位移 14 cm,下游部分坝体向下游水平位移 25 cm,运行期下游部分坝体向下游水平位移增大到 32 cm,竣工期和运行期坝体主应力最大值分别是 2.691 MPa 和 1.978 MPa,坝体应力水平代表值在 0.5 MPa 左右,坝体和坝基沉降、水平位移和应力的分布符合混凝土面板堆石坝的一般规律,坝体是安全的。

(2)面板的轴向位移指向河谷。运行期(施工期)左右岸面板轴向位移分别为 5.9 (2.93) cm 和 4.6(2.09) cm,由于河床部分趾板建在覆盖层上,面板底部最大挠度比趾板建在岩基上的要大,河口村面板堆石坝达到 36.2(18.1) cm,面板中部挠度达到 39.6 (14.6) cm 左右。覆盖层上面板堆石坝的面板变形和应力这一特殊值需注意,应适当增加面板的配筋,特别是增设轴向钢筋,而面板的变形特征和应力特征符合一般规律,面板是安全的。

(3)竣工期防渗墙最大压应力为 4 MPa,最大拉应力为 2 MPa,运行期防渗墙最大压应力为 12 MPa,最大拉应力为 2 MPa,均小于防渗墙混凝土 C35 的抗压强度 35 MPa 和抗拉强度 3.5 MPa,说明防渗墙的强度满足要求。

(4)无论是竣工期还是运行期面板的垂直缝和周边缝的变形由于趾板坐落在覆盖层上,相比其他工程均较大。运行期防渗墙顶向下游位移 20.9 cm,连接板上游段向下游最大位移 32.64 cm,趾板向下游最大位移 18.78 cm,防渗体系各结构物的位移基本上协调一致。除了地形和覆盖层厚度变化很大的部位,防渗墙—连接板—趾板—面板接缝的三项变位都不大。最大变形是连接板与趾板之间接缝的相对错缝,最大达 50.8 mm,从以上数值可以看出接缝位移虽较大,但也在止水的允许值范围内,只要选择好能适应该变形的止水结构和止水材料,覆盖层上混凝土面板堆石坝的防渗体系是安全的,是有保障的。

整体而言,计算结果表明,河口村水库大坝工厂的设计方案合理、可行。在施工过程中重视周边缝止水的设计以适应其较大的变形,同时加强盖重区的防渗功能,防止不确定因素导致止水损坏而造成渗漏过大。加强施工管理,严格控制度量,严防面板脱空和后期沉降过大。防渗系统的混凝土浇筑需要注意温控防裂,尽量安排在春季浇筑,并做好防冻保温措施,防止气温骤降导致混凝土裂缝。

第六章　大坝主要施工技术

河口村水库大坝地形、地质条件复杂,工期短,工程质量要求高,施工技术难度大,为了建设好河口村水库大坝工程,在工程前期研究论证阶段和施工阶段,设计单位、建设单位针对大坝施工开展了大量的工作,重点对导流与度汛措施、施工程序、河床覆盖层处理、料源开采、坝体填筑、面板浇筑、止水安装、反向排水施工、基础处理、边墙施工及施工管理进行了研究,并形成了一整套超高面板坝及深覆盖层处理的施工技术,并成功用于河口村水库工程的建设之中。

第一节　施工导流与坝体度汛

在水利水电枢纽的建设中,施工导流及度汛是施工方案的重要组成部分,涉及坝体的各工序的施工总进度。如施工导流度汛发生事故,不仅会影响施工部署、施工总进度和工程质量,而且危及人民生命财产的安全,因此国内外水利水电工程施工中,都对导流度汛工序十分重视。

混凝土面板堆石坝一般建于峡谷地段,在施工中利用堆石体抗冲刷和抗渗透破坏能力较强的特点,多采用一次断流和隧洞导流的方式,许多情况下可以采用低围堰截流、高强度填筑坝体临时断面挡水的方式度过。第一个汛期,由于基坑中趾板、面板、坝体填筑三项结构施工互不干扰,截流前可以做许多工作以减少截留后的基坑工作量,可以合理安排各分部工程的施工程序以争取更多枯水期的有效工作日。大坝堆石体断面单一,便于高强度填筑,以及不怕基坑受水淹没等因素,使堆石体挡水度汛成为现实可行,从而取得较大的经济效益,有利于快速施工。

下面介绍河口村水库工程导流前的基本要求。

一、导流洞工程

(1)导流洞从进口、洞身到出口所有建筑物应该全部完成,混凝土建筑物均达到设计龄期,具备通水条件。

(2)完成导流洞进出口围堰拆除及清理,使导流洞过流通畅。

(3)完成上下游土石围堰的岸坡清理。

(4)截流戗堤预进占,并加固裹头。

(5)完成围堰填筑备料(包括土料场的征地及开采准备、石渣块石填筑料的备料)。

(6)围堰闭气及基坑抽水设备进场。

(7)截流及围堰工程的支线道路已完成,并能满足高强度填筑要求。

(8)完成围堰一期混凝土防渗墙的施工。

二、大坝工程

（1）为避免截流后施工对大坝上、下游围堰及基坑施工产生干扰,应在截流前完成左右岸坝肩以及坝基水上部分高程 175 m 以上坝基及趾板基础距趾板岸坡开挖及支护的施工。

（2）截流前应完成大坝基础处理高压旋喷试验和基础部分高压旋喷桩加固处理。

（3）完成大坝骨料加工场的建设;完成大坝基础反滤料,大坝上游、面板下垫层料等部分填筑的备料工作。

三、导流的方式

施工导流的方式,一般有两类:

（1）河床外导流。即用围堰一次拦断全部河床,将河道的水流引向河床外的明渠或隧洞等导向下游。

（2）河床内导流。采用分期导流,即将河床分段后用围堰挡水,使河道的水流分期通过被束窄的河床或坝体底孔、坝体缺口、坝下涵管厂房等导向下游。

水利水电工程的施工导流与度汛通常划分为以下 3 个阶段:

（1）初级阶段。指基坑在围堰的保护下进行抽水、开挖、地基处理及坝体初期施工填筑的阶段,在此阶段中汛期完全靠围堰挡水。

（2）中期阶段。指随着坝体高度的上升到高于围堰高程能够挡水或坝体过水后再填筑升高到挡水,直到导流泄水建筑物封堵。

（3）后期阶段。指从导流泄水建筑物封堵到水利水电枢纽基本建成,永久泄洪建筑物具备设计泄水能力,工程开始发挥效益。

总之,一个完整的施工导流方案,应以适应围堰挡水的初期导流、坝体挡水的中期导流和施工期运行挡洪蓄水的后期导流等不同导流阶段的需要。

河口村水库工程的导流方案采用河床一次断流、非汛期导流洞导流、枯水期围堰挡水、主体建筑物施工、汛期导流洞和 1#泄洪洞联合泄流坝体挡水的导流方式。

四、围堰的设计

（一）围堰设计的基本要求

围堰设计不仅要考虑安全问题,还要选择最优高度,即根据风险度分析来确定导流工程的规模,其中包括围堰的规模和使用过程。

（二）围堰高度的确定

围堰高度应根据设计水位加安全超高值求得。

（1）不过水的围堰高程,应不低于设计洪水的静水位加波浪高度,其安全超高位应不低于表 6-1 中所列的值。

过水围堰顶部高程按静水位加波浪高度确定,不需要另加安全超高值。

（2）土石围堰防渗体顶部高程应在设计洪水位以上的超高值,对于斜墙式防渗体为 0.6 ~ 0.8 m,对于心墙式防渗体为 0.3 ~ 0.6 m。

表 6-1　不过水围堰堰顶安全超高的下限值　　　　（单位:m）

围堰形式	堰顶级别	
	Ⅱ ~ Ⅳ	Ⅳ ~ Ⅴ
土石围堰	0.7	0.5
混凝土围堰	0.4	0.3

（3）考虑涌浪或折冲水流的影响,当下游有支流顶托时,应组合各种流量顶托情况,校核围堰顶的高度。

（4）对北方可考虑河流的冰塞、冰坝造成的壅水高度。

（三）围堰位置的确定

围堰位置根据坝址的地形、地质条件确定,在主体工程的开挖区之外,必须考虑坝基开挖和排水对围堰稳定性的影响,以及可能发生的临时加高和后期拆除等问题。

（四）围堰的构造

对围堰的构造要求是:①具有足够的稳定性、防渗性、抗冲性及一定的强度。②造价低,最好就地取材,工程量少,构造简单,修建维护拆除较方便。③围堰之间的接头以及与岸坡的连接要安全可靠。

（五）河口水库围堰的设计和布置

1.围堰的布置

考虑基坑开挖放坡,并留有适当距离,以保证围堰坡脚的安全,同时应满足开挖出渣、坝基处理等下基坑所必须的施工道路的布置需要,还应结合截流龙口位置的选择进行布置。根据以上要求,上游围堰布置在坝轴线上游约 300 m 处。

2.上游围堰的设计

上游围堰设计按使用年限为截流后第一个枯水期和第二个枯水期,挡水时段为 11 月至次年 6 月,上游围堰挡水位 185.0 m,考虑波浪爬高和安全超高后,确定围堰顶高程 187.0 m,最大堰高 11.0 m,堰顶轴线长约 150 m,堰顶宽 10 m,堰顶上游坡度 1:2.0、下游坡度 1:1.8,堰体采用大坝岸坡开挖石渣填筑,采用黏土心墙防渗,基础防渗采用混凝土防渗墙防渗。

3.截流

1）截流时段的选择

黄河一级支流沁河河段 7 ~ 10 月为汛期、11 月至次年 6 月为枯水期、11 ~ 12 月为退水期且流量明显减小;根据导流洞施工进度安排施工,分析洪水和 11 ~ 12 月的月、旬平均流量成果,截流流量相差不大;又因大坝一期施工强度较大、工期较紧,故初步确定汛末 10 月中旬截流,实际截流日期应根据天然来水情况以不大于选择的截流流量标准确定。

2）截流流量的选择

根据《水利水电工程施工组织设计规范》(SD 338—1989),参照黄河一级支流沁河河段的水文特性和工程施工进度要求,选择截流的设计标准为 11 月 10 年一遇旬平均流量,即截流流量为 46.1 m³/s。截流不同流量的标准见表 6-2。

表 6-2 截流不同流量的标准

时段	$p=20\%$ 月、旬平均流量（m^3/s）	$p=10\%$ 月、旬平均流量（m^3/s）
11 月	26.0	38.2
12 月	16.2	22.7
11 月上旬	31.3	46.1
11 月中旬	29.6	41.8
11 月下旬	16.3	27.9
12 月上旬	24.1	32.5
12 月中旬	7.7	12.9
12 月下旬	16.2	22.6

通过对不同时段的截流标准进行分析及截流水力学计算，截流设计标准采用截流时段 10 年一遇旬平均流量，即 11 月上旬截流，截流流量为 46.1 m^3/s。

3）截流戗堤的布置

截流戗堤为围堰的组成部分，根据当地条件和水文情况，经研究，先期进行河道清理，使围堰上游流水从主河槽流向下游围堰，从右岸向左岸进占至主河槽边，填筑至 180 m 高程。在围堰上游侧按戗堤断面沿 30°夹角向上游继续进占，同时左岸按相同方式进行预进占填筑至主河道岸边，预留龙口 30 m。截流戗堤设计断面为梯形，堤顶宽 15 m，可满足进占施工时 2~3 辆 15~20 t 自卸汽车同时抛投的要求。戗堤顶高 180 m，上下游边坡 1:1.5，进占方向堤头边坡为自然边坡。

4）龙口宽度的确定

龙口宽度的确定不仅需要考虑渣场粒径情况和预进占流速、减少预进占材料的流失量、减少预进占段中石的用量，同时也应考虑龙口截流的总工程量不宜过大，抛投强度适中，减少截流施工和施工组织的难度，综合分析上述各种原因的影响后，确定龙口宽度为 30 m。

5）截流时的水力计算

随着立堵龙口宽度的束窄，龙口泄量和导流洞分流量随时间而变化，合龙口过程中：

$$Q = Q_g + Q_d$$

式中：Q 为截流设计流量，m^3/s；Q_g 为龙口流量，m^3/s；Q_d 为泄水建筑物分流量，m^3/s。

龙口泄流能力计算公式为

$$Q_g = m\overline{B}\sqrt{2g}H_0^{2/3}$$

式中：$\overline{B}$ 为龙口平均过水宽，m；H_0 为龙口上游水头，m；m 为流量系数，取 0.35。

6）龙口平均流量计算

戗堤断面为计算断面，龙口泄流为自由出流，戗堤轴线断面处水深为临界水深，龙口泄流为淹没出流，戗堤轴线断面处水深为下游水深，计算相应的过水断面面积。龙口平均流速计算公式为

$$v = \frac{Q_g}{A_g}$$

式中:v 为龙口平均流速,m/s;A_g 为过水断面面积,m^2。

7)截流时水力计算结果

截流过程中龙口进占至 20 m 时,由梯形龙口过渡至三角形龙口,龙口最大平均流速为 3.93 m/s,最大单宽流量为 11.37 m^3/s,最大单宽能量为 28.34 tm/(s·m),最大落差为 4.32 m。截流龙口水力特性指标如表 6-3 所示。

表 6-3　截流龙口水力特性指标

龙口宽度 (m)	上游水位 (m)	龙口流量 (m^3/s)	龙口平均流速 (m/s)	单宽流量 (m^3/s)	单宽能量 (tm/(s·m))	落差 (m)	当量直径 (m)
30	175.3	46.08	1.79	3.76	1.13	0.30	0.11
28	175.4	45.5	2.09	4.47	1.79	0.40	0.16
26	175.5	45.0	2.53	5.5	2.75	0.50	0.23
24	175.7	44.0	3.12	7.09	4.96	0.70	0.35
22	176.3	43.0	3.54	9.26	12.04	1.30	0.45
20	177.02	42.0	3.85	11.37	22.96	2.02	0.53
18	177.54	40.89	3.93	10.6	26.92	2.54	0.55
16	177.91	34.27	3.84	9.69	28.19	2.91	0.53
14	178.19	28.27	3.78	8.89	28.34	3.19	0.51
12	178.39	23.5	3.77	8.19	27.77	3.39	0.51
10	178.53	19.97	3.55	7.18	25.35	3.53	0.45
6	178.85	12.09	1.88	4.22	16.24	3.85	0.13
2	179.22	0	0	0	0	4.22	0

8)截流时所需的材料数量

根据现场施工条件的具体情况,龙口中心考虑设在距离左岸约 35 m 的主河槽,根据截流水力学计算,可得到合龙过程中不同龙口宽度的水力指标、各区抛投料块径及数量(见表 6-4)。

在截流过程中,不同龙口宽度对应不同的龙口流量和流速。截流时抛投不同粒径的块石,有不同的稳定流速。根据龙口流速,计算该流速下块石稳定的当量直径,其计算公式如下:

$$D = \frac{\gamma v^2}{2g(\gamma_w - \gamma)} K^2$$

式中:D 为块石的直径,m;K 为综合稳定系数;v 为计算流速,m/s;γ_w 为块石容重,t/m^3;γ 为水的容重,t/m^3。

4.围堰的施工

1)围堰的施工时段

定于 2011 年 10 月 3 日至 5 日清基,10 月 5 日至 19 日临时戗堤及围堰填筑,10 月 20 日龙口合龙(截流),10 月 21 日围堰抛土闭气及基坑抽排水,10 月 21 日至 25 日围堰增高加宽。

表6-4　截流抛投料块径及数量

序号	分区		龙口宽度（m）	进占长度（m）	抛投工程量（m³）	抛投料（m³）			
						小石（≤0.4 m）	中石（0.4~0.7 m）	大石（≤0.4 m）	特大石（≤0.4 m）
1	预进占	左岸		20.0	1 680	1 680			
		右岸		20.0	1 680	1 680			
		小计			3 360	3 360			
2	龙口段	Ⅰ区	30~26	40.0	358	322	36		
		Ⅱ区	26~10	4.0	1 268	696	429	143	
		Ⅲ区	10~0	16.0	894	805	89		
		小计			2 520	1 823	554	143	
合计					5 880	5 183	554	143	
备料					7 644	6 737	665	172	

2）施工截流的方式

根据现场实际条件，选择双向立堵自右岸向左岸单向进占的截流方式。

3）截流料源的规划及备料数量

（1）围堰填筑的料源就地取材，砂砾石混合料、石渣料、块石料均为清理左右岸坝肩的料，黏土心墙土料由堆石料场供应。围堰填料规划数量如表6-5所示。

表6-5　围堰填料规划

填筑部位	填筑材料	材料来源	备注
上游围堰	砂砾石混合料	2#临时堆料场回采基坑开挖	开挖料直接上堰
	块石料	河口村石料场	备料
	石渣料	2#临时堆料场回采基坑开挖	开挖料直接上堰
	壤土	松树滩土料场、谢庄土料场	石料场附近土料场

（2）备料量：上游围堰设计为黏土心墙围堰，其填筑方量为5.09万 m³，其中黏（壤）土为0.57万 m³，其余为石渣和块石。

4）围堰的施工方法

先在围堰位置放样进行基础清理，将混凝土截渗墙两边清理出4 m×1 m的断石，然后在其范围外填筑上下游石渣。断面尺寸按设计进行，在两边石渣断面内回填黏土，水下部分采用水中倒土、水上部分采用分层碾压，压实度按试验结果0.94控制，与上下游填平后，一起上升至设计高程。达到龙口高程后进行截流，截流后立即进行戗堤培高加厚，上游迎水面进行闭气，组织排水抽水工作，围堰全断面填筑至187 m高程。

5）所有机械配备和截流强度

机械配备见表6-6。

表 6-6　机械配备

序号	机械设备名称	型号	数量	单位	备注
1	挖掘机	PC360	4	台	1 000 m³/d,两大班
2	自卸汽车	奔驰 15 t	40	辆	3 037 m³/d,运距 1 km
3	推土机	TS140	2	台	

截流的填筑强度:$(4.042 + 0.588)$ 万 $m^3 \times 1.18$(松散系数)$/16$ d

　　　　　　　　$= 3\ 414.6\ m^3/d$。

截流戗堤石块抛填强度:$2\ 520\ m^3 \times 1.2$(考虑 20% 冲失)$/1$ d $= 3\ 024\ m^3/d$。

6)截流期安全监测

截流后就有部分工程投入使用,即导流洞开始泄流,为了及时安全地掌握工程实际运行状态,对于已经埋设的仪器未观测的项目及时开始观测,并指定专人巡视记录,为工程的安全运用提供可靠的依据。

截流龙口分区图、上游围堰施工断面示意图和施工平面示意图如图 6-1 ~ 图 6-3 所示。

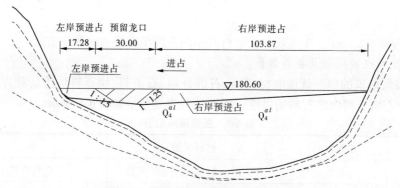

图 6-1　截流龙口分区图　（单位:m）

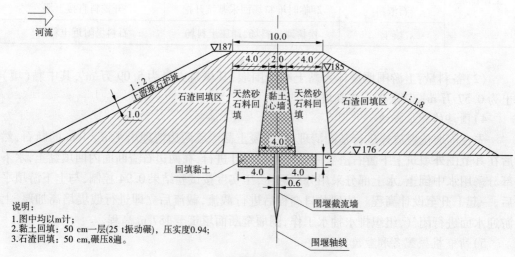

说明:
1.图中均以m计;
2.黏土回填:50 cm一层(25 t振动碾),压实度0.94;
3.石渣回填:50 cm,碾压8遍。

图 6-2　上游围堰施工断面示意图

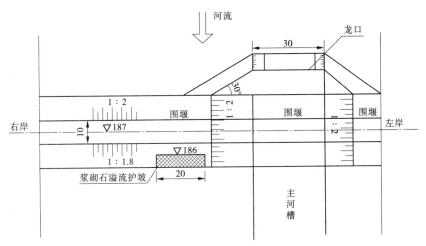

图 6-3 上游围堰施工平面示意图 （单位:m）

第二节 大坝填料的先期工作

混凝土面板堆石坝的具体填筑是面板坝的主要分项工程。由于堆石坝坝体是是构成面板坝的主体,如何优质高效地将坝体保质保量地填筑是影响整个工程质量、造价和工期的关键问题。故在施工中必须充分研究坝体填筑的施工工艺、设备配备和施工组织,以实现大坝填筑施工的优质高效,达到创优工程标准。

一、混凝土面板堆石坝坝体填筑的特点

(1)堆石坝填筑不受气候的影响,雨季和冬夏季一般均可以正常施工,只有当降雨影响道路湿滑或机械操作以及坝面和路面积雪时才考虑停工,这可为争取较多的工作日创造条件。

(2)堆石坝虽然填方量大,但可填筑强度高、断面简单、各工序干扰少、施工场面大,可以保证坝石稳定的填筑强度,其关键在于有稳定的料源供应和与其相适应的运输条件,因此必须对材料源及运输做出很好的规划,保证坝料的供应和道路的通畅。

(3)坝面坝体可以采用大型设备机械化施工,可以根据施工的需要在平面和立面上进行分期填筑,除要求垫层、过渡层和部分主堆石层平起外,并不限制任何部位设施工缝。由于堆石体填筑的灵活性,可为争取更多的工期、降低施工高峰强度、加快施工速度创造条件。

(4)施工强度是制订进度与措施方案和选择施工设备及数量、计算材料物质供应等的依据,应在保证按期达到各期目标的前提下,确定各个施工分期的施工强度,并力求使各期施工强度大致均衡。

施工强度的确定先根据设计要求,对堆石坝填筑施工分期,计算出各时段内的填筑工程量、有效施工人数,以此来计算日填筑强度。

①计算日填筑强度计算公式:

$$Q_t = \frac{V}{T}K_1$$

式中：Q_t 为日填筑强度（压实量），m^3/d；V 为某时段内的填筑方量，m^3；T 为某时段的有效施工人数；K_1 为施工不均衡系数，可取 $1.1 \sim 1.3$。

②计算日填筑运输强度计算公式：

$$Q_y = Q_t \frac{r_d}{r_0}K_2$$

式中：Q_y 为日运输强度（自然方），m^3/d；r_d 为坝体设计的干密度，t/m^3；r_0 为坝料自然的干密度，t/m^3；K_2 为运输损耗系数，可取 $1.0 \sim 1.02$。

③日坝料供应强度计算公式：

$$Q_w = Q_t \frac{r_d}{r_0}K_2 K_3$$

式中：Q_w 为日坝料供应强度（自然方），m^3/d；K_3 为坝料开采损耗系数，一般取 $1.03 \sim 1.05$。

在上述计算的施工强度基础上取施工高峰期的平均施工强度进行核算和综合分析，可参考实际工程的指标选用，根据本工程的条件计算可能的施工强度（即填筑强度）、作业面机械设备的能力、可能的运输强度和可能的供料强度。

①可能的填筑强度计算（按照上升层数计算）公式：

$$Q_t' = Snh\frac{r_d}{r_0}K_e$$

式中：Q_t' 为可能的填筑强度（压实方），m^3/d；S 为平均坝面面积，m^2；n 为日平均填筑层数；h 为每层铺料厚度，m；K_e 为堆料的松散系数，为松方与自然方密度之比，其值小于 1，一般为 $0.67 \sim 0.75$。

按照坝面作业机械设备的能力计算，可能的填筑强度计算公式：

$$Q_t' = N_a P_b m$$

式中：N_a 为碾压机械根据施工现场面选择的最多台数；P_b 为振动碾的生产率（压实方），$m^3/$台班；m 为每日工作班数，台班$/d$。

$$P_b = \frac{8nBUh}{N}K_t$$

式中：n 为效率因数，一般取 $0.85 \sim 0.95$；N 为碾压遍数；B 为振动碾压实有效宽度，等于碾轮宽减去搭接宽度 0.2 m；U 为碾压速度，km/h，一般可取 $3 \sim 4$ km/h；h 为碾压土层厚度，m；K_t 为时间利用系数，条件较好的取 $0.6 \sim 0.8$，条件困难的取 $0.4 \sim 0.6$。

②可能的运输强度，根据现场的运输线路的运输能力计算：

$$Q_y' = \sum N_i g \frac{TV}{L}$$

式中：Q_y' 为可能的运输强度（自然方），m^3/d；N_i 为同类运输线路的条数；g 为每台运输机械有效装载方量（自然方），$m^3/$台；T 为昼夜工作时间，min；V 为运输机械行驶平均速度，m/min；L 为运输机械行驶间距，一般为 $25 \sim 40$ m。

行车速度为 30 km/h 时,可能的运输强度根据运输机械能力计算,即

$$Q_y = \sum N_y P_y m$$

式中:N_y 为同类运输机械的台数;P_y 为运输机械的生产率(自然方),m^3/台班。

③可能的供料强度,根据挖掘机械的生产能力计算:

$$Q_w = \sum N_w P_w m$$

式中:Q_w 为可能的供料强度(自然方),m^3/d;N_w 为同类挖掘机台数;P_w 为挖掘机的生产率(自然方),m^3/台班。

二、坝体填筑的原则

由于面板堆石坝填筑方量大、施工强度高,在编制施工总进度计划时,应根据坝址地形、施工机械设备、导流与度汛要求等密切结合进行填筑规划。以施工导流为主导进行坝体施工分期,并与施工场地布置、上坝道路、施工方法、土石方挖填平衡和技术供应等统筹协调,拟定控制时段的施工强度,同时应考虑以下原则:

(1)填筑的计划应与大坝导流、度汛、面板施工相结合,尽可能使填筑施工连续进行。为了在短时间内达到坝体度汛挡水高程,可以先填筑坝体上游部分的小断面,汛期则可继续填筑下游部分坝体,面板可分期浇筑,在一期、二期面板浇筑后,坝体填筑可以继续进行不必中断,以保持施工的连续性。

(2)坝体的填筑可与枢纽建筑物的开挖结合起来考虑,尽可能使用开挖料直接上坝填筑,以减少二次倒运的工作量,争取挖填平衡。

(3)面板厚 20 ~ 30 cm 范围内的垫层,过渡料和堆石料应保持平齐上升。这一范围以内的堆石体可以在任何部位下施工。接缝要求其接缝的坡度不陡于 1:1.3,以保证填筑的堆石体的稳定和结合部位碾压。

(4)拟订几个施工方案和总进度计划,进行分析比较和优选,应尽可能用计算机程序进行优化计算,选定最为经济并现实可行的方案。

(5)在保证按期达到各个工期计划目标的前提下,力求各个施工分期的填筑强度比较均衡,尽量减小其高峰强度和平均强度的比值,避免使用过多的施工机械劳动力和过大规模的临时设施,以保证施工的均衡性。

(6)为充分利用截流后的施工时段,争取更多的工作日,截流后可先期填筑趾板线下游 20 ~ 30 m 范围外的堆石体,在此范围内的垫层、过渡料层和部分堆石体可待浇筑趾板后再填筑。

三、坝料的运输

面板堆石坝的运输设备是施工中的主要环节之一,由于坝面填筑一般不会控制进度,所以坝料的供应和运输是决定投资的关键。根据国内外工程类似资料的分析,堆石坝的运输作用占面板堆石坝整个建设作用的 55% ~ 62%,故选择确定运输机械的类型和数量、布置通畅的上坝输送道路、合理解决运输中的问题是面板堆石坝施工中的重要事项。

在国内外面板堆石坝工程的施工中,大坝坝料的运输机械主要是采用后卸式大型

（25～45 t）自卸汽车，其优点是运输量大、爬坡能力强、机动灵活、转弯半径小、卸料方便等。

（1）自卸汽车所选用的型号和载重量的情况，应根据工程量、运距、施工工期、道路条件等进行综合分析，并应考虑以下问题：

运输量的大小是决定汽车载重量的关键因素。如果坝体方量大，自卸汽车的载重量应大，以利于减少车辆的数量，但要保证上坝强度。对于小型工程一般选用 10～20 t 级自卸汽车，中型工程一般选用 20～30 t 级自卸汽车，大坝工程即坝体方量达到几百万方至亿方的工程，一般选用 30～45 t 级自卸汽车。在选用汽车时还应考虑现场的运输距离长短。总之，一般运距愈长，汽车载重量愈大愈经济。

（2）自卸汽车的台数或总的运输能力，应满足填筑强度的要求，而且由于高强度的机械化施工，机械设备的维修保养工作很重要，现场应有足够的机械维修力量，并配备足够数量的机械设备件，随时供应维修服务。

（3）自卸汽车的载重量应与挖掘机的斗容量相互配合，以充分发挥机械的使用效率。根据国内外面板坝料运输的经验，一般挖装的斗容量与自卸汽车箱容积的比值在 1∶4～1∶10 的范围内选择，当运距较短时，宜采用大斗容量的挖掘机装载，以加快装车速度，减少装车时间。

（4）由于面板堆石坝的坝料，按设计要求最大粒径达 80 cm，块重较大，一般均有棱角，故要求车厢具有良好的抗磨和抗压能力，所以要求车厢应具有耐磨的优质钢材和外形合适的车体。

（5）机械配件的供应应满足维修任务的要求，以便维修工人能在施工现场及时进行维修，不误工时。

（6）道路的基本要求。施工道路的好坏和路面条件直接关系到车速、循环时间、运量、运送单价、机械轮胎的使用寿命、司机工作情况及行车安全等。由于面板堆石坝坝体的填筑强度高、车流量大，故对现场施工道路的布置和质量、路况的要求高，其主要有以下几点：

①施工道路的线路布置。应根据现场的地形、枢纽的整体布置、填筑工程量的大小、施工进度的填筑强度、运输车辆的数量情况等来统筹布置场内的施工道路。由于往返双线路要求路面宽，错车频繁，在拐弯处要有足够的路宽，以确保行车安全，进出各料场和坝区时车辆穿插干扰小，不影响车辆运输的效率，所以要求施工运输坝料的施工道路应尽可能采用单向环形线路。在场地狭窄的地段，无条件布置单向环形线路的情况下，才布置往返双向线路。但在施工期间也可以随着坝体上升在坝体内或坝坡灵活地设置"之"字形上坝道路，以便最大限度减少坝体外的上坝道路。坝体内的上坝道路需根据施工填筑的需要随时变换，但要求在布置道路的部位预留下不陡于 1∶1.3 的坡度，以利于结合部位的碾压，在坝下选坡面上坝道路可以是临时的，在坝体填筑完成后再撤去，根据需要也可做成永久性的上坝道路。

②施工道路的设计标准。为了满足高强度施工填筑的要求，保证坝料运输畅通无阻，对道路的宽度、转弯半径、坡度路基和路石均需有一定要求。为了减少自卸汽车轮胎的损耗、提高汽车的利用率，道路的设计标准应按自卸汽车吨级和行车速度来拟定，一般应达

到Ⅲ级公路标准。路基应满足重型汽车行驶的要求,工地道路的设计标准可参考表6-7。

表6-7　工地道路的设计标准

项目	日本经验			国内堆石坝经验
	车速(km/s)			
	20	30	40	
道路宽度(m)	(32 t级)12	13.5	15	(18 t级)主干12、其他8~10
最小曲率半径(m)	30~50	40~60	40~75	15~20
最小车间距离(m)	30~40	40~55	60~80	30
最大坡度(%)		干线8、直线13		最大不超过6~8,一般不超过4~5
能见距离(m)		干线100、直线50		干线30~40、直线15~20

为了减小运输车辆的轮胎磨损、降低运输作用、避免交通事故的发生,应重视对施工道路的养护和维修。

四、坝面填筑工艺前的碾压试验

为了取得面板堆石坝的最优施工工艺参数、保证大坝质量,在现场拟采用所有筑坝材料进行填筑前的压实试验。

碾压试验一般在施工阶段进行,由于目前国内外堆石料填筑已积累了相当多的经验,也可以参照已有工程经验用类比法选定填筑标准和压实参数,然后在施工初期结合坝体填筑或专门进行施工条件下的试验,来验证和核实压实参数,以便提供给设计单位进行适当的调整。

(一)碾压试验的目的

(1)确定经济合理的施工压实参数,如铺层厚度、碾压遍数和加水量等。

(2)核实坝体填筑设计实际标准的合理性,如压实密度、孔隙率等是否能达到,当发现有出入时,可以根据试验的成果提出合理的建议,供设计单位核定施工控制的干密度标准。

(3)研究和完善填筑的施工工艺和措施。

(4)检验所选用的填筑压实机械的适用性及其性能的可靠性。

(5)确定压实质量控制试验的方法,积累试验资料。

(6)研究和完善填筑的施工工艺和措施。

(二)碾压试验的准备工作

(1)选定试验场地。应选在坝体以外、地基较平坦的地段,一般设在坝体下游范围以内进行,但以不影响施工总进度和填筑质量为前提,试验场地应平整和压实、排水通畅、道路通顺,以保证试验工作能正常进行。

(2)制订碾压试验大纲,确定压实机械、试验内容和试验方法,并分别对主堆石料、次堆石料、过渡料、垫层料进行碾压试验。

(3)熟悉面板坝设计和各种填筑区坝料的技术指标要求。

(4)进行周密的料场调查,并对各类堆石料源进行充分的了解,掌握各种料物的物理力学性能,以便选择有代表性料物进行试验。

(5)根据现场所选定的施工机具类型,备齐试验所用的设备工具,并对试验所用的筛分工具、取样套环、称量设备和供水设施等,详细了解其技术性能和参数,并检测其实际工况。

(三)碾压试验的内容和参数组合

1.碾压试验的内容

(1)研究主次堆石料80 cm、过渡料40 cm、垫层料20 cm的各自的压实效果。

(2)研究碾压遍数、行车速度、加水量,对各种所需填筑坝料的压实效果。

(3)研究大坝填筑质量的控制与检测方法。

2.各种参数的组合

在选择填筑碾压参数时,可参考下列数值,碾压层厚度:主堆石料60 cm、80 cm、100 cm,次堆石料80 cm、100 cm、120 cm,过渡料40 cm、60 cm,垫层料、小区料20 cm、30 cm、40 cm。

碾压遍数:可取6、8、10遍(主次堆石料),均采用振动碾压。

过渡料与垫层料可取静压2~4遍或动压4、6、8遍。

行车速度,常采用1(2~3 km/h)~2挡(3~4 km/h)。

加水量、主次堆石料可取0.5%、10%、15%,过渡料、垫层料可取0.5%、10%等几个参数。

在上述的各参数中,碾压层厚度和碾压遍数对工程质量和生产效率影响最大,试验时应选多个参数,以便求出碾压参数和压实干密度的关系曲线,便于优选。

(四)碾压试验的场地布置

碾压试验的场地面积最好不小于30 m×90 m,现场地形条件许可的话,也可采用大一些,如50 m×200 m,最小不能小于28 m×10 m,最基本的应保证在该场地中能按不同铺层厚度和碾压遍数布置试验单元面积,能使每个试验单元的厚度获得2个试样检查压实密度为宜。其宽度要能保证为振动碾宽的3倍,即长×宽约需10 m×6 m。按铺层厚度布置4组试验,组与组间距为8~10 m,最小4~5 m,每个单元还应布置方格网,以利测量压实沉降量。

(五)碾压试验的步骤与方法

1.试验的步骤

(1)平整和压实场地,要求表面不平整度不得超过±10 cm。

(2)检测振动碾的工作特性,如振幅、振动频率、减震气胎压力、碾重等参数。

(3)填筑各种试验料,并按计划确定铺层厚度。

(4)碾压。分别按计划规定的碾压遍数、行车速度和加水量进行试验。

(5)布置方格网点。用水准仪测量并记录其初始厚度与相对高程。

(6)测量压实沉降值,计算出每一单元的平均沉降值:

平均沉降量
$$\Delta h = \frac{\sum_i^n (h_i - h_i')}{n}$$

平均沉降率　　　　　　　　　$$\mu = \frac{\Delta h}{H} \times 100\%$$

式中：h_i 为碾压前各网格测点的相对高程，m；h_i' 为碾压后各网格测点的相对高程，m；n 为试验单元内的测点数；H 为试验单元的平均铺层厚度，m。

（7）取样检查：采用置换法挖坑用大环取样，以 2 个试样的平均值为准。

（8）测试加水量。

（9）试验结果可整理。

（10）碾压参数的分析和确定。

2.试验方法

铺层厚度按进占法铺料，用推土机平整。碾压采用前进后退错距法。

第三节　大坝的填筑工艺要求

大坝坝面作业包括铺料、平整、洒水、碾压四道主要工序，另外还有超坡面处理、垫层上游坡面整理、挤压边坡施工或斜坡碾压及防护、下游护坡铺设坝面反向排水的安装等工作。为了提高工作采用流水作业法，组织施工，即把整个坝面划分为若干个大致相等的填筑块，在填筑块内依次完成填筑的各道工序，使所有的工序能够连续不断地进行。但要注意工作面积的大小应随填筑高程来划分，并保持平起上升，避免形成超压或漏压等。

一、坝料的铺填要点

堆石坝料由自卸汽车运到坝面填筑区后，应采用推土机摊铺整平，摊铺的方法主要有进占法、后退法及混合法三种。

进占法铺料是汽车逐步向前卸料，然后推土机随即整平。其优点是容易整平和控制堆石料的层厚，为重车和振动碾行驶提供较好的工作面，有利于减少推土机履带和汽车轮胎及碾压设备的磨损。缺点是容易使石料分离，在每层已铺好的表面上推土机推一小段距离可以使大块石在填筑层的下部，小石及细料在上部，压实密度也不同。这种方法对主、次堆石料比较适合。但过渡料与垫层料是不允许分离的，靠近过渡料的主堆石料也是不允许大块石有集中和架空现象。

后退法铺料是运料汽车在已压实的层面上后退卸料，形成许多密集的料堆，再用推土机整平。其优点是可以改善堆石分离的情况，但却使堆石料层不易整平、层厚不易控制，为振动碾压带来一些困难。

混合法铺料是在已压实的层面上先用后退法卸料，组成一些分散的料堆，再进行进占法卸料，用推土机整平，达到设计要求的层厚。该法适用于层厚较大的情况。

二、坝料压实的方法

坝料压实一般可用静压、冲击和振动三种方法。静重压实机械主要有平碾和气胎碾，其工作原理是在填料层表面施加静荷载而产生压应力，使铺料压实。冲击式压实机械主要有夯板、电动夯等，是靠重锤下落时在填土表面产生冲击力，从地表传入土中的压力波起到压实作用,兼有静压力和振动作用。常用的振动压实机械主要是振动碾。振动碾压主要有两种作用:一种是振动时铺料处于运动状态,有利于料的压实;另一种是由于静重和压力波形式的动力作用,在土中同时产生压力和剪应力,并以动应力为主要作用,大大增加压实的应力效果。

三、河口村水库大坝坝体填筑的施工技术

(一)大坝填筑原则

根据河口村水库大坝工程的特点,大坝填筑按以下原则进行:

(1)按照总进度计划的要求,在预定节点工期内完成大坝填筑形象面貌。

(2)在保证按期达到各期填筑计划目标的前提下,力求使各期填筑强度比较均衡,减小高峰强度与平均强度的比值,避免使用过多的施工机械、劳动力以及大量临时设施。

(3)大坝填筑料物的运输应尽量减少运输距离和避免出现相互倒运的现象。

(4)在确保工期和质量的条件下,选用经济简单可行的方案。

(二)大坝填筑施工的主要特点

(1)大坝坝高 122.5 m,河床狭窄,其填筑技术要求高、质量标准严,必须按高标准、严要求来组织施工,完成各区的施工任务。

(2)坝体填筑量大,施工强度高,大坝填筑量为 743 万 m³,高峰时段平均强度为 29.16 万 m³/d。

(3)工程地处深山峡谷中,两岸高峻陡峭,局部地段施工道路布置困难,确保运输道路畅通是保证填筑强度的关键问题。

(三)大坝填筑前的准备工作

1. 各种机械设备的配置

(1)运输设备,按高峰日强度 1.5 万 m³/d,按工期完成实际计划。25 t 自卸车 100 台,20 t 自卸车 20 台。

(2)挖装设备:主要按容量大小和动力来源,在斗容量上考虑大小配合,选择 3 m³ 反铲和 2 m³ 反铲配合。

(3)平整设备:配置大功率推土机,及时进行平整。

(4)碾压设备:一般选择大吨位、大振力振动碾。

工程所需的主要机械设备配置如表6-8所示。

表6-8　主要机械设备配置

序号	投入设备名称	型号	数量	投入使用部位
1	空压机	10 m³、17 m³	5	石料开采
2	英格索兰	ECM－580	3	石料开采
3	阿特拉斯钻机	D9	2	石料开采
4	阿特拉斯钻机	D7	1	石料开采
5	推土机	SD7	3	石料开采、坝体填筑

续表 6-8

序号	投入设备名称	型号	数量	投入使用部位
6	推土机	SD16	1	石料开采、坝体填筑
7	调平边墙挤压机	BJYDP	1	挤压边墙
8	混凝土运输车	2.5 m³	4	趾板混凝土、挤压边墙混凝土浇筑
9	装载机	ZL－50	3	石料开采、坝体填筑
10	挖掘机	PC360	2	石料开采、坝体填筑
11	挖掘机	PC400	1	石料开采、坝体填筑
12	挖掘机	PC450	5	石料开采、坝体填筑
13	振动碾	XS262	3	石料开采、坝体填筑
14	振动碾	BM225D－3	1	
15	振动碾	XS120A	1	
16	振动碾	3 t		
17	自卸汽车	25	75	石料开采、坝体填筑
18	自卸车	20	25	石料开采、坝体填筑
19	洒水车		3	坝面加水、道路养护
20	棒条给料机		1	坝料加工
21	鄂式破碎机		1	坝料加工
22	反击式破碎机		1	坝料加工
23	振动筛		1	坝料加工
24	斗轮洗砂机		1	坝料加工
25	锤式破碎机		2	坝料加工
26	水泵	IS150－125－315	4	集水坑排水
27	水泵	IS200－150－315	2	深井排水
28	潜水泵		8	集水坑排水

2. 施工道路

大坝填筑施工除业主提供的主干线道路外,在大坝外部还需增设部分临时的施工道路,才能满足施工要求,根据现场实际地形需增加的临时施工道路如下:

(1)漫水桥沿左岸与左岸坝下游基坑开口线交叉处—上游坝址开挖基坑,此段道路主要承担河床覆盖层开挖与河床部分坝体填筑。

(2)5#道路终点向右岸与坝下游基坑开口线交叉处—上游趾板开挖基线,此段道路同样承担河床覆盖层开挖与河床部分坝体填筑。

(3)左岸从河口村石料场的上坝路线:9#路—金滩桥—3#路—坝面。

(4)右岸从河口村石料场的上坝路线 9#路—1#路—5#路(下游围堰顶)—坝面。

(5)填筑超出地面线后,在 195.50 m 高程以下左右岸沿岸坡修建两条施工道路,即在坝基开挖完成后,左岸沿8#公路按图纸要求填筑一条顶宽10 m、边坡1:1、纵坡1:10 的施工道路,道路基础按相应坝体填筑的要求进行修筑,这样可以有两条道路循环使用,同时降低上坝运输高差,大大减缓坝体填筑时车辆的相互干扰,同时提高了设备使用效率,确保坝体填筑的施工要求。

(6)填筑超出 195.5 m 高程以上时,在 195.5 m 平台修筑纵坡 1:10,路应宽 10 m 的"之"字形施工道路。

(7)坝前铺盖材料石渣从上游 2#临时渣场回采,土料从上游土料坝开采,粉煤灰等材料均沿 7#路从上游在第二汛期内沿河道坡脚修临时便道进行填筑运输。

(四)大坝填筑工艺

1. 填筑单元的循环

大坝从上游至下游的最大底宽约为 400 m,左岸至右岸最大长度 380 m,为了使大坝填筑各个工序尽量连续施工,必须优化施工作业。在填筑作业时划分成若干个工作面,即单元,以提高坝面上各类施工机械的使用效率,提高上坝强度。根据类似工程经验,每个单元面积控制在 6 000 ~ 10 000 m²,每层每区每期填筑作为一个单元,以满足单元填筑循环为宜,其原则是:第一个单元铺料平整,第二个单元洒水碾压,第三个单元进行质量检查,并通过验收,照此循环往复,使三个环节衔接有序。

2. 大坝填筑施工工艺和方法

施工流程:上坝料运输—卸料—铺料—超径石的处理—洒水—碾压。

(1)上坝料运输:主堆石料和次堆石料,以 25 t 自卸汽车运输为主、20 t 自卸汽车运输为辅。过渡料、垫层料和小区料等主要采用 20 t 自卸汽车运输。上坝料的运输车辆均设置标志牌,以区分不同料区,如运输 3B 料的挂上 3B 料的标志牌。

(2)卸料:3B、3C 料采用进占法卸料,即自卸汽车行走平台及卸料平台是该填筑层已经初步推平,但尚未碾压的填筑石,有利于工作面的推平整理,提高碾压质量,同时细颗粒料与大颗粒料间的嵌填作用,有利于提高干密度,确保填筑质量。2A、3A 料采用后退法卸料,即在已压实的层面上后退卸料形成密集料堆,用推土机平料,这种卸料方式可减少填筑的分离,对防渗、减少渗流有利。

(3)铺料:根据碾压试验结果,所得到的各项参数个别进行调整,每层铺料厚度比压实厚度多加 5 ~ 10 cm,经碾压后达到技术要求层厚。

(4)超径石的处理:前进法卸料及平料时,大粒径石料一般都在底部,不密易造成超厚,使平料后的表面较平整,振动碾碾压时,不致因个别超径块石突起而影响碾压质量。

(5)洒水:采用坝外加水和坝面洒水相结合的方案。坝外加水,坝料上坝前通过设置在 5#路及漫水桥的加水站加水,然后运输到填筑工作面上,加水量以汽车在爬坡时,车尾不流水为准,加水站由专人负责。自由控制坝面补水,主要利用左坝肩 288 m 平台 200 m³ 蓄水池接管道至坝面,洒水局部利用大吨位洒水车接水运到坝面洒水。对加水量的控制,按照已经批准的碾压试验确定加水量,在加水站加一部分水量,在坝面上补充剩余的水量。初步确定,在加水站加水 5% ~ 7%,在填筑作业面补充加水 10% ~ 13%。对垫层料(含小区料)先做含水量试验,当含水量大于最佳含水量时在料场脱水,当含水量小于最佳含水量时,拟在坝面铺料区进行洒水,使垫层料碾压时符合最佳含水量。

(6)碾压:根据不同坝料采用不同的碾压设备进行碾压,主次堆石料、过渡料、垫层料均采用 26 t 自行式振动碾。振动碾行走方向与坝轴线平行,行走速度 2 ~ 3 km/h(1 挡),

主要采用错距法,前进和后退全振行驶。在前进时进行错距搭接宽度不小于20 cm,跨区碾压时,必须骑着线碾压,最小宽度不小于50 cm,在堆石料与岸坡结合处,沿坝轴线碾压。两侧岸坡平行岸坡碾压相同遍数,因地形条件限制,遇到振动碾压实不到的死角,垫层区和过渡区采用液压振动夯板夯实,其错距搭接不小于15 cm。在趾板及挤压边线附近的小区料和垫层料,采用液压振动夯板和小型机械夯板夯实。

为控制碾压质量,采用GPS控制系统,实时监控振动碾的运行工况,并通过显示屏反馈振动碾操作人员,提示运行位置、碾压遍数、行车速度等标识。

四、大坝填筑GPS监控系统的应用

GPS监控系统是利用GPS全球卫星定位技术、现代数据通信技术、计算机技术及电子技术,实施监测安装在碾压机械上的GPS流动站并每秒一次监测数据直观地显示在监控系统显示屏上(即碾压机械的运行轨迹),同时储存数据,并能对监测数据进行反馈分析,计算出其他碾压参数。利用GPS监控系统监测的主要内容有碾压机械的运行轨迹、运行速度及碾压遍数。

(一)GPS监控系统的关键技术

(1)碾压参数实时监测,碾压参数主要涉及填筑碾压区各碾压机械的运行轨迹、碾压速度和碾压遍数。要做到实时监控施工质量,无线电通信必须具有点对点及多点双向的高校通信速率功能,以确保定位数据的实时反馈。系统采用无线扩频通信技术,实现GPS将基准站差分位置信息实时传输给各移动远端监控系统,同时移动远端监控系统将各点的三维空间位置信息也实时反馈到监控中心,每隔1 s提供一次位置计算结果,这样不仅在各碾压机械的监控系统显示屏上可以反映出自己的碾压状况,而且在监控中心和现场分控站也可以对各移动远端监控系统的碾压状况进行实时监控。

(2)移动远端监控系统的研制,具体包括无线全向通信天线的选择,GPS无线和通信天线的固定方式,机箱的设计与制作、散热及电源保障。软件操作等一系列具体的实际问题,做到移动远端监控系统在应用中故障率低、操作简便、系统稳定,较好地解决碾压施工中恶劣环境和电源保障困难等问题。

(3)点对多点双向无线数据通信网络。系统选用无线扩频通信技术,解决了监控中心和现场分控站至多个移动远端之间的实时双向无线数据通信技术的难题。建设的无线通信网各系统射频速率高,系统支持点对点、点对多点以及网络中继的应用。

(4)操作简便及灵活的系统设计。系统应用设计到监控中心、中继站、现场分控站、多个移动远端监控系统等复杂内容。系统软件尽量做到全面自动化监控,方便操作和管理维护。

(5)系统设备的稳定性及安全性可靠。如将监控中心设置在办公室内,GPS基准站的天线和无线通信天线安装在办公楼顶并考虑防雷设施,不仅安全、便于管理,而且有稳定的电源保证。中继站选在有稳定电源、便于管理的位置,将主要设备安置在固定机箱内,并增设温控及散热装备。移动远端监控系统设备集成于一个特制的箱内,并用支架固定在碾压机械驾驶室内,并考虑到防振散热等因素,坚固耐用。

考虑到工程填筑施工是24 h进行,而且多台碾压机械同时作业,移动远端监控系统

的电源保障及稳定性极为重要,故对移动远程系统的监控采用了碾压机械的电源并研制了使用电源模块。可以同时为 GPS、通信设备、主机散热风扇等设备供电,并解决了碾压机械点火瞬间对移动远端监控系统工作影响的电源技术难题。

(二)系统硬件的组成

GPS 监控硬件系统主要由以下 5 个部分组成:中心控制室、现场分控站、GPS 基准站、GPS 流动站、移动监测点。其各系统的作用如下:

(1)中心控制室:是系统的核心,系统通过无线数据通信,将 GPS 与基准站的数据不间断地实时发送给各 GPS 流动站,并接收各流动站反馈的位置信息。在系统的中心控制室内设有电子显示屏,能够结合施工需要,实时显示大坝施工作业面上碾压机械的精确位置和状态,同时系统的数据处理分析信息等均在此显示,并将计算分析的结果打印输出。

(2)现场分控站:任务是接收来自中心控制室的监控信息,使现场管理人员及时了解现场施工状态和施工质量。一旦出现质量偏差,应及时指示先关机械,操作人员进行返工整改。现场分控站设置在大坝施工现场的值班室。

(3)GPS 基准站:是为了提高 GPS 系统的监测精度而采用差分 GPS 技术所需设置的。差分 GPS 技术是将一台 GPS 接收机设置在已知点上,作为基准站进行 GPS 观测,将基准站的 GPS 观测站数据和已知位置信息实时发送给 GPS 流动站,与流动站的 GPS 观测数据一起进行载波相位差分数据处理,从而计算出流动站的空间位置,提供定位精度。基准站放在中心控制室。

(4)GPS 流动站:安装在碾压机械上的 GPS 流动站作为移动监测点进行 GPS 移动观测,其观测项目主要是碾压机械的通行轨迹、运行速度和碾压遍数,并将有效观测结果实时发送回中心控制室。同时在碾压机械操作室的小型显示屏上,由图标实时地显示碾压机械的运行参数。

(5)移动监测点:根据 GPS 流动站而变动。

(三)系统软件的组成

GPS 监控系统软件开发平台和环境为计算机上采用 windows 中文版本环境下的通用软件开发平台。Visualc +60 实现监控系统,系统可以在 windows 98/2000/XP 环境下运行。

GPS 监控系统软件主要包括监控中心系统软件、碾压现场监控系统软件、数据通信系统软件、远程控制软件以及无线网络检测软件等。

1.监控中心系统软件

监控中心系统软件的作用:

(1)可作为多条碾压机械轨迹数据的实时采集和显示平台。

(2)根据碾压机械轨迹信息可实时计算并反映行车速度、碾压遍数的信息,为管理人员和监理人员提供质量监控信息。

(3)提供数据库支持功能,以方便数据处理和管理及数据保存。

(4)监控中心系统可与数据分析系统相连,以得到摊铺厚度等信息。

2.碾压现场监控系统软件

碾压现场监控系统软件运行在工控机上,其主要作用为:

(1)作为碾压机械空间轨迹的数据采集器。

（2）作为碾压过程中高程等信息的采集器。

（3）在工控机上根据碾压轨迹信息，可实时计算反映行车速度、碾压遍数的信息，为操作人员和监理人员提供质量监控信息。

3. 数据通信系统软件

数据通信系统软件包括 GPS 基准站软件与碾压车通信软件两部分。

GPS 基准站软件运行在中心控制室内与 GPS 基准站接收机相连接的总控计算机上，负责通过串口获取 GPS 基准站的差分信息，并通过无线局域网络发送 GPS 差分数据给各流动站，以及转发流动站软件给中心监控系统软件的命令（比如启动、停止等）。

碾压车通信软件运行在移动远端的工控机上，负责通过无线局域网从 GPS 基准站计算机获取 GPS 差分数据，并从 GPS 接收机获取 GPS 的定位数据发送给碾压车上的现场监控系统软件及中心监控系统软件。

4. 远程控制软件

远程控制软件主要用于远程控制碾压机械上的工控机，可通过操作总控计算机的键盘和鼠标，方便地控制碾压机械车上的工控机。

5. 无线网络检测软件

无线网络检测软件可以运行在总控中心、现场分控站以及移动远端的计算机上，用于监测无线局域网网络通信状况。

系统的主要技术指标和分项内容见表 6-9。

表 6-9　系统的主要技术指标和分项内容

项目	内容	技术指标
基准站服务范围	常规载波相位差分定位	距离基准站中心 5 km
监控中心	发播基准站差分数据，接收各移动远端流动站返回的位置数据	自动
	显示各碾压机械的运行轨迹和速度	实时（时延不大于 30 ms）
	各碾压机械运行过速监视	有（自动用颜色报警）
	计算碾压遍数	自动（用颜色分辨）
	数据入库管理与调用	自动
	数据保护	安全
	各碾压机械的系统机箱工作状态监视	有
碾压机械	接收差分数据，发送本流动站位置结果	自动
	显示本碾压机械的运行轨迹和速度	实时（时延不大于 30 ms）
	本碾压机械运行过速监控	有（自动用颜色报警）
	计算碾压遍数	自动（用颜色分辨）
	本碾压机械的系统机箱工作状态监视	有

续表 6-9

项目	内容	技术指标
现场分控站	显示各碾压机械的运行轨迹和速度	实时(时延小于 0.5 s)
	各碾压机械运行过速监视	有(自动用颜色报警)
	指定仓面的碾压遍数计算	自动(用颜色分辨)
	碾压机械的平均速度统计	有
	指定仓面的碾压监控成果输出	有
	各碾压机械的系统机箱工作状态监视	有
施工监理车	接收差分数据,发送本流动站位置数据	自动
	显示本监理车的运行轨迹和位置	实时(时延不大于 30 ms)
	高程测定	人工控制,自动记录
可用性	原始观测数据、运行位置信息的采样率	1 Hz
	首次定位	<2 min
	实时监控定位	95%(正常工作)
系统精度	WGS－84 位置(XYZ 或 BLH)	2~5 cm
	平面坐标(x、y)	1~3 cm
	高程 h	3－5 cm
	1 min 定点采样,测定高程 h	0.5~1 cm

系统的硬件结构及软件数据流程见图 6-4。

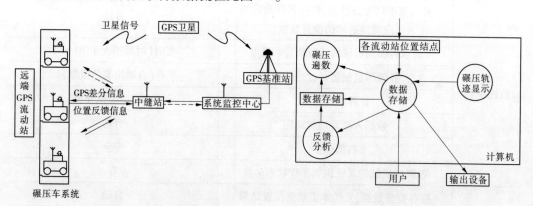

(a)硬件系统的网络结构　　　　　(b)软件系统的数据流程

图 6-4　系统的硬件结构及软件数据流程

(四)大坝填筑 GPS 监控系统的主要特点

GPS 监控系统不同于传统的试坑换置法、全质量法、附加质量法等,它是质量"双控"的施工参数控制手段,优于传统的试坑换置等方法,其优点是该系统采用 GPS 卫星定位技术,实现了高精度、实时、自动连续、可靠的特点。

(1)高精度:通过 GPS 监控系统所获得的各碾压机械的运行轨迹在水平方向的误差为 1~3 cm,在垂直方向的误差为 3~5 cm,这样的精度完全可以控制好各种碾压机械的运行轨迹。

(2)实时性:在监测中心的总控终端屏幕上实时显示各碾压机械的运行轨迹和速度。在各碾压机械的驾驶室,通过显示屏实时显示本次碾压机械的运行轨迹和速度。系统每间隔1s 提供一次位置计算结果。

(3)自动化:在整个系统中,基准站差分数据发送到流动站(各碾压机械),流动站位置信息传到监控中心。监控中心的总控屏幕上显示各碾压机械的轨迹和速度,以及数据的存储和数据处理与反馈分析等,整个过程是全自动化的。

(4)连续性:整套 GPS 监控系统的观测数据是连续的,每间隔1 s 提供一次计算结果,足以符合本系统对监控数据的连续性要求。

(5)可靠性:实时监控数据,用于控制碾压速度和碾压遍数,空间定位精确。

另外,该系统在使用中还有以下优点:

(1)不受天气变化的影响,夜间施工照常进行监控。

(2)可同时监控多台碾压车的施工且各台数据相互独立,彼此之间不受干扰。

(3)实时反映碾压机械的车速,超速自动报警并有超速记载功能。

(4)数据管理有序,数据按碾压单元实行全面专门管理,有效解决混合碾压问题,电子文档保存方便。

(5)局部出现漏碾时,可及时通知碾压机械进行补碾,同时可以对补碾、混合碾(不同碾压机械统一单元)进行数据叠加入库管理。

(6)填筑单元验收时,可生成碾压机械轨迹图作为单元工程验收资料。

第四节　大坝坝体反向排水及下游排水沟的施工技术

一、反向排水管施工

河口村水库大坝设一排6个反向排水管,其中有4个在主堆石区,有2个露出面板坡面,其施工时的主要技术要求有:

(1)对管材制作要求:反向排水管为镀锌的不锈钢管,直径(外径)为200 mm,壁厚14 mm,制作成镀锌花管,沿管周围布置 12 个孔径为 20 mm 的圆孔,孔距为 5.24 cm,梅花形布设,外包1 层 1 mm 厚的不锈钢滤网。

(2)施工时的技术要求:①首先排除基坑集水。在防渗墙上游开挖排水沟及集水井,并适当控制基坑排水速度,使基坑的水位下降速度不大于 20 cm/h。②其次施工时在设计位置铺设排水管,并在其四周铺上 2~10 cm 碎石,在排水管附近填筑碾压时应仔细防止压坏排水管,并采用 ϕ12 mm,4 cm×4 cm 栏栅(保护排水管口)和钢丝筛网卵石笼覆盖层(内层卵石粒径 4~8 cm,外层卵石粒径 2~4 cm)。

(3)排水管运用时的注意事项:排水管排水时,在趾板段排水孔口用 PVC 管连接,

PVC 管与孔壁接触部位用快速凝水泥砂浆封堵,并将水引至位于防渗墙上游的排水沟和集水井。混凝土压重块可视现场反向渗水情况做适当调整。在对反向排水管进行保护前,应清除趾板上部淤积物及堆积物,且在汛期坝体反向排水管不应封堵。

(4)反向排水管封堵时的技术要求:反向排水管的封堵应在一期面板及其面板表面止水材料施工完成后进行。反向排水管封堵的顺序:①先封堵两侧 1#、2#、6#、7#反向排水管,再封堵 3#、5#反向排水管,并在干燥情况下,回填该部位粉煤灰壤土和石渣,封堵之前停止施工作业区用水。②在 4#反向排水管两侧面板上浇筑 2 条 C15 混凝土压重块,浇筑前与趾板接触面打毛处理,但与面板接缝面不作处理。③将 4#反向排水管处所需的粉煤灰、壤土和石渣准备于两侧回填体上。④封堵 4#反向排水管,在干燥情况下及时回填粉煤灰、壤土和石渣至设计高程。

(5)反向排水管封堵时的工序:①用小竹竿裹纱布清洗趾板头部、反向排水管内壁,然后塞入 30 cm 厚的白麻至反向排水管深处,再塞入 30 cm 厚的 GB 填料,填料内预埋 6 mm 化学灌浆塑料管引至排水管交口处,以临时阻止反渗水流。②迅速回填 M12 预速凝砂浆,其配比为水灰比 0.32、灰砂比 1:2.6,并掺适量引气剂和膨胀剂。③接上灌浆泵和 6 mm 灌浆管开始灌浆,灌注水溶性聚氨酯化学灌浆材料,即 Lw: Hw = 30:70 的混合浆液,灌浆压力为 0.3~0.4 MPa,当孔周围都出现浆液后再次检查并扎紧灌浆嘴,继续灌浆直到孔周围都出浆稳定(时间 3 min)后停止灌浆,清除孔外周围浮砂浆及多余的 Lw 与 Hw 混合物,并割掉灌浆嘴。④在孔口 5 cm 范围内填入 GB 填料。⑤用钢刷将孔口周围 90 cm 范围内的基面刷洗干净,再用喷灯将基面完全处理干燥后,涂刷底胶并用 GB 填料找平。⑥用 90 cm、80 cm、0.6 cm 的橡胶片和 90 cm、80 cm、2 cm 的钢板封住孔口,预留镀锌角钢和膨胀螺栓固定钢板。⑦在水孔周围的趾板头部浇筑 0.9 m×4.3 m×0.5 m(长×宽×高)的 C15 混凝土盖板保护钢板封口。

二、排水沟施工

下游坝后排水沟布置在右岸,其断面结构为梯形,位置在 173.0~169 m 高程,分 4 个控制断面类型(见图 6-5)。另外,排水带设计标准横断面见图 6-6。

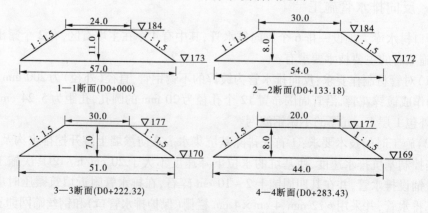

1—1断面(D0+000)　　　　2—2断面(D0+133.18)

3—3断面(D0+222.32)　　　　4—4断面(D0+283.43)

图 6-5　排水沟控制断面　(单位:m)

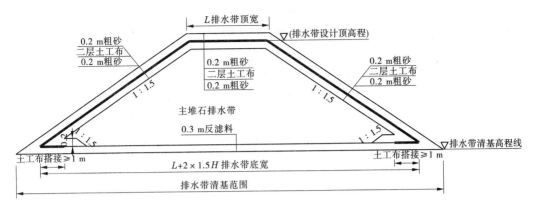

图 6-6　排水带设计标准横断面

排水沟的主要技术指标有排水沟主堆石料及土工布材料的技术指标(见表 6-10 和表 6-11)。

表 6-10　排水沟主堆石料技术指示

项目	主堆石料	反滤料
孔隙率(%)	22 ~ 23	18
干密度(g/cm³)	2.17 ~ 2.12	2.26
渗透系数(cm/g)	1×10^{-1}	$1 \times 10^{-1} \sim 1 \times 10^{-4}$
铺层厚度(cm)	80	40
最大粒径(cm)	800	60
小于 5 mm 粒径(%)	≤10	35 – 55
小于 0.075 mm 粒径(%)	≤5	≤8

表 6-11　土工布材料技术要求

项目	指标
规格(g/m²)	2
厚度(mm)	≥2.0
抗拉强度(N)	≥200
伸长率(%)	65
撕裂强度(kPa)	1 400
顶破力(N)	≥400
渗透系数(cm/s)	$\geq 2 \times 10^{-2}$
等效孔径(mm)	≤0.14

排水沟施工程序:放样—清基—整平—回填反滤料—洒水碾压—试验取样—铺主堆

石料—碾压取样—铺沙—铺土工布—铺沙(两边坡)。

施工方案:由 D0 +000 开始至 D0 +283. 43,步骤:

(1)放样:按设计图纸所指定的断面坐标进行放线定位,采用 GPS 放样。

(2)清基:根据设计要求,坝后排水沟底部高程以现有河床面清基高程控制。

(3)整平:使用推土机与挖掘机开挖和整平、清基,坝下游排水沟原地面线低于设计排水沟底高程时,可利用河床天然砂卵石回填,控制砂卵石最大粒径不超过 30 cm,最小粒径为 0. 075 mm,分层厚度不超过 40 cm,碾压后的干密度不小于 2. 1t/m³,高的地面用推土机或挖掘机整平。

(4)回填反滤料:按设计要求,反滤料的原弧度为 30 cm,松铺 30 ~ 35 cm,用自卸汽车倒退法铺料,推土机整平碾压厚为 30 cm,具体情况根据碾压试验确定。

(5)洒水碾压:碾压参数由试验前的碾压试验确定,包括碾压遍数、洒水量、铺松厚度等,由 25 t 碾压机械自行碾压前进后退错距碾压,达到所要求的断面成形后进行下一工序。

(6)铺沙:厚度按设计要求,采用自卸汽车和挖铲整平斜坡铺设,采用人工与挖铲相结合。

(7)铺设土工布:两层,用人工铺设。

总之,主堆石料构成的排水体,在面板堆石坝产生渗漏时能充分降低坝体的渗透压力,提高面板的稳定性。

第五节　挤压边墙的施工工艺和方法

混凝土面板坝施工的传统技术和工艺有垫层超填垂直碾压、削坡修整后用斜坡压路机碾压、坡面喷浆维护等施工工序。其缺点是工序复杂,超填超压方量大,坡面的密实度难以保证,而且蓄水后这一区域的变形比较大,抗水压能力低,况且修整压实需要平整机械、斜坡碾压机械、喷浆设备等专用的施工机械。当坝体和垫层不能同时上升时,所建成后的坝体沉陷量大,面板易开裂,形成不规则的裂缝,而采用挤压边墙施工法可完全克服上述缺点。

一、挤压边墙施工的优点

挤压边墙施工法是在每填筑一垫层材料之后,用挤压边墙机械压出一条半透水的混凝土边墙,然后进行过渡料、主堆料的填筑。其优点是:

(1)传统工艺中的坡面斜坡碾压完全被垫层材料的垂直碾压取代,垫层的密实度能得到良好的保证,蓄水后这一区域的变形大大减小,提高了抗水压能力。

(2)垫层和坝体同步上升,有利于施工组织和质量控制,沉降均匀,坝体建成后沉陷量较小,克服了对面板的拉应力破坏。

(3)有边墙对边缘的限制,垫层料不需要超宽填筑,节省了材料和碾压工作量。

(4)不用削坡修正坡面,简化了施工程序,减少了施工设备。

(5)挤压边墙的成型速度高,能加快坝体的施工进度,无须抢工期度汛。

（6）汛期来临时，挤压边墙可起临时坝面作用，抵御洪水，保证安全度汛，可降低异流设计标准。雨季施工时无雨水冲刷，减少了不可预计的工程修补量，降低了施工费用。

（7）有挤压边墙的防护作用，面板施工可安排在合理时段进行，可减少面板裂缝，保证大坝质量。

挤压边墙施工技术是在面板坝上游坡面施工的新方法，它是利用挤压滑膜原理，以机械挤压力而形成墙体，并依靠反作用力行走，这种技术以施工快，能保证垫层料的压实面质量和提高面板的防护能力以及施工简便等优点得到快速的推广应用。挤压边墙法的施工能减少垫层料分离现象和减少垫层料在上游面的散落损失，并提供了防冲蚀和防剥落保护，减少了施工机具的使用，避免人员在上游坡面上作业，使施工更加安全，工作效率高，简化了施工程序。挤压边墙法成本低，施工整洁，坡面可直接进行钢筋敷设和面板施工。它为随后进行的模板放置等提供一个合适的表面，与传统的施工方法相比，可以较好地控制上游面的准直。

二、挤压边墙机的选型原则

挤压边墙机的选型依据是面板堆石坝的设计要求和施工方对业主的合同承诺。一般的选型原则是：

（1）粗放而无严格要求的面板堆石坝可选 BJY40 型边墙挤压机，即手动型。

（2）对挤压边墙的直线型和内坡比变化要求不高的面板堆石坝可选 BJY40A 型边墙挤压机，即电液动型。

（3）对高堆石面板坝应选 BJYDP40 型边墙挤压机，即电液控导向调平边墙挤压机。

总之边墙挤压机的选型是面板堆石坝施工单位的一项极为重要的前期工作，厂方一旦按所选型号制作后，将难以更改，河口村水库工程大坝所选用的边墙挤压机为 BJYDP40。

三、挤压边墙机使用的基本要求

（1）施工时所在高程的垫层面 1.7 m 或 1.5 m 宽范围内（不含已成挤压边墙的顶宽）的平面度小于 ±4 cm，起伏高低两点之间的距离大于 10 m，垫层密实度应基本均匀。垫层面应略低于（约 5 mm）已成挤压边墙的顶面。已成挤压边墙的顶面在施工前应清扫干净。

（2）用混凝土罐车机均匀向挤压边墙机的接料槽供给拌和料。

（3）用于挤压边墙机的粗骨料最大粒径不得超过 2 cm，严格监视进料仓的骨料粒径，如发现较大骨料粒径进入，应立即停机排出。

（4）采用 BJYDP40 型挤压边墙机施工时钢丝绳应张紧，钢丝绳的支撑距离以不大于 10 m 为准。钢丝绳全长应与已成挤压边墙迎水面顶角距离的误差不大于 3 mm。施工全过程应防止拌和料或现场人员碰撞钢丝绳。

四、挤压边墙施工工艺试验

目前由于全国各地的面板堆石坝对挤压边墙混凝土施工无统一的方法，一般先采取以下几种方法进行试验(即锤击法、静力挤压法、振动法和碾压法等)对比,对挤压边墙混凝土试件的成型方法进行探讨,来确定挤压混凝土成型的各种相关数据:

(1)挤压混凝土的配合比;

(2)回归混凝土密度与挤压应力的关系;

(3)回归混凝土密度与抗压强度(28 d)的关系;

(4)挤压混凝土的渗透系数与干密度之间的关系。

根据国内外同类工程的各项试验资料进行参考,挤压边墙的配合比见表 6-12 ~ 表 6-15。

表 6-12　国外伊塔(Ita)坝的混凝土边墙低水泥用量混合料配合比

材料	含量
水泥(kg/m³)	20 ~ 75
骨料粒径 314 in(9.1 mm)(kg/m³)	1 173
砂(kg/m³)	1 173
水(L)	125

表 6-13　水布垭边墙混凝土施工配合比

项目	水泥(kg/m³)	水(kg/m³)	ⅡAA(kg/m³)	速凝剂掺量(%)	减水剂掺量(%)
配合比	70	91	2 144	4	0.8
备注	普通硅酸盐水泥 32.5 级			巩义 8604	葛洲坝 NF - 1

表 6-14　盘石头水库室内边墙混凝土选定配合比

材料名称	胶凝材料 (kg/m³)	用水量 (kg/m³)	粗骨料 (kg/m³)	细骨料 (kg/m³)	外加剂 (%)	强度 (MPa)	
规格型号	42.5 号水泥、Ⅱ级粉煤灰	淇河水	5 ~ 20 mm	河砂或机械砂	PB - 3 型	3 h	28 h
数量	100 ~ 120	75 ~ 85	1 350 ~ 1 450	650 ~ 550	5% ~ 8%	0.6	5.2

表 6-15　河口水库挤压边墙混凝土配合比

材料名称	胶凝材料 (kg/m³)	砂 (kg/m³)	粗骨料 (kg/m³)	水 (kg/m³)	早强减水剂 (%)	速凝剂 (%)	强度 (MPa)
规格型号	42.5 级水泥、Ⅰ级粉煤灰	河砂或机械砂	5 ~ 20 mm	沁河水	山西黄腾	山西黄腾	28 d
数量	50	535	740	59.5	1.0	4.0	4.1

五、挤压边墙混凝土配合比设计要求

挤压边墙混凝土性能应具备低弹模、半透水、低强度的特点,为了满足与垫层料填筑同步上升的要求,混凝土又要具有较高的早期强度。因此,挤压边墙混凝土配合比设计主要考虑以下方面的因素:要保证挤压的混凝土成型良好,这取决于挤压边墙机挤压力的大小。同时挤压边墙混凝土应满足设计渗透指标。挤压边墙混凝土作为垫层的一部分,其性能应尽可能接近垫层料的技术参数,即挤压边墙混凝土的强度和弹模值满足设计要求,应具有较低的抗压强度和弹性模量,混凝土配合比应适应快速施工的要求。

六、挤压边墙施工流程和施工步骤

挤压边墙施工流程:作业面平整—测量放线—挤压设备就位—搅拌车运输及卸料—边墙挤压—缺陷处理—端头部位整体施工—验收—进入下道工序。其施工步骤:①平整垫层区的顶面,以形成一个水平面,便于挤压机移动;②采用满足设计层厚(通常为0.4 m)和上游坡坡度1:1.4要求的挤压边墙机来建造挤压式边墙;③采用由试验提供的混凝土配合比进行拌料;④由测量人员控制施工用的挤压边墙机的准直,建造挤压式边墙;⑤1 h后即可在垫层区铺料,采用自卸汽车直接卸料,整平进行碾压。

七、河口村大坝挤压边墙施工的步骤

(一)垫层面的准备

垫层填筑碾压基本平整后,应认真做好以下工作:

(1)划定挤压边墙机的作业范围,采用BJYDP40型挤压边墙机施工,宽度范围为从已成挤压边墙内大于1.7 m。施工场地平整度控制在±4 cm以内,整平碾压后用灰线洒出挤压机的行走路线。

(2)测定已成挤压边墙起点与终点的高程,垫层面应略低于(约5 mm)已成挤压边墙的顶面,起伏高低两点之间的距离大于10 m。原则是使待生成挤压边墙顶面的起点与终点高程差值尽可能为零,每一层都应做好这一工作,避免挤压边墙顶面的高程误差累积。如果累积的误差太大,可按每层调整,分几层完成。

(3)垫层面的平整度要求:对于BJYDP40型挤压边墙机,垫层面的平整度和密实度的要求应符合设计标准。

(4)标出混凝土罐车的行驶路线,用白灰洒出混凝土罐车的行驶路线对于保证挤压机安全作业是很必要的。白灰线与已成挤压边墙的距离以保证罐车顺利卸料、不与挤压边墙机发生擦碰为准,做到移动次数最少。

(二)挤压边墙机施工前的准备

(1)挤压边墙机配料计算。每米挤压边墙的混凝土用量按下式计算:

$$q = 0.2(0.1 + a)$$

式中:q为挤压边墙每米的混凝土用量,m^3;a为挤压边墙的底边长,m。

计算得出的值为挤压边墙的混凝土实方量。应用时按挤压边墙每米0.17 m^3混凝土取值。

　　挤压边墙机的成型速度是变值,影响它的因素较多,如拌和料的供给速度与方式、搅灰的技术状态、发动机油门的大小、大扭矩马达和主泵的技术状态等。主要因素是搅灰,特别是磨损程度影响最大。铭牌上标定的 40 ~ 80 m/h,是上述状态均较佳的测定范围值,也是使用的指标值。一般大于 80 m/h,挤压边墙的密实度低;小于 40 m/h,应排除影响速度的因素,特别是搅拌头的磨损程度。在配套计算中可取较大值 80 m/h,这样可以充分发挥挤压边墙机的工作能力,减少施工时的待料时间。

　　(2)拌和站的工作能力。挤压边墙机每小时的混凝土用量可按下式计算:

$$Q = 0.2(0.1 + a)v$$

式中:v 为挤压边墙机的工作速度,m/h。

　　确定拌和站的工作能力时,应考虑到混凝土罐车的运距和装料时间,一般可取大于计算值的 1.5 倍,以不低于每小时 20 m³ 为宜。

　　(3)混凝土罐车的容量与数量。混凝土罐车的容量一般为 6 ~ 8 m³,为保证挤压边墙机的连续工作,常用 2 辆混凝土罐车。

　　(4)检查挤压边墙机各部件的技术状态、各零部件完整性与完好性、各连接部位的连接可靠性、轮胎的完好性、气压(正常值为 6.5 ~ 7 kPa)、轮毂紧固螺栓指标与吊耳焊缝的可靠性,疏通速凝剂喷头孔。

　　(5)检查易损件的技术状态、搅龙头及其盖的磨损程度、护圈的磨损程度、可折龙腔的磨损程度、输送搅龙的磨损程度、输送龙腔的磨损程度、成型腔内外模板的磨损程度、速凝剂输液管的完好性与是否老化。

　　(6)检查吊运挤压边墙机的钢丝绳,是否绳扣完好、钢绳完整、钢绳润滑良好。检查吊环及螺栓是否良好。禁用有断丝的钢丝绳。

　　(7)各种液压油检查。液压油在油盒机面中位以上。柴油不少于 10 L,检查柴油、机油底壳的机油面(CD15W – 40 柴油机),空滤器油喷剂油面,水箱的冷却水面(低于 0 ℃时为防冻液),风扇叶的张紧度,电瓶电液面的高度,并检查挂泵管的张紧度。

　　(8)空运检查。启动柴油机,预热检查发电机是否发电,水温表、机油压力表、空压机的气压表是否正常工作,发动机工作是否正常,电路是否与机器的构件摩擦,是否有短路。空运搅龙,检查正反转有无异常、液压油细滤器真空表的真空度是否超限、液压油的各接头有无渗漏、前后轮升降及转向是否运行平稳、横向及纵向调平是否准确、下挂泵的排量是否合适。

(三)挤压边墙机就位的步骤

挤压边墙机准确就位是保证挤压边墙准确的重要前提,其就位的步骤如下:

　　(1)将挤压边墙机吊立至生成挤压边墙的起点处。

　　(2)调整吊车位置,目测挤压边墙机左右基本处于待生成挤压边墙正上方,成型后端面距趾板约 1 m,缓慢下降至成型墙内,外模板距垫层面约 10 cm,停住。

　　(3)检查调整挤压边墙机的位置,满足以下条件:①成型墙外模板内壁下缘与已成挤压边墙迎水面和顶面的交线重合;②挤压边墙机内侧前后与行驶导向钢丝绳的距离相等。当条件①和②均满足后落下挤压边墙机,解除吊车,当施工环境温度较低或间隔时间较短,已成挤压边墙迎水面的强度不足以支撑挤压边墙机时,可在成型墙外模板内壁后端垫一块木板,作为临时支撑,木板尺寸为长 1 m、宽 35 ~ 40 cm、厚 2.5 ~ 3 cm,在木板的一端、距端头 5 cm 处模刻一条直线,让这条直线正对已成挤压边墙迎水面和顶面的交线,挤压边墙机外模板内壁下缘也对准这条直线下落。待挤压边墙机作业驶出木板后,取出木板,清理干净以备再次使用。

(4)降下挤压边墙机左右轮,令其支撑在已成挤压边墙迎水面斜坡上,使挤压边墙机外模板内壁下缘抬高距已成挤压边墙 2 ~ 5 mm,升或降左右轮引导挤压边墙机横向调平。

(5)升或降挤压边墙机前轮将挤压边墙机纵向调平。

(6)安装挤压边墙机异向装置。

(7)试运行作业和调整启动柴油机。开动搅龙,向挤压边墙机接料溜槽供料,向成型腔内人工填筑混凝土,用铁锨顶住填入的混凝土,可以代替启动板使挤压边墙机前进。待挤压墙生成 1 m 后,暂停供料进行检查,内容为:①生成挤压边墙,迎水面与已成挤压边墙迎水面的重合度和高度。②行驶导向的灵敏度。上述各项合格后则可继续作业,否则应做针对性调整,再试运行 1 m 后重复按上述步骤检查直至合格。

(四)挤压边墙施工中的操作

试运行调整基数后即投入正常施工作业,运行中应做好以下操作:

(1)检测挤压边墙机的成型速度,在成型腔后端面的成型墙顶面上做一记号,行驶 1 min 后再做一记号,测量两记号的距离,测量的距离乘以 60,即为挤压边墙机的小时成型速度,一般以不大于 80 m/h 为宜。这项工作在全长的施工段至少测三次,即开始作业时、中间及施工快结束时,应注意测的距离以 1.5 m 为最适宜。

(2)观察正成型挤压边墙与已成挤压边墙迎水面的重合状态,包括直线、错台、迎水面坡比、密度实、层间结合饱满程度、高度等项变化,实时采取相应的调整措施。影响直线和形成错台的主要因素有放线的准确性、施工过程放线是否有变化、方向的操作是否准确及时。迎水面坡比变化主要是挤压边墙机横向失去水平严重时,造成挤压边墙内侧面塌墙。排除方法:施工中随时检查成型后的基面垂直,及时调整左后轮以适应垫层面起伏和密实度不均匀导致挤压边墙机在行驶过程中的摆动。成型挤压边墙的密实度出现异常的表征是外观疏松粗糙,应调整拌和料中骨料的配合比和水灰比。层间结合不饱满应检查补料通道是否架空或堵塞。拌和料中骨料过于粗大也会造成坡脚放松。成型挤压边墙高度起伏变化是边墙挤压机纵向失去水平造成的,应及时调整前轮的高度,适应垫层面起伏和密实度不均匀导致挤压边墙机在行驶过程中的纵向波动。

(3)向料仓供给的拌和料要均匀,适当供料,过多会使料栅架空,过少会影响行驶速度。要密切监视入料仓的粒径,一旦发现超径料入仓,应立即停机拣出,否则会导致机件的损坏。超大粒径最常见的有混凝土罐车内凝固的大水泥块,每班清理罐车的储料罐可以减少这种现象。

(4)监督并提示速凝剂的安全添加,添加前必须在排空速凝剂罐内的压缩空气后,才能打开罐盖,操作人员在添加或调整喷射角时必须保护目镜。

(5)观察各种仪表的显示值是否在正常范围内:机油压力表正常值为 294 ~ 490 kPa,水温正常值为 85 ~ 90 ℃,电流表应指向充电方向,气压表值为 100 kPa 左右。液压油箱的油位计可以看到油面高度,正常高度为中位偏上,若偏低作业,完成后应添加,油箱内有温度计,正常值为75 ℃,如果高于80 ℃,应停止供料,用中小油门降温至60 ℃以下才继续作业。

(6)电控导向或自动导向的前轮转向速度不能太猛,即转向油缸的动作速度不能太快,转向油缸的动作太快,电磁转向阀动作处于高频状态,前轮的附着力下降,导向的准确度下降,甚至失去导向能力,降低的办法是调节插装式电磁阀中优先分流的流量,调节螺栓向上施转为快、向下为慢。

(7)及时提示现场的操作人员,不要碰撞或移动用于挤压边墙机导向的放线和钢丝绳,行驶中定时检查放线或钢丝绳位置的准确度,接近钢丝绳支架时及时关闭纵坡仪,越过后及时打开。

(8)及时提示混凝土罐车的行驶方向,防止罐车擦碰挤压边墙机损坏超出的工作部件。

(五)施工结束时注意事项

(1)挤压边墙机行驶接近终点时,应减小油门,放慢速度。当前轮接近终点时停止供料,把料仓中的拌和料全部清理到输送龙腔中,让搅龙排出。

(2)排空储液罐中速凝剂,打开储液罐的放气阀,排除压缩空气,打开储液罐底部的放液螺栓,放尽罐中的速凝剂,加入少量清水冲洗,拧好螺栓后加清水,关闭排气阀,用压缩气冲洗输液管,并用探针清理喷孔,进行这项操作时,一定要保护好目镜。

(3)关闭搅龙,关闭发电机,关闭总电流。

(4)卸下纵坡仪,安置保存在专用的仪器箱中。

(5)将挤压边墙机吊离施工位置,在挂接钢丝绳时,应检查其完好程度,切忌使用有损伤的钢丝绳。

(6)清除挤压边墙机各部位残留的混凝土拌和料,尤其要彻底地清除搅龙、输送龙腔、成型腔各死角处所黏结的拌和料。用清水向外冲清干净。

(7)安装好施工时卸下的各种侧罩,确认挤压边墙机完整后,装车运回机械保管库,对挤压边墙机进行班前保养。

(8)认真填写当天的工作日志,尤其应记载并向主管报告下次使用时应检修或更换的机件。

(六)表面缺陷处理

在施工中出现局部垮塌现象时,采用人工立模修补,出现位移时,采用人工削除或填补修整,用砂浆抹面。

(七)端头处理

由于靠近两岸部位受设备影响,无法一次浇筑到位,一般采用人工立模每层铺料10 cm,人工振捣密实,同时添加适量速凝剂,重量由试验确定。

河口村水库大坝的建设者在借鉴国内外类似工程经验的基础上,创造性地研究开发和创新了垫层料施工的混凝土挤压边墙新技术,这项技术填补了河南省内这项工程技术的空白,为同类工程施工总结了经验。通过河口村水库大坝的实施,可见采用挤压边墙施工技术与传统施工方法投资大致相当,但挤压边墙技术可有效保证垫层料的碾压质量,施工工序简化,使工效提高,施工进度明显加快,坡面保护得到可靠保证。同时挤压边墙作为混凝土面板的基础,坡面平整均匀、密实,其变形模量适中,可很好地协调面板与垫层料之间的变形,对防止面板混凝土产生结构性裂缝、延长面板的使用寿命起到有益的作用。

第六节　喷乳化沥青的技术要求和施工方法

根据现场大坝挤压边墙喷乳化沥青试验的施工情况,挤压边墙坡面整平后,由于挤压边墙表面存在大量的针眼空隙,喷洒多遍后易渗入挤压边墙边坡内部,从而达不到设计厚度的要求,形不成隔离薄膜。为了在混凝土面板与挤压边墙之间形成表面相对光滑的柔性隔离层,减少挤压边墙坡面与混凝土面板之间的约束,设计要求将挤压边墙坡面喷乳化沥青改为"3 油 2 砂"。即在乳化沥青喷涂后撒砂,待其与沥青固化胶结后,再进行第二次喷涂后撒砂,待沥青固化胶结后再第三次,使之在其沥青固化胶结后形成具有一定厚度的胶砂混合体(油 – 砂结构),起到隔离挤压边墙和混凝土面板的作用。

胶砂混合体的砂料成型要求其具有一定粒径,能充填挤压边墙坡表面孔,与沥青黏结良好,形成较为均匀的隔离层,砂可采用人工砂或河砂,要求砂的质量应满足面板混凝土用砂的标准,砂料的细度模数为 2.3 ~ 3.0。

(1)主要施工技术要求:基础处理,在喷涂"3 油 2 砂"之前,应按设计要求对挤压边墙坡面表面进行整平处理,然后用高压风(水)枪,由上至下,将挤压边墙表面的松渣及杂物、浮尘清洗干净。

(2)喷涂的顺序:1 油(喷)—1 砂(洒后压实)—2 油(喷)—2 砂(洒后压实)—3 油(喷),也可采用 1 油(喷)—2 油(喷)—1 砂(洒后压实)—3 油(喷)—2 砂(洒后压实)。使用何种顺序可根据现场实际情况进行调整。

(3)具体操作的施工方法。"3 油 2 砂"喷涂的施工应采用专业机械喷涂,同时坡面的施工机械及操作手工作时应有安全保障措施。喷乳化沥青时要做到:①结合室外喷涂试验,对操作人员进行岗前培训,熟练掌握设备性能和操作技巧。②沥青乳化剂的品种、配合比、喷洒层数应符合设计要求。③喷射过程中,指定专人负责控制喷射压力、喷射角度、喷射层厚和细砂摊铺厚度:即第一遍喷涂 1 油,每层喷洒量约 $1.0kg/m^3$,并使挤压边墙坡面均匀喷黑,以临界流淌为准,接着喷洒第一遍砂(1 砂),在乳化沥青喷洒后且乳化沥青没有完全破乳凝固前,立即使用撒砂机(或其他撒砂方法)将砂均匀撒布在已涂沥青的表面,每层砂用量约 $0.002\ m^3/m^3$,厚度不小于 2 mm,然后使用滚筒式碾压机械碾压密实,碾压后在其上喷洒"2 油",施工工艺及要求同"1 油",然后接着喷洒第二遍砂(2 砂)并压实,施工工艺及要求同"1 砂",碾压后在其上喷洒"3 油",施工工艺及要求同"1 油"。④在施工过程中保持管路和接头的畅通,避免卡管、堵管现象。⑤针对不同季节、不同温度配置不同浓度或不同破乳时间的乳化沥青产品,冬季(低温)施工应降低乳化沥青的浓度。

(4)质量检测与控制:①喷射前,认真检查设备的完好性情况、材料准备情况及人员到位情况。②喷射前应将斜坡面的乳渣清扫干净且平整度符合设计要求。③严格检测乳化沥青质量,对用于施工的改性乳化沥青严格检测要求,原材料质量均达到设计要求,产品合格证及产品质量检测报告齐全,确保各项技术指标达标。④"3 油 2 砂"喷涂后的总厚度一般控制在 2 ~ 4 mm,极个别地方不得小于 1 mm,最大不超过 5 mm,喷涂表面应全部覆盖挤压边墙坡面,不应看到原挤压边墙坡面针眼空隙情况,同时人正常行走时不会发生表面剥脱、黏结不好等破坏现象,或进行钢筋等施工时不致发生剥离破坏现象。因为喷洒乳化沥青防护可以得到较为坚实的保护面层,可减少进入坝体的渗流量。

第七节　面板接缝止水的施工技术

面板接缝的止水结构是面板坝的技术关键,它关系到面板坝的运行安全和水库效益。大多数工程运行表明,面板坝漏水的一个重要原因是接缝止水被破坏,尤其是周边缝的止水承受多向变位,是可能漏水的主要通道。接缝止水结构不仅与坝高有关,还与坝址的地形、地质条件和施工条件及施工质量有关,运行时既要有完善的止水措施,又要保证这些措施能够达到预期的效果。为此,接缝止水的设计和施工中应在充分研究工程条件上积极探索新技术、新材料、新工艺,以完善和提高接缝止水的可靠性,确保工程质量。

面板接缝包括面板与趾板结合的周边缝、面板板块之间的板间缝(垂直缝),以及因浇筑需要而形成的施工缝(水平缝)。周边缝和板间缝均设有止水,而施工缝一般不设止水。另外,趾板伸缩缝应设止水设施。

一、止水材料的名称和性质

面膜(盖板):密封柔性填料用的材料,如聚氯乙烯(PVC)管,橡胶管,加筋橡胶管和SR、GB材料等。

无黏性填料保护罩:用于对表层无黏性填料进行覆盖和保护的装置,由管孔金属片和内衬土工织物组成。

铜止水片:是伸缩较大的铜卷材,经专门压制成不同形状的接缝止水材料。

聚氯乙烯止水带:为聚氯乙烯树脂加入填料塑胶加温成型的接缝止水材料。

橡胶止水带:是以橡胶(天然或合成)为主体,加入多种辅料塑炼、混炼、硫化成形的接缝止水材料。

柔性填料:由沥青或橡胶和填充料混合而成,具有一定凝聚力的高塑性止水材料。

铜止水片鼻子:铜止水片中部可伸缩的凸体。

铜止水片平段和立腿:铜止水片鼻子两侧浇入混凝土的平面部分及两平段或一平段弯起的部分。

塑料(橡胶)止水带肋:止水带两平段为加强锚固、增长绕渗路径而凸出的部位。

异型接头:所有连接接头。

二、止水设施的一般规定

(1)周边缝、板间缝的止水形式、结构尺寸及材料品种规格,均应符合设计规定,其原材料的品种、生产批号、质量均应记录备查。采用代用品时须经过试验论证,并征得工程主管部门的同意后方可使用。其下的水泥砂浆垫表面不平整度,在5 m长度范围内最大下凹量和凸起量不应超过5 mm。砂浆垫宽度应不大于止水垫片。

(2)聚氯乙烯垫片应采用热沥青与水泥砂浆垫粘接,不得有褶曲、空炮,其中线应与缝的中线重合。

（3）周边缝或水平缝中的隔离木板必须抛光并经防腐处理，对已安装的周边缝止水片，必须及时用钢或木保护罩保护。

三、接缝止水材料的一般规定

（1）所有的止水材料，其性能应符合国家标准或行业标准或设计要求。

（2）所用的止水材料，必须由有资质的检验部门检验，经过监理工程师认可，方可在工程中使用。

（3）止水片的材料应具有足够的强度和耐久性，能与混凝土良好地结合，便于加工和安装。

（4）铜止水片的化学成分和物理力学性质应符合相关规范的规定，并选用延伸率较大的铜卷材，延伸率不宜小于 20%。

（5）铜止水片的厚度宜为 0.8 ~ 1.0 mm。

（6）PVC 止水和橡胶止水宜满足下列要求：

①PVC 止水拉伸强度大于 14 MPa，断裂伸长率大于 300%，绍氏硬度大于 65 ℃，脆性温度低于 − 37.2 ℃，PVC 止水不宜用于严寒地区。PVC 止水技术指标如表 6-16 所示。

表 6-16　PVC 止水物理力学性能

项目		测试方法	性能指标
拉伸强度（MPa）		GB 1040	>14
断裂伸长率（%）		GB 1040	>300
硬度（绍氏 A）		GB 2411	>650
密度（g/mL）		ASIMD 792	1.07
脆性温度（℃）		ASIMD 746	< − 37.2
吸水率（%）		GB 1034	<0.5
挥发损失（%）		ASIMD 1023—89	<0.5
加速碱耐（%）	质量变化率	JISK 6773	15
	强度变化率	JISK 6773	± 20
	伸长变化率	JISK 6773	± 20
加速碱盐（%）	质量变化率	JISK 6773	± 5
	强度变化率	JISK 6773	± 10
	伸长变化率	JISK 6773	± 10

②橡胶止水应符合国家标准，其性能要求应满足表 6-17 中的规定和下述要求：橡胶与金属黏合项仅适用于具有钢边的止水带；当有其他特殊需要时，可由供需双方协议，适当增加检测项目，如根据用户需要酌情进行霉菌试验，其防霉性能应等于或高于 2 级；B 表示用于变形缝止水带，U 表示用于有特殊耐老化要求的接缝止水带。

（7）铜止水片的主要特性如表 6-18 所示。

表 6-17　橡胶止水带的物理性能指标

序号	项目		指标	
			B	U
1	硬度		60 ± 5	60 ± 5
2	拉伸强度（MPa）		＞15	＞10
3	断裂伸长率(%)		＞380	＞300
4	压缩永久变形（%）		＜35	＜35
			＜20	＜20
5	撕裂强度（kN/m）		≥30	≥25
6	脆性温度（℃）		−45	＜40
7	热室气表化	70 ℃ 硬度变化(绍氏 A)	18	
		70 ℃ 拉伸强度（MPa）	＞12	
		70 ℃ 断裂伸长率(%)	＞300	
		100 ℃、168 h 硬度变化(绍氏 A)		18
		100 ℃、168 h 拉伸强度（MPa）		9
		100 ℃、168 h 断裂伸长率(%)		250
8	臭氧表化 50 pp/m、20%、48 h		2 级	0 级
9	橡胶与金属黏合		断面在弹性体内	

表 6-18　铜止水带主要特性

牌号	状态	厚度（mm）	抗拉强度（MPa）	延伸率（%）	宽度（mm）
T2、T3	M（软）	0.5 ~ 1.0	≥196	≥32	≤600
TP1、TP2	Y（半硬）	0.5 ~ 1.0	245 ~ 243	≥8	

从表 6-18 中可知,铜在 M(软)的状态下,延伸率不小于 32%,在 Y(半硬)状态下,延伸率不小于 8%。延伸率大,加工安装过程中容易变形;延伸率小,成型时容易发生裂纹。订货时要提出状态要求。

（8）铜止水片的工艺性能要求。铜止水片的工艺性能应符合表 6-19 的规定。

表 6-19　铜止水片的工艺性能

牌号	状态	宽度（mm）	冲头半径（mm）	厚度（mm）					
				0.13	0.18	0.3	0.6	1.2	1.5
				杯实深度（mm）（不小于）					
T2、T3、TP1	软（M）	＜90	4	3.4	3.8	4.0	—	—	—
TP2		≥90	10	7.5	8.0	9.0	9.5	10.0	11.0

（9）铜止水片电性能的控制指标。铜止水片的电性能应符合表 6-20 的规定。

表 6-20 铜止水片的电性能

牌号	电阻率 20±1 ℃ （$\Omega \cdot m$）	电阻温度系数 0～100 ℃ （$℃^{-1}$）	铜的热电动势 0～100 ℃ （$\mu V/℃$）
BMn3－12	$4.2 \times 10^{-7} \sim 5.2 \times 10^{-7}$	$\pm 6 \times 10^{-5}$	$\leqslant 1$
BMn40－4.5	$4.5 \times 10^{-7} \sim 5.2 \times 10^{-7}$	—	—
QMn1.5	$< 8.7 \times 10^{-8}$	$\leqslant 0.9 \times 10^{-3}$	—

（10）铜止水片的弯曲试验。弯曲试验条件应符合表 6-21 的规定。

表 6-21 铜止水片的弯曲试验条件

牌号	状态	厚度（mm）	弯曲角度（°）	内侧半径
T2、T3、TP2、TU1、TU2、H96、H90、H80、H20、H68、H65、H62	M	≤2	180	紧密结合
	Y2			1 倍厚度
	Y			1.5 倍厚度
H59	M	≤2	180	1.0 倍厚度
	Y		90	1.5 倍厚度
QSn7～0.2、QSn6.5～0.4、QSn7～0.1、QSn4～3	M	≥1	180	0.5 倍厚度
	Y2			1.5 倍厚度
	Y			2.0 倍厚度
QS～1	Y	≥1	180	1.0 倍厚度
	T		90	2.0 倍厚度
BZn15～20	Y、T	≥0.06	90	2.0 倍厚度
BMn40～1.5	M	≥1.0	180	1 倍厚度
	Y		90	1 倍厚度

（11）铜止水片表面质量的检测标准。表面光滑、清洁，不允许有分层、裂纹、起刺、气泡、压折、夹杂和绿锈，表面允许有轻质（微）的局部变形，但不超过其厚度的允许偏差，划伤、斑点、凹坑，压入物、辊印、氧化色、油迹等缺陷不应有。

（12）铜止水片的力学性能和物理性能检测项目有抗拉强度、伸长率、维氏硬度、绍氏硬度、杯实试验、弯曲试验、电阻率、电阻温度系数、晶粒度及含气量等，如表 6-22 所示。

（13）铜止水片晶度粒的检测标准。软状态建材的晶粒度应符合表 6-23 的标准。

表 6-22　铜止水片材料力学性能和物理性能检测项目

牌号	抗拉强度	伸长率	维氏硬度	邵氏硬度	杯实试验	弯曲试验	电阻率	电阻温度系数	晶粒度	含气量
T2、T3、TP1、TP2	○	○	×	—	△	△	—	—	△	—
H96、H90、H80	○	○	—	—	△	△	—	—	—	—
TV1、TV2	○	○	×	—	—	—	—	—	△	○
H20	○	○	×	—	△	—	—	—	△	—
H48、H65	○	○	×	—	△	—	—	—	△	—
H62	○	○	×	—	△	—	—	—	—	—
H59、$QSn^{6.5~0.1}$	○	○	×	—	△	—	—	—	—	—

注:表中"○"表示常规检测项目,"△"表示选择检测项目,"×"表示选做供参考值。

表 6-23　软状态建材的晶粒度

牌号	状态	晶粒度			
		级别	公称粒度(mm)	最小粒度(mm)	最大粒度(mm)
T2、T3、TP1、TP2、TU1、TU2	软(M)	—	—	a	0.050
H10		A 级	0.015	a	0.025
H68	软(M)	B 级	0.025	0.015	0.035
H65		C 级	0.035	0.025	0.050
		D 级	0.050	0.035	0.070

注:表中"a"是指完全结晶的最小颗粒。

四、新型止水材料的主要试验项目和性能指标要求

新型止水材料目前在我国面板堆石坝中应用的有两种,即 SR 塑性止水材料系列产品及 GB 止水材料系列产品。

(一)SR 塑料止水材料

SR 塑性止水材料系列产品由 SR 塑料止水材料、SR 混凝土防渗保护盖片、SR 配套底胶、HK963 水下封边黏合剂等产品组成。它用于各类水利水电工程,满足面板坝混凝土接缝及其他建筑工程变形接缝防渗要求,具有独特的塑性高、耐老化、冷施工简便、与基石黏结力高等特性。

SR 混凝土防渗保护盖片是由 SR 塑性止水材料和高强度聚酯毡、聚酯膜复合而成的片状混凝土防渗保持卷材。它不仅保持了 SR 材料防渗性能好、缝变形适应性强、施工操作简便的特性,还具有对 SR 产品和混凝土基面的保护功能。SR 混凝土防渗保护盖片分为普通型和增强型,增强型 SR 混凝土防渗保护盖片提高了抗冲击和抗撕裂性能。

HK 是一系列的增原型改性环氧黏合剂系列。它适用于 SR 混凝土防渗保护盖片封

边密封剂和包括在混凝土潮湿面、水下状态的 SR 材料黏合剂,为 SR 防渗体系增加了一道防渗保障,从而提高了 SR 防渗体系的防渗可靠性和应用范围。

(二)GB 止水材料

GB 止水材料系列产品包括 GB 填料、GB 复合盖板、GB 复合止水铜片等。其各项主要性能指标及主要检测指标按 GB 类企业标准进行。

GB 材料的技术要求:外观要求胶料应均匀,成品应外观光滑细腻,不得有直径大于 1 mm 的颗粒,尺寸要求量后长度和宽度的误差为 0 ~ +5%,厚度误差为 -5% ~ +5%。

五、面板接缝止水的施工

(1)止水施工前,施工人员应熟悉和掌握各种接缝的构造、各种止水材料的性能及施工要求,为此施工人员应进行岗位培训,并经考核合格后上岗操作。施工过程中要严格遵守工艺操作规程,特别是止水材料的焊接(或熔接)人员,必须经培训后才能上岗。

(2)止水设置属隐蔽工程,施工中应加强检查,对止水材料的品种、生产批号、质量缺陷及修补等情况均应记录备查。

(3)接缝止水施工前应对主要工序、工种制定安全操作规程和作业指导书、设计图纸等熟悉。施工过程中应加强安全管理,做好安全防护工作。

(4)安装止水片(带)时,应仔细检查止水片(带)的连(焊)接质量,不合格的接头应及时返工。在施工前应对各种止水片(带)进行焊接试验或其他连接试验,确定连(焊)接工艺和连(焊)接材料,并经监理工程师检定合格记录备案。

(5)埋入缝内的止水片应安装牢固,在浇筑止水设施附近的混凝土时,应指定专人平仓振捣,避免混凝土分离和骨料集中,宜采用小直径振捣器,认真振捣,并由止水片埋设人员监护,避免止水片(带)变形移位。

(6)对已埋在趾板或先浇面板块的止水片,在续浇以前需妥善保护,以避免在施工过程中遭到人为破坏,尤其是趾板浇筑后放置较长时间才浇筑的面板块,止水的后浇部分暴露时间太久,很容易损坏,以后无法修补,故应在拆模后按设计要求及时保护,可用木盒或金属特制的保护盒罩及方木围护。

六、接缝止水设施的施工

(1)金属止水片(带)按设计规格要求,可采用冷挤压、热加工或手工成型,成型后的止水片宜进行退水处理,在运输、安装时应避免扭曲变形。其表面浮土、锈斑、污渍等需及时清除,沙眼、钉孔、缺口等缺陷应进行焊补。

(2)金属止水片的连接,按其厚度分别采用折叠咬接、搭接或对缝焊接,咬接、搭接必须采用双面焊接;对缝焊接时应设贴片补块,并焊接在接缝两侧的金属止水片上,以增加抗拉强度。

(3)止水片凸体空腔内应塞入可塑填料或泡沫塑料条片,防止混凝土浇筑时水泥浆进入空腔。

(4)金属止水片就位后,与聚氯乙烯垫片接触的缝隙必须做防止浇筑混凝土时水泥浆进入空腔的封闭处理。金属止水片中心线与设计线的最大偏移量不得超过 5 mm,浇筑混凝土时应防止止水片产生变形、位移或遭到破坏。

（5）橡胶止水片的连接宜采用硫化热黏合。塑料止水片的连接按出厂的技术资料要求进行。连接的接缝应予以检验，不合格者应及时修补。橡胶止水片应利用模板固定，止水片中心线与设计线的偏差不得超过 5 mm，止水片的平面应平行于面板，其翼缘端部的上下倾斜值不得大于 10 mm。

（6）周边缝的宽度宜为 12 mm，当铜止水片鼻子的宽度大于 12 mm 时，必须在封底局部加大缝的宽度。缝内部应设置沥青浸清木板或填充板，宜固定在纸板上。

（7）周边缝 F 型铜止水片放在 PVC 或橡胶垫片上，垫片厚度为 4~6 mm，放在砂浆垫或细砂垫上。沥青砂垫的尺寸应填满铜止水片保护罩拆除后的空间。铜止水片鼻子内应填塞聚氯酯泡沫或其他塑性材料。周边缝 F 型铜止水片埋入趾板的宽度不小于 150 mm，此段止水片的方向应有利于浇筑混凝土时排气，另一平段宽度不小于 165 mm。铜止水片鼻子的尺寸和周边缝的位移有关，铜止水片鼻子的高度略大于缝的可能沉陷值，但不小于 50 mm，缝的切向位移大时，铜止水片鼻子的宽度宜适当增大，反之可用较小的宽度，但不得小于 12 mm。

（8）周边缝设计有柔性填料止水时，除做好柔性填料的密封外，还应采取措施使柔性填料能够构成表面封闭的止水系统。周边缝缝顶设计有柔性填料止水时应在周边缝缝口设橡胶棒。周边缝缝顶设计有无黏性填料时，保护罩应透水，但不允许无黏性填料被带出保护罩外。

（9）周边缝 Ω 型 PVC 或橡胶止水带宜使凹面朝向迎水面，铜止水片鼻子宜朝上。

（10）面膜用防锈处理的膨胀螺栓、角钢或扁钢固定。严寒地带，库水位变化区的面膜应专门研究加固方法。

（11）应做好周边缝止水片的施工期保护设计，保护罩的尺寸应尽量小。

（12）垂直缝底部的铜止水片应与周边缝底部铜止水片连接成封闭的止水系统。垂直缝无顶部柔性填料止水时，垂直线底部止水应与周边缝顶部柔性止水连接，形成封闭的止水系统。垂直缝的 W 型铜止水片鼻子高度宜为 50 mm、60 mm，鼻子宽度为 12 mm，立腿高度为 60~80 mm，两平段宽度宜不小于 150 mm。

（13）垂直缝 W 型铜止水片的底部应设置 PVC 或橡胶垫片，宽 150 mm，最小厚度 50 mm，砂浆垫的强度等级宜为 C20。垂直缝铜止水片鼻子内应用橡胶棒或聚氯酯泡沫塑料填塞，并用胶带封闭。垂直缝顶部有柔性填料时用面膜封闭的方式，并在缝面涂刷一薄层沥青乳剂或其他防黏结材料。缝内不宜设填充料，缝内填沥青浸木或其他代用品。

（14）施工缝不设止水。面板坡面钢筋应穿过水平施工缝的缝面，在面板拉应力区内不宜设施工缝。

（15）面板水平施工缝在钢筋网以上的缝面应垂直在面板表面，在钢筋网以下的缝面水平。

（16）趾板的施工缝面应与趾板表面垂直。

七、铜止水片的施工

（一）铜止水片的加工与成型

铜止水片出厂时一般为板材或卷材，需要在工地根据设计的形状进行加工成型处理。

成型的方式有冷压成型、热加工成型或手工成型,一般采用冷压成型方式。以往铜止水片的成型多采用工厂加工,1.5~2.5 m一段运到现场焊接。但由于现场焊接难度较大,而且焊缝又易破坏,是一个薄弱环节,若按2 m一段施工,焊缝很多,不仅不容易保护铜止水片的防渗质量,而且工序繁多,使安装的工作量增大,影响工程进度,因此为加快工程进度,目前国内大部分类似面板坝工程均采用卷材现场冷挤压成型工艺,即将铜止水片运至工作面,自制加工设备,在工作面附近按设计形状、尺寸,采用专门成型机根据现场需要长度加工挤压整体成型。成型机主要由压制中间凸体、压制翼缘、控制台三部分组成。加工工序为:①将铜卷材穿入带滚筒的托架;②分4级弯曲成型铜止水中间凸体(3级弯曲,1级整型);③半成品进入凹槽内,一次压出铜止水片翼缘;④根据面板接缝的长度并结合运输的要求,用钢锯截取所需长度。加工成型后的铜止水片成品放置在按一定间距排列的方木上,以防铜止水片产生变形和损伤。成型的止水片应由专人检查,表面应平整光滑,不得有机械加工引起的裂纹、空洞等损伤。在搬运和安装时应避免扭曲变形或其他损坏。其加工制作的允许偏差,如表6-24所示。

表6-24 铜止水片加工制作的允许偏差

项目		允许偏差(mm)及质量要求
制作(成型)偏差	宽度	±5
	铜止水片鼻子或立腿高度	±3
	中心部分直径	
铜止水片连接		焊缝表面光滑、无孔洞、无裂缝、不渗水

面板系统有一些"十"字形或"丁"字形接缝,为适应面板双向自由变形的特点,常采用工厂整体冲压成型的"十"字形或"丁"字形止水片接头,如图6-7所示。

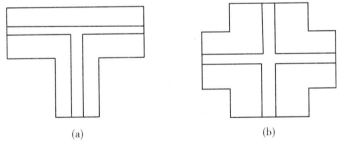

(a)   (b)

图6-7 "十"字形或"丁"字形止水片接头

(二)铜止水片的安装

(1)必须保证铜止水片准确就位,同时要精心施工,防止在施工过程中铜止水片遭到破坏,产生位移或混凝土出现缺陷,引起绕渗。

(2)铜止水片下的砂浆垫层应平整,其平整度用2 m长的直尺检查,偏差不应大于5 mm,砂浆垫层的宽度应符合设计要求。

(3)铜止水片在安装前应将其表面的浮皮、锈污、油漆等清除干净,检查和校正加工的缺陷。

（4）铜止水片连接宜采用对缝焊接或搭接焊。采用对缝焊接时，应采用单面双层焊道焊缝，必要时可在对缝焊接后利用相同止水片形状和宽度不小于60 mm贴片，对称焊接在接缝两侧的止水片上。搭接焊宜采用黄铜焊条气焊，不应用手工电弧焊接。

（5）焊接接头应表面光滑、无孔洞和缝隙、不渗水，搭接焊宜双面焊接，搭接长度应大于20 cm，并应抽样检查，方法是采用煤油或其他液体做渗透试验检查。

（6）铜止水片安装后，应用模板夹紧等措施固定牢靠，使铜止水片鼻子的位置符合设计要求，安装就位后，周边缝铜止水片鼻子外缘应涂刷一薄层沥青漆，止水片的立腿应彻底清除干净，两平段端部应有防止水泥浆流入的措施。其安装后的误差应符合表6-25中规定。

表6-25　铜止水片安装的允许偏差

项目		允许偏差（mm）
安装偏差	中心线与设计线偏差	±5
	两侧平段倾斜偏差	±5

河口村水库大坝面板铜止水片的安装技术要求：

（1）铜止水片下部不平整的地方用砂浆抹平，保持平整度为5 mm。

（2）铜止水片的异型接头有T形与L形两种，需整平冲压成型，B形变形缝的接头按所存在的夹角整体冲压成型，成型后的接头不应有机械加工引起的裂纹或孔洞等缺陷，若有应进行处理或补焊。

（3）施工时应尽量减少铜止水片的接头，铜止水片连接采用对缝或搭接缝焊接，焊接采用黄铜焊条，要求表面平整光滑、无空洞和缝隙、不渗水，并双面焊接，各类型铜止水片厚度均为1.2 mm。

（4）安装应固定牢固，使位置符合设计要求，周边缝铜止水片鼻子顶部应刷一薄层沥青乳液。

（5）铜止水片鼻子用橡胶棒和聚氨酯泡沫塑料填塞，并用胶带纸封底，止水片的立腿应彻底清擦干净，两平段端部也应采用聚氨酯泡沫填塞，胶带纸封闭，防止水泥浆流入。周边缝在施工过程中应严加保护，周边缝止水木材保护罩要保护好，为保证周边缝及面板缝的止水和混凝土胶结牢固，面板和趾板两侧各50 cm浇筑混凝土中应剔除超径石。

八、橡胶或塑料止水带的施工

橡胶或塑料止水带应按设计图纸要求的部位和高程安装，在使用前应清除橡胶或塑料止水带表面的油渍、污染物，修复被损伤的部分，然后将止水带牢靠地夹在模板中。止水带的中间孔隙（腔）体应安装在接缝处，其空腔体中心线与接缝线的偏差不得超过5 mm。不允许在止水带上任意钉钉子或穿孔，尤其是在空腔体附近更应禁止。为防止混凝土振捣时止水带受振发生走位、翘曲等问题，每隔1 m左右用铁丝将止水带固定在钢筋上。橡胶或塑料止水带接头按其生产厂家的要求采用热黏结或热焊,搭接长度应大于150 mm,橡胶止水带接头应采硫化连接,接头内不得有气泡、夹渣或渗水,中心部位应黏结紧密、连续,拼接处的抗拉强度应不小于母材抗拉强度的 60%。止水带两平段应在同一个平面上。橡胶或塑料止水带制作及安装允许偏差见表 6-26。

表 6-26 橡胶或塑料止水带制作及安装允许偏差

项目		允许偏差(mm)
制作成型偏差	宽度	±5
	中心部分直径	±2
安装偏差	中心线与设计线偏差	±5
	两侧高程倾斜偏差	±10

九、止水材料的施工

(一)GB 填料的技术要求

(1)止水胶的技术要求:外观要求胶料光滑细腻,尺寸误差长度与宽度均为 ±5%。

(2)嵌填部位的基面处理。待粘贴混凝土面的处理方法是用腻子刀、钢丝刷除去松动的混凝土表面粉粒及污渍,然后用湿棉纱把清理面擦拭干净,对于局部不平整的混凝土面(如蜂窝麻面)需用聚合物砂浆找平。

(3)对周边缝 GB 填料直接粘贴在波形止水带的表面,进行处理的方法是用湿棉纱擦去波纹形止水带表面的污渍,可用汽油等有机溶剂擦拭干净。

(4)GB 填料之前,先根据 GB 填料的设计断面确定嵌填形状,把 GB 填料板切割成相应的形状进行嵌缝填筑。

(5)待粘贴部位经过表面处理后,即可涂刷 SK 底胶,底胶涂刷要均匀,不宜过厚,涂过底胶后要晾置一段时间,待底胶开始变黏变稠时方可粘贴 GB 填料。

(6)撕去 GB 填料板一边的防粘纸,沿 GB 填料板的长度方向,从板的一端向另一端渐进粘贴,粘贴过程中注意排出 GB 填料板与粘贴之间的空气。

(7)GB 填料粘贴后必须加压,可使用橡皮锤以保证嵌填质量。

(二)GB 止水条与铜片的复合粘贴施工技术要求

(1)铜片的表面处理。若有氧化层,用 80 号纱布对铜止水片粘贴部位进行打磨,直到除掉氧化层露出新铜为止,应将铜片待粘贴部位用湿棉纱擦拭干净。

(2)对于表面有油渍的铜片,用有机溶液(如汽油等)进行擦拭,去掉油渍。

(3)将 GB 止水条的防粘纸撕去,用塑料焊接(功率不小于 1 000 W)加热 GB 止水条和铜片,现将 GB 止水条的一段贴在铜片上,然后一边加热一边将 GB 止水条压紧在铜片上。

(三)GB 三元复合橡胶板安装技术要求

(1)将待粘贴 GB 三元复合橡胶板的混凝土面用钢丝刷刷去松动的混凝土表层,同时将混凝土表面的油渍、灰浆皮及杂物清除掉。

(2)用湿棉纱将清理后的混凝土表面擦拭一遍,晾干后立即进行下一道工序,以防止混凝土表面再次受污染,一次清理长度以 1 m 为宜。

(3)对于局部不平整的混凝土表面(如蜂窝麻面)须预先用聚合物砂浆找平。

(4)复合板的安装。在已处理的混凝土表面均匀涂刷 SK 底胶,然后引导复合盖板粘贴在混凝土表面,SK 底胶具体使用时在粘贴过程中注意排气。

(5)用打孔器在复合板上钻孔,其大小以膨胀螺栓的尺寸为准。

(6)用电锤在混凝土上按设计深度打孔,成孔后用压力风清除混凝土内的粉末。

(7)在室内灌注 W/C(水灰比)小于 0.35 的自流微膨胀水泥净浆,然后放入膨胀螺栓。在水泥净浆失去流动性之前紧固膨胀螺栓。

(8)在扁钢上打膨胀螺栓孔安装复合板,膨胀螺栓的拧紧分三次进行,第一次、第二次紧固时间为 7 d,最后一次紧固应在加铺黏土或粉细砂铺盖以及下闸蓄水前进行。

(9)复合板之间的连接除按设计允许的搭接外都应采用现场硫化的方法进行连接。

(10)安装完毕后的复合板应与 GB 柔性填料和混凝土表面紧密结合,不得有脱空现象。扁钢对复合板的锚压要牢固,保证复合板与混凝土间形成密封腔体。

(四)GB 复合全封闭型橡胶止水带施工技术要求

(1)GB 复合全封闭型橡胶止水带的安装必须按设计图纸的要求进行,施工时应将该侧止水带所复合的 GB 表面防粘纸撕去,止水带另一侧复合的 GB 表面的防粘纸保留,直至浇筑另一侧混凝土前才能撕去,以防止 GB 表面污染。施工时应将止水带固定在模板中。止水带的鼻子要安装在混凝土的分缝中心线上。铺设的止水带,必须在止水带两侧均匀浇筑混凝土,应避免气泡和水集聚在止水带背面形成空洞。

(2)垂直铺设止水带,在止水带两侧必须均匀浇筑混凝土。若止水带附近的钢筋较密应剔除粒径较大的石子,然后振捣密实。

(3)止水连接头的连接使用橡胶止水带现场硫化接头方式。

(五)GB 复合波形橡胶止水带安装施工技术

(1)安装时必须按设计图纸的要求进行施工,止水带中心线与设计线的安装允许偏差为 ±5 mm。

(2)用棉纱将待粘贴波形止水带的混凝土表面擦拭一遍,除去表面上的污物、浮土和积水。

(3)在擦拭干净后的混凝土表面涂刷 SK 底胶,将波形止水带粘贴在混凝土上,SK 底胶的具体使用方法按要求进行。

(4)用打孔器在波形止水带上钻孔,孔的大小以膨胀螺栓尺寸为准。

(5)安装完的波形止水带,应与混凝土表面之间紧密结合,扁钢对止水带的锚压要牢固。

十、无黏性填料的施工质量要求

(1)无黏性填料保护罩的材料及尺寸。固定保护罩的角钢、膨胀螺栓的材质规格和间距均应符合设计要求。角钢及膨胀螺栓应经防腐处理,无黏性填料安装保护罩固定需要先固定保护罩再填无黏性填料。为填塞密实,应先加水泥填料湿润成团再填入,必要时还要加水使其进一步密实。

(2)无黏性填料的施工应从下向上进行。河床段应分层填筑,适当压实,其外部可用石模等材料保护,两岸斜坡段应先安装保护罩,然后填入无黏性填料。

(3)周边缝顶部同时有柔性填料和无粉性填料时,应先按分段完成柔性填料施工后,接着完成无黏性填料施工。

(4)对施工缝处理的要求:

①施工缝处理应在混凝土强度达到 2.5 MPa 后进行。

②施工缝处理时缝面上不应有浮浆,松动料物宜用冲毛或刷毛处理成毛石,以露出砂浆粒为准。施工缝石上的锚筋在浇筑面前应进行清理整型。

③施工缝面应冲洗干净,湿润无积水,并铺一层水泥砂浆,其厚度宜为 15～20 mm。水泥砂浆强度等级应与混凝土相同。应在水泥砂浆初凝前浇筑新混凝土。

十一、止水结构系统安装施工质量的检查

止水结构系统安装施工结束后,应进行如下检查与验收:

(1)所用止水系列的材料,均应符合规定和设计要求。

(2)止水系列在施工过程中的检查:

①铜止水片加工成型、接头焊接后均应仔细检查,是否有机械加工所引起的裂纹、孔洞等损伤,是否有漏焊、欠焊等缺陷,并检验是否渗水。确定质量合格后再进行安装。

②混凝土浇筑前应对止水安装质量进行检查,并填写止水安装质量评定表,经三检合格、监理认可后方可开展。

③柔性填料填塞完成后,应以 50～100 m 为一段。用模具检查其几何尺寸是否符合设计要求,并抽样切开检查柔性填料与 V 形槽表面是否黏结牢固,是否密实。若黏结质量差,应返工处理。对填料的密封面膜及膨胀螺栓的坚固性质抽样检查。

④无黏性填料的检查项目和要求如表 6-27 所示。

表 6-27　无黏性填料的检查项目和要求

项目	质量要求	允许偏差(mm)
保护罩规格	材质、材料规格尺寸应符合设计要求	位置误差≤30
保护罩安装	膨胀材料螺栓的规格间距符合要求,牢固	孔距误差≤50
无黏性填料填筑	填料品种、粒径符合设计要求,填筑密实	孔深误差≤5

十二、止水结构系统的机械化施工要求

（1）运往工地的材料应存放在干燥、干净的库房内，不得露天放置。镶嵌材料的上方不要放刚性重物，以免材料变形。施工现场的库房应注意防火。

（2）雨天不能施工，雨过以后，因面板表面潮湿也不能立即施工。施工时一定要保证接缝处理，面板缝槽要保持表面干燥。

（3）嵌缝材料在使用过程中，不得黏上污物，应保持清洁，当材料较硬时，可以适当加热，以便操作，但严禁用明火烤，可采用碘钨灯照射或红外线加热器加热烘烤，嵌缝材料在加热过程中，应按规定严格控制温度和加热时间，以防材料老化。

（4）热灌嵌缝材料时，应按施工工艺要求自下而上逐段进行，并尽量减少接头数量。将嵌缝填料用刮刀或压板分层，逐渐加厚，直到填至所要求的形状和尺寸，在灌注过程中，适当加压以驱赶气泡，使嵌缝材料充分地挤紧到预溜槽中，避免出现通道和空间。

第七章　混凝土面板、趾板、连接板的施工技术

混凝土面板、趾板、连接板是面板堆石坝的主要防渗结构,其质量直接关系着大坝的运行性能和使用寿命,面板、趾板和连接板均为混凝土薄板结构,各板块之间由所设的止水结构的接缝连接。在施工过程中,由于连接板与趾板及面板暴露于空气之中,运行期间又承受较大的水压力和坝体变形的影响,最容易出现裂缝和连接缝张开所造成的大坝渗漏,因此在施工过程中如何减少裂缝和提高接缝的抗变形能力,是在施工中的关键问题。

面板、趾板及连接板施工的特点:

(1)面板和岸坡部分的趾板均在斜坡面上施工。作业面较高、施工难度较大。

(2)趾板施工一般按要求在坝体大规模填筑之前完成。面板施工多在堆石坝体填筑完成或填至某一高度后,在气温适当的季节内分期集中进行,工期往往要求很紧。混凝土趾板和面板,一般常用滑模施工,由下而上连续浇筑。趾板、面板在特殊部位也可用钢木结合模板施工。使用滑模的优点:①施工前只需加工一套或两套滑模,可节约模板和脚手架的材料用量。减少支模、拆模、搭设脚手架等工时和材料的消耗,从而降低施工费用。②加快施工进度,减少工序、缩短工期。由于可大量减少支模、拆模、搭设脚手架等工序,且绑扎钢筋、滑模和浇筑混凝土等工序配合进行,使工作条件得到了改善,从而提高了工作效率。③可以保证面板混凝土的质量。由于混凝土的浇筑是连续上升的,始终在滑模上进行,易于操作捣实,可以减少面板施工缝,从而提高了面板的整体性和质量。④有利于安全施工。施工人员在操作平台和抹面平台上工作,并有可靠的安全设施。

(3)由于各种连接缝中均有止水构件,同时又有钢筋存在,需要进行多种作业,故其施工质量要求高。

(4)面板运用滑模施工具有连续作业的性质,一般情况下中途不得停歇,因此在施工前必须编制面板、趾板、连接板的施工组织设计。其内容包括:施工平面布置,现场运输的方法和设备;施工顺序与进度安排;混凝土配合比设计(根据外加剂、掺和料的应用);滑模设计与制作;牵引设备的选择与布置;滑模的工艺与主要技术措施;劳动力组织;各种材料等的供应计划;安全技术和质量检查措施等。这些内容均应提前做好充分的准备,以确保工程施工安全。

第一节　面板、趾板、连接板的施工技术要求

(1)面板、趾板、连接板的混凝土原材料应符合有关的技术标准。水泥品种宜选用硅酸盐水泥或普通硅酸盐水泥,其标号应不低于 425 号。使用矿渣水泥时应经试验论证及主管部门批准。

(2)面板、趾板、连接板的混凝土配合比除应满足各自的施工设计要求外,尚应满足施工工艺要求:①水灰比应通过试验确定。一般宜取 0.45 ~ 0.55。②掺用减水、引气、调

凝等外加剂及定量的掺合料时,其掺量应通过试验确定。③塌落度应根据混凝土的运输、浇筑方法和气温条件确定。

(3)混凝土运输设备应根据施工条件选用。运输过程中应避免发生离析、漏浆、严重泌水或过多降低塌落度,并尽量减少运转次数和缩短运输时间。

(4)混凝土入仓宜选用滑槽输送,滑槽顶端应设集料斗。滑槽衔接处不得脱落、漏浆。滑槽出口距仓面的距离应小于 3 m。

(5)浇筑混凝土时,应有防雨、防晒、防冻等保护措施。

(6)合理的混凝土配合比必须做到以下要求:

①达到设计的混凝土强度等级。满足混凝土的设计强度要求。

②保证混凝土具有良好的和易性。满足施工时对混凝土流动性的要求。

③具有一定的抗渗性、抗冻性及抗侵蚀性。满足工程运用时的防渗与耐久性要求。

面板、趾板、连接板的各个配合比的选择有其特殊性。这是因为面板、趾板运用滑模施工。为了保证模板顺利滑升,要求拌制出的混凝土凝固时间合适,便于滑槽输送且在输送过程中不离析、不分层,入仓后易于振捣,出模后不泌水、不下塌、不被拉裂。在混凝土中均掺入引气剂,使其含气量在 3% ~5% 范围内。掺用减水剂,能改善混凝土的和易性,减少混凝土的离析与泌水,使混凝土易振捣密实并节约水泥用量。掺用调凝剂(包括早强剂、速凝剂、缓凝剂)能根据不同条件的施工需要调节混凝土的凝结时间(需经过试验确定),以保证面板、趾板滑模上升速度,以及出模后混凝土的稳定性。

(7)混凝土的塌落度,应根据混凝土的运输浇筑方法和气温条件决定。采用滑槽输送面板混凝土的关键是塌落度的选用。塌落度太大,超过 10 cm 时,混凝土滑行速度过大,在滑行过程中石子先于砂浆出现,造成入仓混凝土不均匀的现象。塌落度太小,低于 2 cm 时,混凝土松散,增加滑行阻力,不仅影响施工速度,而且在滑行过程中出现砂浆在下、石子在上的分层现象。

塌落度对混凝土入仓后的振捣、出模后的泌水或流浆都有很大的影响。混凝土太干时难以振捣。出模后混凝土表面因缺浆而容易形成蜂窝。混凝土太稀时,振捣过程中易形成石子下沉的分层现象。因砂浆大部分在上面,出模后泌水较多,在混凝土表面产生水流的痕迹,严重的会造成流浆,影响施工质量。所以,在施工过程中必须对混凝土的塌落度加以严格控制。依据工程实践经验和国内类似试验成果,得出面板滑模施工用滑槽输送时,混凝土的塌落度应控制在 4 ~7 cm 范围(晚间混凝土入仓塌落度宜为 4 ~5 cm,白天混凝土入仓塌落度宜为 6 ~7 cm)。

面板与趾板施工期间应加强气象预报工作。根据气象资料,对不同的施工天气事先做好妥善安排。

第二节　面板、趾板、连接板的混凝土浇筑

面板、趾板、连接板的混凝土浇筑施工,一般的流程大体一样。

连接板与趾板施工必须在基岩面开挖清理和冲洗干净后,并按隐蔽工程质量要求验收合格后方可进行。面板必须在基面即垫层或挤压边墙面处理合格并按隐蔽工程质量要

求验收合格后方可进行。

一、一般的施工技术要求

（1）连接板、趾板底部基岩面在浇筑混凝土之前，必须冲刷干净，清除表面残渣、浮山的杂物及松动的石块。在混凝土入仓前应先用水泥净浆涂布于基岩的表面，且在其处于潮湿状态时，立即浇筑混凝土，以保证混凝土与基岩有很好的粘接效果。

（2）混凝土应连续浇筑，如必须间歇进行，其时间应尽量缩短。时间间歇应根据水泥品种及气温条件并通过试验确定，如无试验资料也可参考表7-1的规定，但不得超过表中的规定。

表7-1　混凝土浇筑的允许间歇时间

混凝土浇筑气温(℃)	允许间歇时间(min)	
	普通硅酸盐水泥	矿渣硅酸盐水泥及火山灰硅酸盐水泥
20 ~ 30	90	120
10 ~ 20	135	180
5 ~ 10	195	

注：本表中的数值未考虑外加剂、混合材料及其特殊施工措施的影响。

（3）混凝土的浇筑与振捣。应做到质量均匀、振捣密实，尤其是在止水结构附近，一定要将止水结构下面的气体排净，否则容易使趾板、连接板的混凝土形成缺陷，产生蜂窝、麻面。

（4）面板浇筑混凝土时，其基础石、垫层料或挤压边墙层的平整度一定要符合设计及相关规范的要求。

（5）面板、趾板、连接板浇筑时严禁不合格的混凝土料进入仓内。

（6）面板、趾板、连接板在浇筑混凝土前应检查模板、支架、钢筋预埋件和止水设施的情况。当发现有变形、移位时，应立即停止浇筑，并应在已浇筑的混凝土凝结前整理完好。

（7）面板、趾板、连接板在浇筑混凝土时，应根据气温、设备能源、运输等条件，在节省费用、保证质量的前提下选择合适的施工方法，并采取可靠的季节施工措施。

（8）面板、趾板、连接板的混凝土浇筑块成型后的偏差不应超过模板允许偏差的50% ~ 100%，并在终凝后6 h内加以覆盖和洒水养护。其程度应使混凝土表面一直处以湿润状态，养护时间28 d。面板养护到水库蓄水前。在低温下施工应采取保温措施，气温不应低于+5 ℃。

（9）面板、趾板、连接板在拆模后应及时对止水件进行保护。

二、面板、趾板、连接板混凝土浇筑过程

面板、趾板、连接板混凝土施工包括混凝土的拌和、运输、钢筋绑扎、模板架设、养护等几个过程。

（一）混凝土的配料及拌和

混凝土拌和机器有自落式和强制式两种。大型的水利工程混凝土生产采用拌和楼或集中的拌和站。为保证混凝土的质量，拌和楼（站）的位置应选择与坝面尽量靠近，以缩短运距、方便施工。为保证混凝土的配料与拌和，要求严格按照事先所做的配比试验和规程执行，并做到以下要求：

（1）所用材料的称量必须准确，砂、石料称量误差不应超过 2%，水泥及外加剂称量误差不应超过 1%。

（2）下料顺序应符合操作规程。首先加入砂、石骨料，再加入所需拌和水量的 65% ~ 70%，在搅拌短时间后，再加入水泥及掺有液体的外加剂。

（3）外加剂溶液的浓度必须均匀，底部不得有沉淀，使用前一定要搅拌均匀，至少使用前一天配置的，不得现配现用。

（4）在混凝土拌和过程中，骨料的含水量应根据当地气候和供料的变化情况适时调整。

（5）混凝土必须搅拌均匀后才能卸料。搅拌时间不得少于 2 min。

（6）当拌制成的混凝土和易性较差时，在其他材料用量不变的条件下，允许增加 10 ~ 20 kg/m^3 的水泥量，以改善混凝土拌和物的和易性。

（7）除在机口进行塌落度试验外，还要求在浇筑仓面取一定数量的试件进行抽样试验，对所浇筑的混凝土块进行正确的评价。

（二）混凝土的运输

混凝土的运输主要取决于搅拌楼到浇筑混凝土建筑物之间的距离。其运输方式主要有搅拌车、自卸汽车和皮带输送机等，最常用的是搅拌车，因为其不受当地气温、湿度、阴晴、时间及其他因素的影响，且不会出现塌落度损失、水泥浆流失、置料离析等现象，从而确保混凝土的质量。有时限于施工单位的机具条件，只能用自卸汽车运输时，要注意汽车的斗容量与搅拌机容量匹配，不要使装料运输时间过长，车厢要设置挡板避免水泥浆流失，所以在混凝土拌和时调整好出机口的塌落度，考虑运输过程中的塌落度损失，保证入仓混凝土的和易性。

混凝土的入仓方式主要有斜溜槽输送和混凝土泵送两种。在小型的面板堆石坝工程中也可用吊罐入仓。对采用泵送混凝土的入仓方式应注意：由于泵送混凝土的碎石粒径、砂率、最少水泥用量、塌落度、水泥品种等方面的严格要求，因此混凝土容易发生堵塞，一旦堵塞就必须停止输送，急需停止工作清洗管道，影响施工正常进行和施工速度。另外，由上而下输送也容易产生气堵问题，而且混凝土泵送的消耗动力、其台班费和附属设施的磨损费用也很大。因此，在国内外类似工程很少采用这种输送方式。采用斜溜槽输送混凝土，设备简单、安装拆卸方便，同时便于操作，设备费用少，不需要动力，比较经济。只要混凝土的施工配合比选择合适并掺入适当的外加剂来改善和调节混凝土的各项性能，从几十米甚至百米以上高度滑下，骨料与浆体不会发生分离，入仓后的混凝土仍能保持良好的和易性。所以目前全国类似工程大都采用斜溜槽入仓方式。

斜溜槽的结构型式：一般采用 1 ~ 2 mm 钢板卷制，溜槽尺寸一般为 40 cm × 30 cm × 17.5 cm（也可根据各个工程经验和材料而确定）。斜溜槽布置在每分块面钢筋网中间，上接集料斗，下至离滑模前缘 0.8 ~ 1.5 m 处。在滑模滑动过程中按需要取下末一节溜槽。溜槽应分段系在钢筋上以保证安全。一般的要求为 12~15 m 宽的板块最好使用 2 条溜槽。斜溜槽输送时应防止溜槽脱节而漏浆,尽量避免混凝土堵塞流出。在混凝土下滑时应将溜槽尾端左右摆动,避免溜槽尾端混凝土堆积过多而给平仓振捣带来困难。为保证钢筋与混凝土的良好结合,对仓面以上附着于钢筋上的水泥砂浆应及时予以清除。为了沿滑模前沿均匀下料,有的类似工程将溜槽布置在相邻块的边缘并在滑膜处安装一条水平皮带。采用皮带输送机将斜溜槽下来的料送到所浇筑混凝土板块的所在部位,做到均匀入仓,避免在溜槽末端堆积过多,不便布料。

混凝土运输的总体要求是应使混凝土在运输过程中不要发生离析、漏浆、严重泌水或过分降低塌落度等,应尽量减少运输次数和缩短运距及时间。其在运输过程中砂浆损失应控制在 1.5% 以内,否则应采取改善措施。当混凝土拌和物的塌落度不能满足输送或仓面振捣要求时,只允许在搅拌站进行塌落度的调整,严禁在输送过程中加水,以及浇筑混凝土仓面时加水。

第三节　面板、趾板、连接板的模板安装要求

三种不同的结构形式,应在现场根据实际情况分别采用不同种类的模板:连接板一般都是采用普通的钢、木模板;趾板一般采用钢、木组合模板与滑模相结合;面板的模板分有轨滑模和无轨滑模两种。

一、模板工程的一般规定

(1)应根据混凝土结构物的特点及施工所用的材料、设备和所采用的工艺等条件,尽可能采用先进技术且经济合理的模板形式。

(2)模板及支架必须符合以下要求:

①保证混凝土浇筑后结构物的形状、尺寸与相互位置符合设计的规定;

②具有足够的稳定性、刚度和强度;

③尽量做到标准化、系列化、拆装方便、周转次数多,有利于混凝土工程的机械化施工;

④模板表面光洁平整、接缝严密、不漏浆,以保证混凝土表面的质量。

二、模板所用的材料要求

(1)模板及支架所用的材料等级应根据其结构特点、质量的要求及所需周转的次数确定。一般优先选用钢材、混凝土和混凝土预制品,并结合需要采用少量木材。所采用的模板材料质量应符合国家相关标准和部颁相关标准的规定。

(2)如果采用木材,其种类可按各地所供应的情况选用。其质量应达到 Ⅱ、Ⅲ 等材的标准。腐朽、严重扭曲或脆性的木材不应使用,木材宜提前备料。应在其干燥后使用,其湿度宜为 18%~23%。

三、模板设计时应考虑的因素

(1)模板工程最好是标准化和系列化,应按水工建筑物的设计尺寸、结构、形状及分

层分块的情况来确定。

（2）按设计图纸的设计荷载及控制条件，分别对重要结构物的模板，承重模板，移动式、滑动式、工具式及永久性的各类模板进行模板设计。提出对材料、制作、安装、使用及拆除工艺的具体要求，并考虑混凝土的浇筑顺序、速度、施工荷载等。结合国家相关标准和部颁相关标准的规定，或按模板的具体工作条件适当选用。

（3）模板及支架应按下列荷载来计算：①模板及支架的自重及新混凝土的重量和钢筋的自重。②工作人员及工具和混凝土浇筑设备等荷载及振捣混凝土时产生的荷载。③新浇混凝土的侧压力。④特殊荷载：如风荷载等。

（4）在计算模板及支架的强度和刚度时，应根据模板支架的抗倾稳定性，按下面的荷载组合进行确定：

①承重模板：薄壳底模板及支架的计算强度用以上基本荷载中的模板及支架自重、新浇混凝土重、钢筋重及人员、工具和设备重。板的刚度计算采用模板及支架自重、钢筋及混凝土的重量。

②梁及其他混凝土结构（厚度 0.4 m）的底模板及支架的设计强度采用模板及支架自重、混凝土及钢筋的重量和振捣混凝土时产生的荷载。

梁的刚度计算，采用模板支架钢筋及混凝土的重量计算。

（5）承重模板及支架的抗稳定性应按照下列要求核算。

①倾复力矩：应计算下列三项倾复力矩，并按下列要求核算：风荷载；实际可能发生的最大水平作用力；作用于承重模板边缘 150 kg/m 的水平力。

②稳定力矩：模板及支架自重，拆减系数为 0.8，如同时安装钢筋应包括钢筋的重量。

③抗倾稳定系数：应大于 1.4。

（6）除悬臂模板外，竖向模板与内倾模板都必须设置内部撑杆或外部拉杆，以保证模板的稳定。

（7）梁跨大于 4 m 时，梁应有起拱值，一般为跨长的 0.3%左右。

四、模板制作要求

（1）模板制作后，钢模面板及活动部分应涂防锈的保护涂料，其他部位应涂防锈漆。木模面板宜涂石蜡或其他保护涂料。

（2）模板制作前的允许误差应符合模板设计的规定，一般不得超过表 7-2 的规定。

表 7-2　模板制作的允许误差

偏差名称	允许偏差（mm）
一、木模	
小型模板长和宽	±3
大型模板（长宽大于 3 m）长和宽	±5
模板面平整度，相邻两板面高差，局部不平	1.5
面板缝隙	2

续表 7-2

偏差名称	允许偏差(mm)
二、钢模	
模板长和宽	±2
模板面局部不平	2
连接配件的孔眼位置	±3

五、模板安装的技术要求

(一)连接板与趾板的模板安装

连接板与趾板的模板安装必须按设计图纸测量放线。重要部位应多设控制点,以利检查校正。在模板的安装过程中,必须经常保持足够的临时固定设施,以防倾覆。支架必须支撑在坚实的地基或老混凝土上,并应有足够的支撑面积,斜撑应防止滑动。在湿陷性的黄土地区,必须有防水设施。支架的立柱必须在两个互相垂直的方向上,且用撑拉杆固定,以确保稳定。模板的钢拉条不应弯曲,直径宜大于 8 mm,拉条与锚环的连接必须牢固。模板与混凝土接触面板,以及各块模板的接缝处,必须平整严密,以保证混凝土的平整度和混凝土的密实性。在建筑物分层施工时,逐层校正下层偏差模板的底部,应平整,不宜错台。模板在使用前宜涂脱模剂,但应避免因污染而影响混凝土的外观质量。钢承重骨架模板,必须按设计位置可靠地固定在承重骨架上,以防止在运输和浇筑时错位。模板及支架上严禁堆放超过设计荷载的材料及设备。混凝土浇筑时,必须按模板设计荷载控制浇筑顺序、速度和施工荷载。在混凝土浇筑的过程中,应设置专人负责经常检查模板的形状和位置。尤其对承重模板的支架应加强检查维护。模板如有变形走样,应立即采取措施防止。

(二)面板模板的制作与安装

面板的施工常用模板机具,其主要包括滑动模板、侧模板、索引机具等。面板滑模根据其支撑和行走方式可分为有轨滑模和无轨滑模两大类。

1. 有轨滑模

有轨滑模是早期使用的一种滑模,滑模两侧设有滚轮,滚轮支撑在重型的轨道上。在牵引设备的作用下滑模向上滑升。轨道由工字钢或槽钢制成。安装在轨道梁或已浇筑的混凝土面板上,由于滑模的轨道既起到支撑作用又有准直作用,所以在安装时对轨道的精度要求较高,同时必须牢固地固定在垫层或挤压边墙的坝面斜坡上。为防止其在受力后产生变位或失稳。有轨滑模的牵引设备可以设在坝顶用卷扬机或穿心千斤顶、手动葫芦或油压千斤顶爬升器。

有轨滑模的施工工序:

(1)在垫层保护层面铺水泥砂浆或轨道垫板,并在底部止水处铺水泥砂浆垫作为基座。如为挤压边墙轨道,垫板直接铺在其上以挤压边墙作为基座。其表面的平整度要求较高。

（2）在砂浆垫层或挤压边墙上放伸缩缝线并定出轨道位置,打固定轨道支架的锚杆及架立钢筋。

（3）架设钢筋网。

（4）安装导轨,对导轨进行精度校正。

（5）安装侧模和铜止水片。

（6）利用吊车安装滑模,并进行滑模试运转。

（7）进行混凝土的浇筑。

这种有轨滑模的缺点是:滑模本身的重量较大,加工投资费用高,使用不太方便。面板浇筑前的准备工作较长,工序烦琐,占用直线工期。在趾板处需要先人工浇筑一起始的三角块,将面板填补成平面后,才能用滑模浇筑主面板。有轨滑模系统如图 7-1 所示。

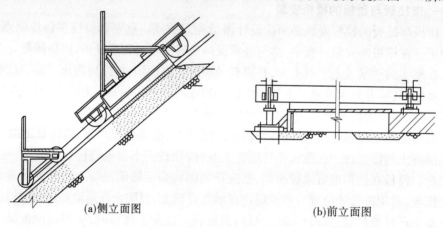

(a)侧立面图　　　　　　　　　(b)前立面图

图 7-1　有轨滑模系统

2.无轨滑模

无轨滑模是在有轨滑模的基础上发展起来的,在有可靠侧向约束(侧模)的情况下,滑模自重的法向分力主要由仓内新浇混凝土承受。滑模滑升时以直线运行,混凝土的浮托力近似为常数,对宽 1.1 m、长 12 m 的滑模,在坡度为 35.5° 时滑模上升的速度为 1 m/h 时,测得的浮托力为 31.3 ~ 40.0 kN。面板滑模可以实现无强度的脱模。只要混凝土塌落度控制恰当(4 ~ 7 cm),出模后的混凝土就不会壅高或流淌。模板与混凝土之间的粘滑阻力很小。

1)无轨滑模的设计要点

（1）滑动模板平面尺寸的选定。

滑模的宽度(坝坡方向)与坝面的坡度、混凝土凝结的速度有关,一般为 1.0 ~ 1.2 m,有时超过 1.5 m。滑模的宽度要保证合理的滑升速度,滑模长度(水平方向)应根据面板的设计宽度(面板垂直分缝的间距)来确定,使滑模设备具有通用性。滑模梁架的总长度要比面板纵缝间距大 20 ~ 40 cm,以便在梁的两端搁置点处布置支撑,使滑模沿轨道滑行。滑模大都在现场的工厂制作和拼装,所以滑模的分节长度应根据现场混凝土浇筑不同面板宽度而拼装组合。

（2）滑模的重量计算。

滑模的自重加配重的法向分力应大于新浇混凝土对滑模产生的上托力,即要求:

$$(G_1 + G_2)\cos\alpha \geq P$$

式中:G_1、G_2 为滑模的自重、配重,kN;α 为滑模面板与水平面的夹角;P 为新浇混凝土对斜坡面上滑模的浮托力,kN。

P 由下式计算:

$$P = P_n Lb\sin\alpha$$

式中:P_n 为内侧面板的混凝土侧压力,kPa;L 为滑动模板长度,即所浇板块的宽度,m;b 为滑动模板的宽度,m。

(3)滑模牵引力的计算。

$$T = (G\sin\alpha + fG\cos\alpha + \tau F)K$$

式中:T 为滑模牵引力,kN;G 为滑模自重加配重,kN;τ 为刮板与新浇混凝土之间的黏结力,一般为 2 kPa;f 为对于滚轮支撑的滑模,可采用滚轮系数,取 0.05,对于侧模支撑的滑模采用滑动摩擦系数;α 为坡面与平面夹角;F 为滑模与新浇混凝土的接触面面积,m^2;K 为安全系数,一般取 3~4。

在计算出牵引力后,根据所计算的数据来选择牵引设备。

(4)滑动模板的构造要求。

滑动模板上应具有铺料、振捣的操作平台,其宽度应大于 60 cm。滑模尾部应具有修整平台,可采用型钢三角架,吊悬在滑模后的架梁上,随滑模一起上升。三角架上铺木板,修整平台也可采用台车,台车可挂在滑模后面并在轨道上行走。操作平台与修整平台应呈水平状态,并设有栏杆,以保证工人在平台上的安全。为养护面板混凝土,也可在修整平台背后吊装一根多孔(微孔)喷水管。滑动模板应具有防滑安全保护措施,以确保施工安全。

(5)侧模的计算。

侧模的作用有三个:支撑滑动的模板作为模板、滑动的轨道、限制混凝土拌和物侧向变形。故侧模的厚度通常设计为 5 cm,可采用钢木结构。为减小摩擦和防止摩擦破坏,在模板上安装一角钢保护或用钢筋作为滑模轨道。角钢与钢筋一定要固定好。

侧模的结构形式有两种(见图7-2),分别适用于板间缝、周边缝不同止水结构的需

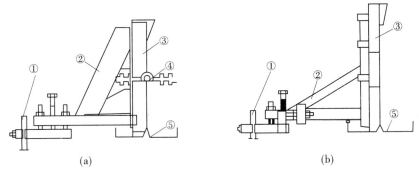

1—插筋;2—支架;3—侧模;4—塑胶止水带;5—铜止水片

图 7-2　侧模板结构形式

要。侧模由支架支撑并用插筋打入垫层或挤压边墙内 40 cm 锚固。支架上设有微调螺栓,以便在小范围内调整模板位置和支撑的紧度。侧模以 2 m 长为单元的拼接块形式接长,并随着向上接长而变换模板高度,以适应厚度面板施工。其变换规则是以几何模数拼块为基础。这种侧模最大的优点是可以周转使用,既节省木材又使立模与面板浇筑同时进行。由于侧模又是滑模的准直轨道,因此对它的尺寸加工精度、位于其下垫层或挤压边墙坡面的表层砂浆及"3 砂 2 油"和砂浆垫条的施工,均应严格按设计控制其平整度,不得出现陡坎接头。

2)无轨滑模的优点

(1)无轨滑模重量较轻,造价低、经费低,仅为有轨滑模的 20%。

(2)坝顶使用的设备较少,一套设备仅需两台卷扬机索引,用普通吊机就位即可。工作场地的宽度只需 7 ~ 8 m。

(3)由于减少了架设轨道的工作量,浇筑前的准备工作简单。

(4)无轨滑模使用方便,浇筑速度较快。

(5)起始块和主面板可以使用滑模同时浇筑,不必先浇起始块再用滑模浇筑。

(6)由于无轨滑模行走无侧向约束,对于不同坡脚的岸坡混凝土块,均可转向上升浇筑。

3)无轨滑模的施工工艺流程

无轨滑模的施工工艺流程见图 7-3。

(1)测量放线:在坝坡面上放出面板的纵缝位置,对垫层保护层或挤压边墙坡面布置 3 m×3 m 的网格进行平整度的测量。按设计线检查,规定偏差不得大于 ±5 cm,否则对超过部分应进行修整,以确保面板设计的厚度。

(2)找平纵缝下铜止水垫层。一般采用人工用 1:4 的水泥砂浆找平,宽度为 60 cm。

(3)安装铜止水片及侧模。在纵缝线处砂浆填层上铺设塑胶垫片,并在斜面上安装和焊接铜止水片,使其紧贴在塑胶垫片上,将侧模架立在铜止水片上。

(4)架设钢筋网。待侧模和钢筋网安装好以后就可以吊装滑动模板。滑模事先在坝脚拼装完后,用移动式吊机吊起放到侧模上。无轨滑模由侧模支撑后用手拉葫芦保险钢丝绳固定模板。当滑模就位后,即可在钢筋网上布置溜槽及溜槽上的集漏斗,下达到滑模前缘。溜槽应分段系在钢筋网上,以保证安全。一般规定 12 m 宽的条块布置 2 条、6 m 宽的布置一条。

4)滑模的滑升与混凝土浇筑要求

混凝土的浇筑应严格掌握分层浇筑的程序,每层浇筑厚度为 25 ~ 30 cm。卸料宜在距模板上面 40 cm 范围内均匀分布,以使滑模受力均衡。仓面振捣所采用的振捣器一般为 50 mm 插入式振捣器。振捣时不应平行于坝坡插入浇筑层,而应沿滑模前沿垂直插入滑模内的混凝土层,以免滑模被流态混凝土的浮托力抬升,其插入的深度应达到混凝土的底部,间距不应大于 40 cm。振捣的时间为 15 ~ 25 s,目视混凝土不显著下沉,以不出现气泡并开始泛浆为准,并注意接缝止水处的振捣,振捣时应使止水片周围填充密实。

滑模滑升前须清除模板前沿超填的混凝土,以减轻滑升阻力。滑升时两端提升应平稳、匀速、同步。滑升的速度取决于脱模时混凝土的塌落度。混凝土入仓时的塌落度为

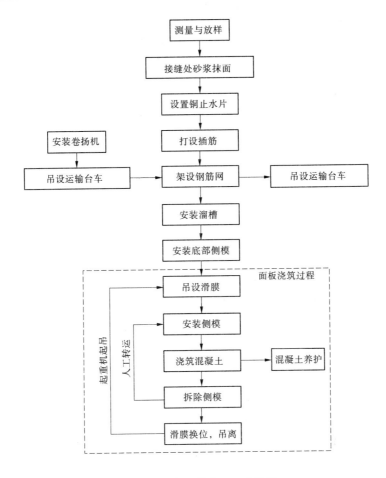

图7-3 无轨滑模施工工艺流程

4~6 cm时可以在混凝土初凝时脱模。对脱模的混凝土表面应及时进行人工修整、压平和拌面,对于漏振等缺陷应及时修补和抹平。

周边三角块的滑模浇筑。当采用有轨滑模时,周边三角块(起始板)是采用固定模板或人工翻模浇筑的。三角块浇筑在主板浇筑的先期完成,并尽可能提前进行,以免影响主面板的施工。采用无轨滑模以后,三角块和主板可以利用滑模连续进行施工。对于周边倾角小的三角块(见图7-4),浇筑时先将滑模平行于周边趾板,在滑动模板的上沿从低端到高端逐步浇满混凝土并随机逐步提升滑动模板较低的一端,高端不提升。如此循环下去直到低端滑升到与高端相平齐后,再转入正常滑升。对于周边倾角较大的三角块(见图7-4),在靠近周边的一端滑模上加设三角形附加模板,斜边端部设有两只侧向滚轮,以约束滑动模板,使其沿周边滑升。浇筑前,将滑模依靠自重并在周边的约束下移至相邻已浇筑的混凝土板块上。浇筑时两端钢丝绳同时提升,并保持同步运行,使滑模水平移动。提升使端部侧向滚轮沿周边转动直到三角块浇筑完成后,脱离周边时进行正常滑动。

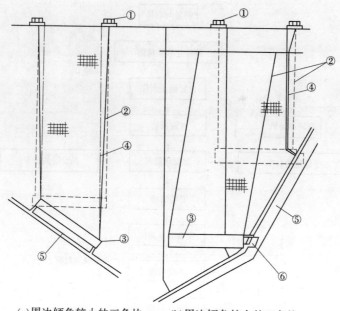

(a)周边倾角较小的三角块　　(b)周边倾角较大的三角块

①—卷扬机;②—钢丝绳;③—滑动模板;④—侧模;⑤—趾板;⑥—侧向滚轮

图 7-4　周边三角块的滑模浇筑

第四节　面板钢筋的制安技术要求

面板钢筋混凝土结构所用的钢筋,其种类、型号、直径等均应符合有关设计文件的规定。在现场所使用的钢筋必须按不同规格和等级类型分别堆放,不得混杂。在堆放和运输过程中应避免锈蚀和污染。露天堆放时应垫高并加以遮盖。

一、钢筋的加工

钢筋加工应注意以下事项:

(1)钢筋的表面应清洁。漆皮、锈皮、鳞锈等应清除干净。

(2)钢筋应平直。钢筋中心线同直线的偏差不应超过其全长的1%。成盘的钢筋或弯曲的钢筋均应矫直后,才允许使用。钢筋的弯制和末端的弯钩应符合设计和相关规范的要求。加工后钢筋的允许偏差应符合表 7-3 的规定。

表 7-3　加工后钢筋的允许偏差

项次	偏差名称		允许偏差值
1	受力钢筋全长净尺寸的偏差		±10 mm
2	钢筋各部分长度的偏差		±5 mm
3	钢筋位置的偏差	厂房大体积	±20 mm
	弯起点的偏差		±30 mm
4	钢筋弯角偏差		3°

（3）钢筋的接头。现场竖向或斜向钢筋的焊接宜采用接触电渣焊。对现场焊接直径在 28 mm 以下时，宜用手工电弧焊（搭接）。直径大于 28 mm 以上时，宜采用焙槽焊或柳条焊接。直径在 25 mm 以下的钢筋接头，可采用绑扎，轴心受拉构件、小偏心受拉构件和受震动的荷载构件，其钢筋接头不得使用绑扎接头。

二、钢筋的架设与安装

钢筋的安装位置、间距保护层及各部分钢筋的尺寸、间距均应符合设计图纸的规定。钢筋的接头应分散布置，焊接与绑扎接头距钢筋弯起点不小于 10 倍钢筋直径，也不应位于最大弯矩处。

安装后的钢筋，应有足够的刚性和稳定性。面板钢筋的架设方式一般有两种：第一种方式是现场绑扎和焊接。用人工或钢筋台车将钢筋送到坝坡面，然后用人工自下而上绑扎或焊接。第二种方式是预制钢筋网片并进行现场拼接。钢筋网在坝顶、坝脚或其他位置上预制加工后，用吊车吊送到指定位置。用钢筋台车沿坝面运送到所需安装的部位就位。

两种方式进行比较，第一种方式简单，但在斜坡上架立钢筋时有些不方便，施工速度稍慢。第二种方式，在平地上绑扎钢筋网片比较方便，施工速度较快，但需要特制的钢筋网台车、大吨位的卷扬机和吊车。国内外类似工程普遍采用第二种方式。在架设钢筋前应在坝坡上（垫层或挤压边墙的坡面上）设计架立钢筋。架立钢筋一般采用直径 20～30 mm 的螺纹钢筋，打入坡面保护层 30～50 cm。但架立钢筋的数量不宜太多，以免过多增加面板基础的约束力。在钢筋架设绑扎完毕后，应及时妥善加以保护，避免发生错动和变形。在未浇混凝土之前，必须按照设计图纸和相关规范进行详细检查，合格后方能浇筑混凝土。在混凝土浇筑施工中，应安排值班人员经常检查钢筋架设的位置。

第五节　面板、趾板、连接板在特殊气候下的施工技术

混凝土面板工程的浇筑应选择在气候适宜、温度最有利的时机进行。应避开高温、低温和多雨季节，使面板、趾板、连接板的混凝土达到高质量。当环境不允许，必须在特殊气候条件下施工时，需要采取必要的措施，以保证面板混凝土的质量要求。

一、雨季施工的注意事项

雨季施工的原则是，在预计的混凝土浇筑时间内无雨或小雨时可以开仓，如中雨、大雨则不宜开仓。面板工程混凝土在浇筑过程中，在现场应准备好塑料布、草袋等覆盖物料。在雨季施工时，应做好下列工作：

（1）砂石料场的排水设施应畅通无阻。
（2）运输工具应有防雨设施及防滑设备。
（3）加强骨料含水量的测量工作。
（4）仓面宜有防雨设施。
（5）无防雨棚的仓面在雨水中进行混凝土浇筑时，应采取下列措施：①减少混凝土拌

和的用水量;②加强仓内积水的排水工作;③做好新浇混凝土面的保护工作;④防止周围的雨水流入仓内。无防雨棚的仓面在浇筑过程中如遇大雨、暴雨,应立即停止浇筑并遮盖混凝土表面。雨后必须先排除仓面内的积水,受雨水冲刷的部位应立即处理。如停止浇筑的混凝土尚未超过允许间歇时间或还能重塑,应加砂浆继续浇筑,否则应按工作缝处理。

对有抗冲耐磨和需要抹面部位的混凝土不得在雨天施工。当降雨量不大,坡面无淌水时,一般可继续施工,但对骨料加强含水量的测定,并及时调整配合比中的加水量。

二、高温季节施工的注意事项

原则上应避开高温季节浇筑面板混凝土。当因工程进度需要浇筑面板时,应采取以下措施进行施工:

(1)避开高温时段,在夜间及清晨温度较低时开始浇筑。

(2)拌和站应有制冷设备,使混凝土出料口的温度控制在23 ℃以下。

(3)应采用混凝土搅拌车运输,对混凝土搅拌车应经常洒水或用冰水喷洒。

(4)滑模顶部搭设遮阳篷使入仓温度控制在28 ℃以下。

(5)在滑模后部用喷水管向空气中喷水,保持湿度。

(6)混凝土表面使用湿草袋及时覆盖,前期养护应注意及时洒水,保持湿度。

三、低温季节施工的注意事项

进入冬季后,原则上一般不进行混凝土工程的施工,但为了工程进度的需要不能避开冬季施工,而当日平均气温在5 ℃以下和日最低温度在−3 ℃以下时,浇筑混凝土应采用以下措施:

(1)低温季节时必须有专门的施工组织设计和可靠的措施,以保证混凝土满足设计强度、抗冻、抗渗、抗裂等各项指标的要求。

(2)施工时间应避开寒流,并在白天正温时浇筑。

(3)低温季节施工尤其是在寒冷的地区,施工的部位不宜分散,在进入低温季节之前,应采取妥善的保温措施,防止混凝土发生裂缝。

(4)施工期所采用的加热、保温防冻材料应事先准备好。

(5)混凝土的浇筑温度应符合设计要求,大体积混凝土的浇筑温度,在温和地区不宜低于3 ℃,在寒冷地区不宜低于5 ℃。

(6)寒冷地区低温季节施工的混凝土掺加气剂时,其含气量可适当增加,有早强要求的,可掺早强剂等。

(7)原材料的加热输送、储存和混凝土的拌和运输,浇筑设备及设施均应根据气象条件,采取适宜的保温措施。加热过的骨料及混凝土应尽量缩短运距,减少倒运次数。砂石骨料宜在进入低温季节前筛洗完毕,成品料堆应有足够的储存和堆高,并要覆盖以防冰雪和冻结。

(8)提高混凝土拌和物温度的方法:首先应考虑加热拌和用水,当加热拌和用水尚不能满足浇筑温度要求时,再加热砂石骨料。拌和用水的温度一般不宜超过60 ℃。超过

60 ℃时应改变拌和加热料的顺序,将骨料和水先拌和,然后加入水泥,以免水泥假凝。在拌和混凝土前应用热水或蒸汽冲洗拌和机,并将水或冰水排除,而且混凝土的拌和时间应比常温季节适当延长,延长的时间由试验确定。

(9)仓面清理宜采用喷洒温水配合热风枪或机械方法,寒冷期间亦可采用蒸汽枪,不宜采用水枪或风水枪。

(10)浇筑混凝土前或浇筑过程中,应注意清除钢筋、模板和混凝土设施上附着的冰块,严禁将冰雪冻块带入仓内。

(11)在浇筑过程中应注意控制并及时调节混凝土的温度,尽量少波动,保持浇筑温度均匀,控制方法以调节水温为宜。

(12)混凝土浇筑完毕后,对外露表面应及时保温。

(13)低温季节施工的保温模板,除应符合一般模板要求外,还必须满足保温效果的要求,所有空洞缝隙均应填塞封堵,保温层的衔接必须严密可靠。

(14)混凝土面保温层的表面应平整,并有可靠措施保证其固定在混凝土表面,不会因拆模而脱落。

(15)在低温季节施工的模板,必须遵守下列规定:①混凝土强度必须大于允许受冻的临界强度;②具体拆模时间及拆模后的要求,应满足温度防控裂要求。

(16)低温季节施工期间,应特别注意温度检查:①外界气温及暖棚内气温至少4 h测量一次。②水温及骨料温度至少2 h测量一次。③混凝土的机口温度和浇筑温度至少2 h测量一次。④已浇块体内部温度,浇后三天内应特别加强观测,以后可按气温及构件情况定期观测,测温时应注意边角最易降温的部位。

第六节　面板、趾板、连接板的混凝土养护

一、面板混凝土养护

由于面板厚度较薄,受温度变化和干缩的影响较大,因此及时做好脱模后的混凝土养护工作是极为重要的。刚刚脱模的混凝土,因强度不能进行洒水养护,最好的办法是在滑模后拖一块长8～10 m的塑料布保护,防止表面水分过快蒸发而产生干缩裂缝,特别是在炎热干燥气候条件下浇筑混凝土时这一方法非常有效。混凝土初凝以后,对混凝土面应进行不间断的洒水养护,并以淋湿草袋或麻袋、塑料薄膜进行表面覆盖,达到保温、保湿、防止裂缝产生的目的。因面板长期暴露于大气,受温度变化影响较大,特别是过大的内外温差,可能导致面板出现裂缝或使已出现的裂缝加大,因此应该注意新浇面板的保温措施和养护时间,至少应养护28 d,有条件养护一段时间更好。国内外有不少面板坝甚至一直养护到蓄水为止,以防外界温度冲击的不利影响。在施工过程中要安排与各项工序有关的工程,使面板在浇筑完毕后尽快蓄水。

二、趾板、连接板混凝土养护

趾板、连接板混凝土养护应注意以下几项:

（1）混凝土浇完后，早期应避免太阳暴晒，混凝土表面应加遮盖（用草袋、麻袋或塑料薄膜盖）。

（2）一般应在混凝土浇完后 12～18 h 内开始养护，但在炎热、干燥气候情况下应提前养护，养护时间一般为 28 d。

（3）混凝土的养护工作应由专人负责，并应做好养护记录。

（4）保湿：长期保湿养护是防止面板、趾板、连接板开裂的主要措施。施工中应重视这项工作，在面板、趾板、连接板脱模后，为防止表面水分蒸发，在表面覆盖绒毛毡保湿或双层草袋及塑料薄膜，并不断喷水直到水库蓄水。

第七节　混凝土面板的防裂措施技术研究

混凝土面板是超大型薄板结构，目前国内外的面板混凝土在施工期裂缝是经常发生的质量问题，尤其是在深覆盖层地基上的面板堆石坝。防止发生裂缝的措施主要有提高混凝土自身的抗裂能力和减少混凝土内部的破坏力两个方面。国内外许多专家进行调查研究和科学试验分析裂缝发生的原因和机制，提出了裂缝的防治措施。河口村水库大坝施工项目部借鉴国内外其他类似面板堆石坝工程防裂和裂缝防治的成功经验，结合当地的实际情况，提出了混凝土面板的防裂措施，包括提高混凝土自身的抗裂能力和减小混凝土内部的破坏力两个方面。

一、提高混凝土自身的抗裂能力

（1）加强混凝土面板的保温、保湿措施，降低由温度变化产生的温差和由湿度变化（干燥收缩）引起的温差。

（2）控制混凝土膨胀系数，这是影响面板抗裂的主要因素。混凝土的膨胀系数取决于骨料和水泥本身的热膨胀系数和弹性模量及其在混凝土中所占的比例。因为提高混凝土的抗裂能力，混凝土的拉伸强度和极限拉伸值起主要作用，当其他条件不变时，提高其拉伸强度和极限拉伸值就可以增加面板的不开裂能力。水泥品种和质量对混凝土极限拉伸值和抗拉强度有很大影响，应尽量提高硅酸盐水泥或普通硅酸盐水泥的强度等级，以提高其抗拉性能。砂石骨料吸水率过大、含泥量过多，不仅会增加混凝土的收缩，而且会显著降低其抗拉性能，对面板的抗裂性能有害。在混凝土配合比的设计中，尽量减少水灰比和用水量，在满足其性能要求的前提下，有利于提高混凝土的抗拉性能，为此宜用高效减水剂及引气剂，并适当掺加粉煤灰，以控制水灰比不大于 0.5，在 0.35 左右有利。河口村水库一期面板通过采用中热水泥、和 I 级粉煤灰和高性能减水剂、引水剂等材料进行配合比优化试验，分期配制出具有高拉伸强度、低弹模、低收缩、高抗裂、工作性能好的高性能混凝土来提高面板混凝土本身的抗裂性能，其主要措施和途径有以下几方面：

（1）通过配比试验对不同厂家所生产的 42.5 级中热硅酸盐水泥进行了多厂家的产品对比试验，并从优选用。对所选出的厂家提出了水泥中的 MgO 含量应控制在 3%～5% 的要求，不仅降低水化热，还因含有适量的 MgO 能产生一定量的微膨胀量，来减少或补偿混凝土的收缩，增强混凝土的抗裂能力。

（2）采用优质的Ⅰ级粉煤灰，可降低水泥的水化热，同时改善混凝土的抗渗性，从而提高混凝土的后期极限拉伸值来降低混凝土的弹性模量。

（3）采用优质的骨料。粗细骨料均采用棒磨机制料，其细骨料的细度模数控制在2.4~2.7范围内，粗骨料为20~40 mm的粒径。二级配分成5~20 mm和20~40 mm两级，其比例为小石：中石＝55：45，以提高混凝土的抗分离性能，且砂石骨料的指标均应符合相关规范的规定。

（4）采用高效减水剂和引水剂，不仅能减少水的用量，还具有混凝土塌落度小、不泌水，黏聚性和抗分离性强，触变复原性好等优良的工作特性。能为河口村水库大坝大落差、长面板的混凝土浇筑提供质量保证。

二、减小混凝土内部的破坏力

在混凝土的原料方面应尽量采用热膨胀系数小的灰岩等母岩制备的骨料，以减小骨料含泥量和收缩。以高效减水剂、引气剂及粉煤灰等外加剂和掺合料减小水泥用量、加水量和水灰比，进而减小温度及湿度变化诱发的拉应力。具体的措施如下。

（一）混凝土配合比的优化

面板混凝土的强度、抗渗性、耐久性、抗裂性及施工和易性是通过混凝土配合比的设计试验研究来保证的，其主要包括两部分内容：一是面板混凝土所采用的原材料。二是对配合比的设计与试验，主要是水灰比，用水量，砂率，中、小石比例，掺合料（粉煤灰）的掺量，含气量，外加剂掺量等。参考国内外类似工程的经验，面板混凝土所使用的水泥大都为硅酸盐水泥或火山灰水泥，以提高混凝土的耐久性和抗渗性。混凝土的级配为二级配，粗骨料由小石（5~20 mm）和中石（20~40 mm）组成。

通过参考国内外类似混凝土面板坝的混凝土配合比的资料，对面板混凝土配合比进行优化试验。优选出干缩率小、抗拉强度高、弹性模量较低、极限拉伸变形较大，即抗裂性能好的混凝土，得到优化的混凝土配和比和复合外加剂掺量。因为抗裂性能好的混凝土应具有较高的抗拉强度、较大的极限拉伸值、较低的弹性模量、较小的干缩率、较低的绝热升值、较小的温升值以及较小的温度变形系数等。

（二）外加剂的优选和复合

许多专家对混凝土微观结构的研究表明，贴近大颗粒骨料表面存在着第三相，即界石过渡相。在贴近大骨料处比远离大骨料处的基体中所形成的水灰比要高得多，在水膜中晶体生长不受限制，形成的晶体很大，结构疏松，空隙很多，强度极差，极易产生微裂缝。界石过渡区犹如一根链条中最弱的一环，成为混凝土中最容易外裂、水最易渗漏和最易受溶融的区域。混凝土中的孔结构是影响混凝土各种性能的另一重要因素。孔结构包括水泥水化形成的凝胶孔、毛细孔、气孔等。毛细孔为未被水化的水泥浆固体组成所填充的空间。毛细孔的空间尺寸和体积，由水灰比和水泥化程度所决定，毛细孔绝大部分为开放孔，大于50 mm的毛细孔会危害混凝土强度和抗渗性，而小于50 mm的毛细孔则对混凝土干缩和徐变有显著的影响。因此，要改善面板混凝土的抗裂性、抗渗性和抗溶蚀性的耐久性，就必须改善混凝土的内部结构。即界石过渡区和孔的结构，因界石过渡区和毛细孔都与混凝土水灰比有着密切的关系，水灰比越大，两者的不利影响越大，所以应减小水灰比或用水量,或者是产生物理化学作用,改善界石过渡区和毛细孔的内部结构,兼而有之。其主要方法之一是采用外加剂。

(三)面板混凝土的抗性指标要求

(1)强度:面板混凝土必须有足够的强度。包括抗压、抗拉和抗剪强度,以承受面板的压力。一般面板混凝土的强度等级选用 C30 为多。混凝土强度等级应由按标准方法制作养护边长为 15 cm 的立方体试件,在 28 d 龄期标准试验方法测得的具有 95% 保证率的抗压强度标准值确定。

(2)抗渗性:若面板混凝土抗渗性不满足要求,渗透水流会将混凝土中氧化钙不断溶解析出。严重时会使混凝土变得疏松,而降低混凝土的强度和密实性;混凝土渗水饱和会加剧其冻融剥离,渗水及空气将导致钢筋锈蚀,使其受力截面减小,还会使钢筋锈蚀膨胀而造成保护层的混凝土开裂和脱落。因此,应依据面板所承受的最大水力梯度来确定面板混凝土的抗渗等级。

(3)耐久性:混凝土面板的耐久性直接决定着面板堆石坝的使用年限,因此耐久性是面板混凝土的重要性能指标。

(4)抗冻性:混凝土的抗冻性是以其抗冻融循环次数为衡量指标。混凝土的抗冻性又直接与混凝土中的气泡有关,气泡的性质在很大程度上取决于所采用的引气剂的性质与掺量,故混凝土的含气量可直接反映出该混凝土抗冻性的优劣。同时混凝土的抗冻性也取决于硬化混凝土的强度和混凝土内部的气泡性质。提高混凝土的强度等级、降低混凝土的渗透性,也能提高混凝土的抗冻性。

(5)抗裂性:主要包括两个方面:①抗裂指标,包括抗压强度、弹性模量;②混凝土的非荷载变形,包括干缩变形、自身体积变形。

①抗裂指标等于允许变量与实际可能产生的变形量之比。当抗裂指标大于 1 时,表示混凝土处于安全状态,否则已有裂纹开始扩展。混凝土的允许变形量可采用泊松比后的极限拉伸值,作为允许变量。

②混凝土的非荷载变形,即混凝土中所含水分的变形,胶凝材料的水化和温度变化所引起的变形。其主要有干缩变形和自身体积变形。

干缩变形。影响混凝土干缩的因素主要是混凝土配合比、水泥品种和干缩材料等,在配合比中,若单位用水量多、胶凝材料用量多,则干缩率大;相反骨料用量多,则干缩率小。天然粗骨料一般不收缩且弹性模量大,限制了混凝土的收缩。若胶凝材料用量一定,砂率大则混凝土的干缩量也稍大。掺粉煤灰的混凝土与掺凝灰岩等其他火山灰材料的混凝土相比干缩量较小。

自身体积变形。混凝土在硬化过程中会产生体积变化。其主要由凝胶材料和水组成的体系,在水化反应前后反应物的密度不同,即生成物的密度小于固态反应物的密度所致。

三、改善施工工艺流程

在不影响总进度的前提下,宜优化面板混凝土的浇筑时段。一般避开高温季节浇筑面板混凝土。每块混凝土面板尽可能地按照挤压边墙表面或垫层料的表面轮廓放样。在坝料填筑完成后,以 3 m×3 m 的网格对挤压边墙或垫层面进行一次测量,设置作标志的测点,测量与设计堆石表面的相对高程,然后根据这些数据,决定每块面板的混凝土厚度和纵剖面,并决定滑模侧轨的不同高度,以便减少超浇的混凝土量,保证面板达到设计厚度的要求。面板混凝土的浇筑采用滑模从趾板到顶板连续施工的技术。混凝土的场外运输方式主要采用搅拌运输车,混凝土的入仓方式主要采用斜溜槽输送。

混凝土在运输过程中的总体要求是应使混凝土在运输过程中不致发生离析、漏浆、严重泌水或过分降低塌落度等,尽量减少转运次数和缩短运输时间,运送过程中砂浆损失应控制在 1.5% 以内。

混凝土面板滑模施工,强调均匀布料,薄层浇筑。加强现场施工组织管理,做好面板的保湿、保温、防风、防雨措施。

保湿:面板长期保湿养护是面板防裂的主要措施之一,在面板混凝土脱模后,立即喷涂养护剂及洒水养护并及时覆盖,不断喷水,保湿养护至大坝蓄水后,防止面板表面水分过快蒸发。

保温:面板表面保护是防止温度裂缝的主要措施。外界气温骤降、寒潮的袭击和连续高温日晒后所遇降雨而大幅度降温等情况,都将使面板表面温度急速降低产生很大的拉应力而导致面板裂缝。因此,在混凝土脱模后及时覆盖绒毛毡保温被或双层草包,以达到保温和防止水分蒸发的目的。

防风:风速是引起面板裂缝的主要原因。风速的变化将引起混凝土热交换系数的变化而影响面板混凝土内外温差的变化使拉应力产生,导致面板裂缝。因此,及时采取覆盖保护至关重要。

采用新的防裂技术材料:面板裂缝是所建的类似工程中一种常见病害。由于设计材料、施工及维护不当所引起的缺陷屡见不鲜,故已引起工程界的普遍关注。河口村水库大坝工程项目部在进行研究面板混凝土防裂的课题和施工过程中,大面积采用了一种水泥基渗透结晶型防水材料,收到较好的效果。水泥基渗透结晶型防水材料是一种以硅酸盐水泥为基料配以硅砂和多种特殊活性的化学物质组成的灰色粉末状的无机防水材料。它分为缓凝抗渗涂料型、速凝带水堵漏型、水泥掺合型。它与水拌和能调成可以刷涂(或喷涂)的浆料,或可以干粉撒覆并压入尚未凝固的水泥混凝土表面或渗入水泥混凝土直接浇筑。这种材料具有特有的活性化学物质,涂刷在混凝土表面,利用水泥混凝土本身固有的化学特性和多孔性,以水为载体,借助渗透作用,在混凝土微孔及毛细管中传输,再次发生水化作用。形成不溶性的枝蔓状结晶,并与混凝土结合成为一整体。由于结晶体堵塞了微孔及毛细孔管道从而使混凝土致密,达到永久性防水、防裂、保潮、保护钢筋和增强混凝土结构内部强度的效果。

加强安全监测,收集观测资料,进行认真分析,时刻注意大坝坝体的变形情况,以待时机进行研究对策。

第八节　混凝土面板、趾板、连接板质量无损检测

检测面板堆石坝的面板、趾板、连接板内部缺陷情况以及测试面板、趾板、连接板的强

度,可采用声波垂直反射法、探地雷达法、声波法、回弹法和声波－回弹法。检测面板、趾板、连接板混凝土内部缺陷可采用声波法和探地雷达法,检测面板及趾板混凝土抗压强度可采用声波—回弹法,其检测线距和点距不宜过大,线距一般宜为 1～5 m,点距宜为 0.1～0.2 m。用探地雷达法检测缺陷时,应通过试验选择工作频率和仪器参数。采用点测,叠加次数不得少于 64 次,在测试过程中应尽量保持测试条件一致。

一、超声波无损检测技术

采用超声波可以快速无损地测定建筑物混凝土的强度、均匀性、裂缝深度、不密实区和空洞等。

(一)超声波测定建筑物混凝土强度和均匀性的方法

1. 适用范围

超声波在混凝土中的传播速度与混凝土的强度有关,根据所测量的波速即可推求同类混凝土的强度,根据各测点的强度也可评定建筑物混凝土的均匀性。

2. 测定步骤

1)超声波检测仪读数的校正

仪器零读数指的是当换能器之间仅有耦合介质的薄膜时,仪器的时间读数以 t_0 表示,对具有零校正回路的仪器,应按照仪器使用说明书,在测量前校正好零读数值 t_0,并从每次测得的读数中扣除,零读数按下述方法求得,以均匀材料制成棱柱体或截线长度不等的两段,棱柱体的最小边长应大于换能器的直径,以 0.01 mm 的精度测量棱柱体的长度 d_1 和宽度 d_2,采用超声仪测定声波通过长和宽方向的时间 t_1 和 t_2,则:

$$t_0 = \frac{d_1 t_2 - d_2 t_1}{d_1 - d_2}$$

求 t_0 时,测量棱柱体的尺寸和测读声波通过的时间应在同一室温下进行,所用的耦合介质应与在建筑物上测量时所用相同,若仪器附有经过标定传播时间 t_1 的标准块,测定通过标准块的时间 t_2,则 $t_0 = t_2 - t_1$。当仪器性能允许时,可将换能器隔着耦合介质薄膜相对地直接接触。读取这时的时间读数即得 t_0,更换换能器时应另求 t_0 值。

2)建立强度—波速关系

(1)试件的制作。

①时间的数量:3 个为 1 组但不少于 10 组。

②试件的尺寸:形状为立方体,边长不小于最大骨料粒径的 3 倍。

③试件的原材料:配合比(水泥:砂:石子)、振捣方法、养护条件应与混凝土一致。

④可采用以下两种方法:若要检验建筑物混凝土强度,则可采用固定水泥、砂、石子比例,使水砂比在一定范围内上下波动,在同一龄期测试;若旨在了解混凝土硬化过程中强度等的变化,则可采用固定配合比的混凝土在不同龄期进行测试。

(2)超声波测试每个试件的测试位置如图 7-5 所示。

在测点处涂上耦合剂将换能器紧贴在测点上,调整增益,使所有被测试件接收信号,第一个半波的幅度降至相同的某一幅度,读取试件读数。每个试件以 5 点测值得出计算平均值,作为试件混凝土中超声波传播时间 t 的结果。

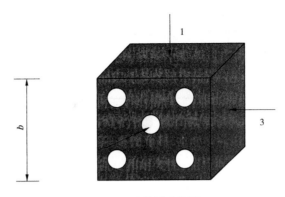

图 7-5　试件测试位置

（3）尺寸测量。应不大于 1 mm 的误差,超声传播方向测量时间各边长取平均值作为传播距离 L。

（4）按下式计算波速:

$$v = \frac{L}{t}$$

式中:v 为超声波速度,m/s;L 为超声波在试件上的传播距离,m;t 为超声波在试件上的传播时间,s。

（5）将测试过波速的试件,按混凝土立方体抗压强度试验方法进行抗压强度的试验。

（6）波速或强度均取 1 组 3 个试件测值的平均值作为 1 个数据,以强度为纵坐标、波速为横坐标绘制强度与波速的关系曲线,较精确的方法是根据实测数据,以最小二乘法计算出曲线的方程式。对于方程式的函数形式推荐二次函数式、指数函数式和幂函数式三种,可根据回归线的相关性和精度来选用。

$$R = a + bv + cv^2$$
$$R = ae^{bv}$$
$$R = av^b$$

式中:R 为混凝土的强度,MPa;v 为超声波速度,m/s;a、b、c 为方程式的系数,用最小二乘法计算得到。

3）现场测试

（1）在建筑物相对的两面均匀地面画出网格,网格的交点即为测点。相对两测点的距离即为超声波的传播路径长度 L,长度的测量误差不应超过 1%,网格的大小即测点的疏密,视建筑物尺寸、质量优劣和要求的测量精度而定,网格边长一般为 20 ~ 100 cm。

（2）超声波测试:在测点处涂上耦合剂,将换能器压紧在相对的测点上,调整仪器增益,使接收信号第一个半坡的幅度至某一幅度,读取传播时间 t,按公式 $v = L/t$ 计算该点的波速。

（3）按比例绘制被测物体的图形及网格分布,将测得的波速标示于图中的各测点处,在数值偏低的部位,可根据情况加密测点再行测试。

3.测定结果的处理

1)波速的修正

(1)钢筋对波速影响的修正。

①钢筋垂直于传播路径,如图7-6所示。

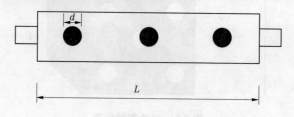

图7-6　钢筋垂直于传播路径图

在这种情况下,混凝土中的波速由测得的传播速度乘以某一相应的修正系数(见表7-4)求得。

表7-4　钢筋垂直于传播路径时的波速修正系数

L_0/L	$v_c = 3\ 000$ m/s	$v_c = 4\ 000$ m/s	$v_c = 5\ 000$ m/s
1/12	0.96	0.97	0.99
1/10	0.95	0.97	0.99
1/8	0.94	0.96	0.99
1/6	0.92	0.95	0.98

注:1. v_c 为混凝土中的波速,取附近无钢筋实测得的波速平均值。

2. L_0/L 为传播路径中通过钢筋断面的长度(L_0)与总路径(L)之比。

②钢筋平行于传播路径如图7-7所示。

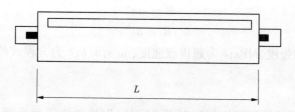

图7-7　钢筋平行于传播路径

在这种情况下,所测得的传播时间为 t,则混凝土中的波速 v_c 按下式计算:

$$v_c = \frac{2D v_s}{\sqrt{4D + (v_s t - L)^2}}$$

式中:v_c 为混凝土中的波速,m/s;D 为换能器晶片边缘至钢筋的距离,m;v_s 为钢筋中的波速,m/s,随钢筋直径变化,可通过试验求得;L 为传播路径长度,m,即两个换能器之间的直线距离。

在可能的情况下,应使换能器离钢筋轴线远一些,以避免钢筋的影响。建筑物内钢筋的位置可用钢筋保护层探测。避开钢筋最短的距离(D_{min})按下式计算:

$$D_{\min} \geqslant \frac{1}{2}\sqrt{\frac{v_c - v_s}{v_c + v_s}}$$

可取附近无钢筋处混凝土波速的平均值。一般粗略估计也可取 $D_{\min} = (1/8 \sim 1/6)L_0$。

当平行于超声波传播方向的钢筋太密时,不应使用超声波法测定混凝土的强度。

(2)含水量和养护条件对波速的影响修正。

①养护条件对波速有明显影响,当测定所用的试件与建筑物混凝土养护条件不一致时,应对波速进行修正。修正值应通过试验确定,也可参考表7-5。

表 7-5　养护条件对波速影响的修正值

混凝土强度(MPa)	不同养护条件下的波速(m/s)	
	水中	潮湿
35 ~ 45	200	0
25 ~ 35	250	50
15 ~ 25	300	100
10 ~ 15	330	150

②试件与建筑物混凝土养护条件虽然相同,但是当实测建筑物波速时建筑物的含水率与养护时差别较大(如受潮),则此时考虑含水率的影响,并进行修正。一般情况下,当含水率增大1%时,可近似认为波速也将增大1%。为进行这项校正,应在建筑物上取样,实测含水率,取得含水量变化的资料。

2)强度计算

根据修正后的波速,按波速—强度关系曲线(或式)换算出各测点处的混凝土强度。

(二)超声波测定混凝土裂缝深度的方法

1. 平测法

1)平测法适用范围

该法用于测量无筋或少筋混凝土建筑物中深度不大于 50 cm 的裂缝,裂缝内有水时本方法不适用。

2)测定步骤

(1)无缝处平测时间和传播距离的测定。

将换能器平置于裂缝附近有代表性的质量均匀的混凝土表面上,以换能器边缘间距离 d 为准,采用 d = 5 cm、10 cm、15 cm、20 cm、25 cm、30 cm 等,改变两换能器之间的距离,分别测读超声波穿过的时间 t_0,以距离 d 为纵坐标、时间为横坐标,将数据点绘在坐标纸上。如被测处的混凝土质量均匀无缺陷,则各点应大致在一条直线上。根据图形计算出这条直线的斜率,即为超声波在该处混凝土中的传播速度 v_c。

(2)裂缝传播时间的测定。

①垂直裂缝。将换能器平置于混凝土表面上裂缝的两侧,并以裂缝为对称轴,两换能器中心的连线,应垂直于裂缝的走向。

采用 d = 5 cm、10 cm、15 cm、20 cm、25 cm、30 cm 等,改变换能器之间的距离,在不同

d 时测定超声波的传播时间 t_1。

②倾斜裂缝。先将换能器分别布置在 A、B 位置,如图 7-8 所示。

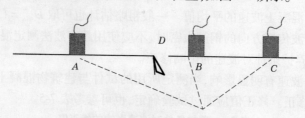

图 7-8　倾斜裂缝的测试原理

对称于裂缝顶,测出传播时间 t_1,然后一只换能器固定,将另一只换能器移至 C 测出另一传播时间 t_2,以上为一组测量数据,改变 AB、AC 的距离,即可测量多组数据。倾斜裂缝的判断见图 7-9。

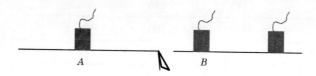

图 7-9　倾斜裂缝的测试图

将一只换能器 B 靠近裂缝,另一只位于 A 处测一传播时间,然后将换能器 B 向外移动,如使传播时间减少,则裂缝向换能器移动方向倾斜。进行上述测试时,应做两次,分别为固定 A 移动 B 和固定 B 移动 A。

(3)测定结果的处理。

①垂直缝:垂直裂缝深度按下式计算:

$$h = \frac{d}{2}\sqrt{\left(\frac{t_1}{t_0}\right)^2 - 1}$$

式中:h 为垂直裂缝深度,cm;t_1 为绕缝的传播时间,ms;t_0 为相应的无缝平测传播时间,ms;d 为无缝平测时换能器之间的传播距离,cm。

由于测定了换能器在不同距离下的 t_1、t_0 和 d 值,所以可以计算出一系列的 h 值,凡计算出 h 值大于相应的 d 值的,此组数据无效。取剩下若干 h 值的平均值作为裂缝深度的测试结果,如 h 测值少于 2 个,则需增加测试的次数。

②倾斜裂缝:倾斜裂缝深度的计算,以作图法较为简便(见图 7-10)。

在坐标纸上按比例标出换能器及裂缝顶的位置(按超声波传播距离 d 计),以第一次测量时两换能器位置 A、B 为焦点,以 $t_1 v_c$ 为两动径之和做一个椭圆,再以第二次测量时两换能器的位置 A、C 为焦点,以 $t_2 v_c$ 为两动径之和作一椭圆。两椭圆的交点 E 即为裂缝末端,DE 为裂缝深度 h。根据 h 值,凡是换能器的传播距离 $d < h$ 的情况,h 值舍弃,以余下(不少于 2 个)值的平均值作为裂缝深度的实测结果。

2.钻孔对测法

(1)在裂缝两侧对称地打两个垂直混凝土表面的钻孔,两钻孔孔口的连线应与裂缝

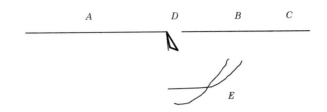

图 7-10　倾斜裂缝深度的计算图

走向垂直,孔径大小以能自由地放入换能器为度,两孔的间距按以下原则选择:①超声波能穿透两孔之间的夹缝混凝土。②当裂缝倾斜时,估计裂缝底部不致超出两孔之间,一般情况下,两孔间距为 1～2 m。

(2)钻孔应冲洗干净,并灌满清水,将换能器分别置于两孔同样高程上,测试并记录超声波传播时间、接收信号的振幅和波形等参数。

(3)接收信号的振幅,可采用两种方法测读:①直接测量示波器荧光屏上接收信号第一个半波(或第二个半波)的振幅。②利用串接在接收回路中的衰减器上的数据、波形可拍摄照片或肉眼观察,再向下测量时,振幅值变化不大,基本稳定,此时换能器在孔中上下移动,进行测量。

(4)使换能器在孔中上下移动进行测量,直至换能器达到某一深度时,振幅达到最大值,而再向下测量时,振幅值变化不大,基本稳定,此时换能器在孔中的深度即为裂缝的深度。

(5)为便于判断,可绘制孔深与振幅的关系曲线,根据振幅沿钻孔深度变化情况来判断裂缝深度。

(6)当裂缝倾斜而又需确定裂缝的末端位置时,可用图示的方法。

使换能器在两孔中不同的深度倾斜,寻找测量参数突变时两点的连线,多条(图 7-11 上只连出两条)连线的交点 N,即为裂缝末端。由于测距是变量,判别的根据主要是振幅的波形。

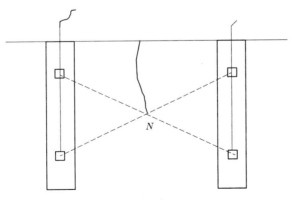

图 7-11　倾斜裂缝末端位置

(三)超声波测定混凝土不密实区和空洞

1. 一般规定

(1)适用于超声波法检测混凝土内部不密实区、空洞的位置和范围。

(2)检测不密实区和空洞时,构件的被测部位应满足以下要求:①被检测部位具有一对(或两对)相互平行的测试面。②测试范围除应大于有怀疑的区域外还应与同条的正常混凝土进行对比且对比测量不应少于 20 点。

2. 测试的方法

根据被测构件的时间情况,选择下列方法之一布置换能器:

(1)当构件具有两对相互平行的测试面时,可采用对测法。在测试部位两对相互平行的测试面上分别作出等间距的网格(网格间距工业与民用建筑为 100～300 mm,其他大型结构物可以适当放宽)并编号确定对应的测点位置。

(2)当测距较大时,可采用钻孔或预埋管测法。在测点预埋声测管或钻出竖向测孔,预埋管内径或钻孔直径宜比换能器直径大 5～10 mm,预埋管或钻孔间距为 2～3 m,其深度可根据测定需要确定。检测时可用两个径向振动式换能器分别置于两测孔中进行测试,或用一个径向振动式换能器与一个深度振动式换能器分别置于测孔中和平行于测孔的测试面进行测试。

(3)当构件只有一对相互平行的测试面时,可分别画出网格线,在对测点基础上进行交叉斜测。在测试位置两个相互平行的测试面上分别画出网格线,还可采取在对测的基础上进行对测和斜测相结合的方法。

3. 测定数据处理

1)参数计算

测位混凝土声学参数的平均值(m_x)和标准差(s_x)应按下式计算:

$$m_x = \sum \frac{x_i}{n}$$

$$s_x = \sqrt{\left(\sum x_i^2 - n \cdot m_x^2\right)/(n-1)}$$

式中:x_i 为第 i 点的声学参数测量值;n 为参与统计的测点数。

2)异常数据判别

(1)将测位各测点的声速、波幅或频率值由大到小按顺序分别排列,即 $x_1 \geqslant x_2 \geqslant x_3 \cdots \geqslant x_n \geqslant x_{n+1}$,将排列明显小的数据视为可疑,再将这些可疑数据中最大的一个(假定为 x_n)连同其前面的数据计算出 m_x 和 s_x 的值,并按下式计算出异常情况的判断值(x_0):

$$x_0 = m_x - \lambda_1 - s_x$$

式中:λ_1 为常数(按表7-6取值)。

将判断值 x_0 与可疑数据的最大值 x_n 相比较。当 $x_n \leqslant x_0$ 时,则 x_n 及排列于其后的各数据均为异常值,并且去掉 x_n,再用 $x_1 - x_{n-1}$ 进行计算和判别,直至判断不出异常值;当 $x_n > x_0$ 时,应再将 x_{n+1} 代入,或重新进行计算和判断。

(2)当测位中判断出异常测点时,可根据异常测点的分布情况取 λ_2,当单排布置测点时取 λ_3。

当测位中某些测点的声学参数被判断为异常值时,可结合异常测点的分布及波形状况确定混凝土内部存在的不密实区和空洞的位置及范围。

表 7-6　统计数的全数 n 与对应的 λ_1、λ_2、λ_3 值

n	20	22	24	26	28	30	32	34	36	38	40	42
λ_1	1.65	1.69	1.73	1.77	1.80	1.83	1.86	1.89	1.92	1.94	1.96	1.98
λ_2	1.25	1.27	1.29	1.31	1.33	1.34	1.36	1.37	1.38	1.39	1.41	1.42
λ_3	1.05	1.07	1.09	1.11	1.12	1.14	1.16	1.17	1.18	1.19	1.20	1.22
n	44	46	48	50	52	54	56	58	60	62	64	66
λ_1	2.00	2.02	2.04	2.05	2.07	2.09	2.10	2.12	2.13	2.14	2.15	2.17
λ_2	1.43	1.44	1.45	1.46	1.47	1.48	1.49	1.49	1.50	1.51	1.52	1.53
λ_3	1.23	1.25	1.26	1.27	1.28	1.29	1.30	1.31	1.31	1.32	1.33	1.34
n	68	70	72	74	76	78	80	82	84	86	88	90
λ_1	2.18	2.19	2.20	2.21	2.22	2.23	2.24	2.25	2.26	2.27	2.28	2.29
λ_2	1.53	1.54	1.55	1.56	1.56	1.57	1.58	1.58	1.59	1.60	1.61	1.61
λ_3	1.35	1.36	1.36	1.37	1.38	1.39	1.39	1.40	1.41	1.42	1.42	1.43
n	92	94	96	98	100	105	110	115	120	125	130	140
λ_1	2.30	2.30	2.31	2.31	2.32	2.35	2.36	2.38	2.40	2.41	2.43	2.45
λ_2	1.62	1.62	1.63	1.63	1.64	1.65	1.66	1.67	1.68	1.69	1.71	1.73
λ_3	1.43	1.44	1.45	1.45	1.46	1.47	1.48	1.49	1.51	1.53	1.54	1.56
n	150	160										
λ_1	2.48	2.50										
λ_2	1.75	1.77										
λ_3	1.58	1.59										

若保证不了耦合养护条件的一致性,则波幅值不能作为统计法的判据。

二、混凝土结合面质量及表面损伤检测技术

(一)混凝土结合面的质量检测

1. 一般规定

(1)适用于前后两次浇筑混凝土之间的结合面质量检测。

(2)检测混凝土结合面时,被测部位及测点的确定应满足下列要求:①构件的被测部位应具有超声波垂直或斜穿结合面的测试条件;②测试前应查明结合面的位置及走向,明确被测部位及范围。

2. 测试方法

(1)混凝土结合面质量的检测方法有对测法和斜测法,而测点时应注意以下几点:

①使测试范围覆盖全部结合面或有怀疑的部位。

②各对 T - R₁(声波传播不经过结合面)和 T - R₂(声波传播经过结合面)换能器连线的倾斜角测距应相等。

③测点的间距视构件尺寸和结合面外观质量而定,宜为 100 ~ 300 mm。

(2)按布置好的测点分别测出各点的声速、波幅和频值。

3. 数据的处理和判断

(1)将同一测位各测点声速、波幅和主频值分别按测位混凝土声学参数的平均值(m_x)和标准差(s_x)计算。

(2)异常数据的判别方法同前所述。

(3)当测点无法满足统计法判断时,可将 T - R₂ 的声速、波幅等声学参数与 T - R₁ 的进行比较。当 T - R₂ 的声学参数比 T - R₁ 的显著时,可判定混凝土结合面在该部位结合不良。

(二)混凝土表面损伤检测方法

1. 一般规定

(1)适用于冻害、高温或化学腐蚀等引起的混凝土表面损伤厚度的检测。

(2)检测损伤厚度时,被测部位和测点的确定应满足下列要求:①根据构件的情况和外观质量,选取有代表性的部位布置测位;②构件被测表面应平整并处于自然干燥状态,且无接缝和饰面层。

(3)本方法测试结果宜做局部破损验证。

2. 测试方法:

(1)表面损伤层检测宜选用频率较低的厚度振动式换能器。

(2)测试时 T 换能器应耦合好,并保持不动,然后将 R 换能器依次耦合在间距为 30 mm 的测点 1、2、3 上,其 3 个位置上应取相应的声时值 t_1、t_2、t_3,并测量每次 T、R 换能器内边缘之间的距离 L_1、L_2、L_3 等,每一测位的测点不得少于 6 个,当损伤层较厚时,应适当增加测点数。

3. 数据处理及判断

(1)求损伤和未损伤混凝土的回归直线方程。

用各测点的声时值 t 和相应的测距值 L 绘制时距坐标图,可得到声波速改变所形成的转折点,该点前后分别表示损伤混凝土的 L 与 t 相关直线,用回归分析方法分别求出损伤与未损伤混凝土 L 与 t 的回归直线方程:

损伤混凝土　　　　$L_f = a_1 + b_1 t_1$

未损伤混凝土　　　$L_a = a_2 + b_2 t_2$

式中:L_f 为拐点前各测点的测距,mm;t_1、t_2 为声时值,ms;a_1、a_2、b_1、b_2 为回归系数,即损伤和未损伤混凝土直线的截距和斜率。

(2)损伤层厚度应按下式计算:

$$l_0 = (a_1 b_2 - a_2 b_1)/(b_2 - b_1)$$

$$h_f = l_0/2 \cdot \sqrt{(b_2 - b_1)/(b_2 + b_1)} = \frac{(a_1 b_2 - a_2 b_1)}{2(b_2 - b_1)} \sqrt{(b_2 - b_1)/(b_2 + b_1)}$$

式中：h_f 为损伤层厚度，mm；其余符号意义同前。

三、超声－回弹综合法检测混凝土强度技术

（一）一般规定

超声－回弹综合法检测混凝土强度是我国使用较广的一种结构中混凝土强度非破损检测方法。它较单一的超声或回弹非破损检测方法，具有精度高、应用范围广等优点。

（1）本方法适用于以中型回弹仪、混凝土超声检测仪综合检测并推断混凝土结构中普通混凝土抗压强度。

（2）应用超声－回弹综合法时，混凝土强度曲线应根据原材料的品种、龄期和养护条件等，通过试验确定。

（3）检测结构或构件的混凝土强度时，应优先采用专用或地区测强曲线。当缺少该类曲线时，经过验证证明符合要求后，方可采用超声－回弹综合法检测混凝土强度规程通用的测强曲线。

（二）回弹仪的检测要求

（1）测定回弹值时，应采用中型回弹仪。回弹仪应通过技术鉴定并具有产品合格证及检验证。

（2）回弹仪应符合下列标准状态的要求：

①水平弹击时在弹击锤脱钩的瞬间，回弹仪的标称动能应为 2.207 J。

②弹击锤与弹击杆碰撞的瞬间，弹击拉簧应处于自由状态，此时弹击锤起点应位于刻度尺的零点处。

③在洛氏硬度为 HRC60 ±2 的钢钻上，回弹仪的率定值应为 80 ±2。

④回弹仪的率定试验宜在（20 ±5）℃的条件下进行。率定时钢珠应稳固的平放在坚实的混凝土地坪上，回弹仪向下弹击杆应旋转 4 次，每次旋转角度 90°左右。弹击 3 ~ 5 次，取连续 3 次稳定回弹值计算平均值。弹击杆每旋转一次的率定平均值均应符合 80 ±2 的要求。

⑤回弹仪在测试过程中，仪器的纵轴线应始终与被测混凝土表面保持垂直，其操作程序应符合使用说明书的规定。

（三）超声波检测的技术要求

1. 对超声波检测仪的技术要求

（1）超声波检测仪应通过技术鉴定并必须具有产品合格证。

（2）仪器的声时范围应为 0.5 ~ 9.999 μs，测度精度为 0.1 ms。

（3）仪器应具有良好的稳定性，声时显示调节在 20 ~ 30 μs 范围内。对 2 h 内声时显示的漂移不得大于 0.2 μs。

（4）仪器的放大器频率响应宜分为 10 ~ 200 kHz 和 200 ~ 500 Hz 两个频段。

（5）仪器应具有示波显示及手动游标测读功能，显示应清楚稳定。

（6）仪器应能适用于温度为 -10 ~ +40 ℃，相对湿度不大于 80%，电源电压波动为（220 ±24）V 的环境中，且能连续 4 h 正常工作。

2. 超声波仪的操作步骤

(1)操作前应仔细阅读仪器的使用说明书。

(2)在接通电源前,应检查电源电压,接上电源后,仪器应预热 10 min。

(3)换能器与标准棒应耦合良好,调节调零电位器以消除初读数。

(4)在实测时接收信号的首波幅度应调至 30 ~ 40 mm 后才能测定每个测点的声时值。

(四)测区回弹值及声速值的测量计算

(1)用回弹仪测试时,宜使仪器处于水平状态,测试混凝土浇灌的侧面。如不能满足这一要求,也可在非水平状态测试混凝土浇灌方向的顶面或底面。

(2)对构件上每一测区的两个相对测试面各弹击 8 点,每一测点的回弹值测读精度精确到 1.0。

(3)测点在测区范围内宜均匀分布,但不得布置在气孔或外露石子上。相邻两测点的间距一般不小于 30 mm,测点距构件边缘或外露钢筋、铁件的距离不小于 50 mm。同一测点只允许弹击一次。

(4)计算测区平均回弹值时,应从该测区两个相对测试面的 16 个回弹值中,剔除最大值和 3 个最小值,然后将剩余面的 10 个回弹值按下式计算:

$$R_{\mathrm{m}} = \sum_{i=1}^{10} \frac{R_i}{10}$$

式中:R_{m} 为测区平均回弹值,准确到 0.1;R_i 为第 i 个测点的回弹值。

(5)非水平状态测得的回弹值应按下式修正:

$$R_i = R_{\mathrm{m}} + R_{i\alpha}$$

式中:R_i 为修正后的测区回弹值;$R_{i\alpha}$ 为测试角度为 α 的回弹修正值,按表 7-7 规定取值。

表 7-7　测试角度回弹修正值 $R_{i\alpha}$

R_{m}	不同部位不同测试角度(°)下的 $R_{i\alpha}$ 值							
	向上				向下			
	90	60	45	30	−30	−45	−60	−90
20	−6	−5	−4.0	−3.0	2.5	3.0	3.5	4.0
30	−5	−4	−3.5	−2.5	2.0	2.5	3.0	3.5
40	−3	−3.5	−3.0	−2.0	1.5	2.0	2.5	3.0
50	−3	−3	−2.5	−1.5	1.0	1.5	2.0	2.5

(6)由混凝土浇筑方向的顶面或底面测得的回弹值应按下式修正:

$$R_{\mathrm{a}} = R_{\mathrm{m}} + (R_{\mathrm{a}}^t + R_{\mathrm{a}}^b)$$

式中:R_{a}^t 为测顶面的回弹值;R_{a}^b 为测底面的回弹值修正值,按表 7-8 取值。

表 7-8 回弹修正值

R_m	测试面		R_m	测试面	
	顶面	底面		顶面	底面
20	2.5	-3.0	40	0.5	-1.0
25	2.0	-2.5	45	0	-0.5
30	1.5	-2.0	50	0	0
35	1.0	-1.5			

注:1. 在侧面测试时,修正值为 0;

2. 表中未列数值,可用内插法求得。

(7)在测试时如仪器处于非水平状态,同时构件测区又非混凝土的浇灌侧面,则应对测得的回弹值先进行角度修正,然后进行顶面或底面修正。

(8)超声声速值的测量与计算。

①超声测点应布置在回弹测试的同一测区内。

②测量超声声时时,应保证换能器与混凝土耦合良好。

③测试的声时值应精确至 0.1 μs,声速值应精确至 0.01 km/s,超声测距的测量误差应不大于测距的 ±1%。

④在每个测区内的相对测试面上,应各布置 3 个测点,且发射换能器和接收换能器的轴线应在同一轴线上。

⑤测区声速应按下式计算:

$$v = \frac{L}{t_m}$$

$$t_m = \frac{t_1 + t_2 + t_3}{3}$$

式中:v 为测区声速值,km/s;t 为超声测距,mm;t_m 为测区平均声时值,μs;t_1、t_2、t_3 为测区中 3 个测点的声时值,μs。

⑥当混凝土浇灌的顶面与底面测试时,测区声速值应按下式修正:

$$v_a = Bv$$

式中:v_a 为修正后的测区声时值,km/s;B 为超声测试面修正系数,在混凝土顶面及底面测试时,B 取 1.034,在混凝土侧面测试时 B 取 1。

四、探地雷达检测方法

探地雷达法主要用于测定混凝土的衬砌厚度。

(一)主要的技术指标

该方法主要采用美国产 STR - 200 型便携式地质雷达,下面对该类型仪器进行简要介绍。

(1)天线:根据不同要求,可选择不同频率的天线,对所有 GSS 底面和空气耦合天线,适用 400 MHZ、900 MHZ 和 1500 MHZ 的天线,测量范围可达 0 ~ 4 m。

（2）硬件：21 cm 真彩色，LCD 或 VGA 数据储存容量最小为 1.3 GB 等硬件。

（3）机械特征：尺寸为 35 cm×30 cm×16 cm，质量 6 kg。

（4）软件：根据采集模式连续剖面，用手工或测量轮记录参数距离标记。显示模式：彩色/灰阶行扫描采集样数分别为 128、256、1024、2048。数据后期的处理：可用 GSS 基于 windows NT 或 windows 的 RADAN 后处理软件在计算机上进行数据处理。

（二）测试方法

探地雷达的检测方法是一种探测地下介质分布的扩谱电子技术。探地雷达将高频电磁波，以实测短脉冲形式，由发射天线送入地下，该雷达脉冲在地下传播中遇到不同电性介质交界面时，部分雷达波的能量被反射到地面，由接收天线接收。

雷达通过记录反射波达到的时间、反射波的幅度来研究地下介质的分布，因其特有的高分辨率在无损检测中得到了广泛应用。

在混凝土表面发射电磁波，电磁波在混凝土内传播，当传播到底面时产生反射波，在混凝土表面的仪器可记录下这种反射波及其到达的时间 t_0，则混凝土厚度为

$$H = v_0 t_0 / 2$$

式中：H 为混凝土的厚度；v_0 为雷达波在混凝土内的传播速度；t_0 为反射波到达时间。

由此可知，已知厚度 H 时可得 $v_0 = \dfrac{2H}{t_0}$。

根据雷达波到达底线位置的时间及雷达波在混凝土中的传播速度，可推出混凝土沿程各点的厚度值。

第九节　喷混凝土厚度快速测试

用物探方法测试喷混凝土厚度的基本思路是根据喷混凝土层与岩石的物性差异，利用专门的仪器，通过现场测量和数据处理将探测对象分成物性层，然后把物性层与已知资料对比，找出喷混凝土层与物性层的对应或相关关系，即可确定喷混凝土厚度。

喷混凝土厚度测试的方法，有如下 4 种：

（1）超声波折射法。设超声波在喷混凝土层中的传播速度为 v_2，用发射探头紧贴岩壁向里发射超声波，若 $v_1 < v_2$，根据波动理论，则会产生一组沿 $v_1 v_2$ 分界面滑行的波，即折射波。用接收探头沿直线等间隔接收折射波读取初始值，绘制时距曲线。在距发射点 O 较近的点，初至波为直达波，对应的时距曲线为图 7-12 中的 $O'A'$ 段，其斜率倒数是 v_1，在距发射点 O 较远的测点，初至波为折射波，对应的时距曲线为图中的 $A'B'$ 段，其斜率倒数即为 v_2，可以证明混凝土厚度 H 为

$$H = \frac{1}{2} \cdot \frac{v_1 t_0}{\cos\alpha}$$

$$\alpha = \frac{\arcsin v_1}{v_2}$$

式中：t_0 为截距时间；v_1 为电磁波在喷混凝土层中的传播速度；v_2 为超声波在喷混凝土层中的传播速度。

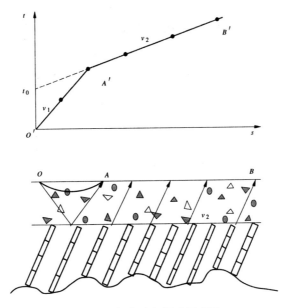

图 7-12　超声波折射法原理图

（2）超声波反射法。设喷混凝土的密度和超声波速分别为 ρ_1 和 v_1，围岩的密度和超声波速分别为 ρ_2 和 v_2。紧贴混凝土表面向里发射超声波，若 $\rho_1 v_1 \neq \rho_2 v_2$，根据波动理论，则会在喷混凝土层和围岩的接触面处产生反射波。根据垂直反射波到达的时间，即可求出喷混凝土的厚度 H：$H = \dfrac{1}{2} v_1 t_0$。

（3）地质雷达探测法。向岩壁发射高频率电磁波，若喷混凝土层和围岩有较明显的介电常数差，就可接收到来自两者分界面处的反射波，通过数据处理，压制干扰波，提取垂直反射波到达时间 t，即可求出喷混凝土层厚度 H。

（4）电性参数法。向岩壁供电测量其表面的电场分布情况，通过数据处理，将其划分成电性层，利用已知资料，确定电性层与喷混凝土层的对应关系，即可确定喷混凝土层的厚度。

四种方法的比较如下：

（1）超声波折射法因喷混凝土层与围岩无明显的波速差异，不具备产生折射波的物性前提，故该方法效果不明显。

（2）超声波反射法，物性前提存在方法有效。但所用仪器系统分辨率低，测试误差较大，难以满足工程需要。

（3）地质雷达探测法，方法有效，但所用仪器有一较强的固定干扰信号，有效信号难以提取。

（4）电性参数法，所用仪器及观测系统测试误差较大，难以满足工程需要。

第十节　趾板的抬动观测

大坝基础灌浆在趾板上施工，由于水库为峡谷地形，两岸趾板基础的坡度较陡，趾板的厚度为 0.9 m,灌浆施工时盖重小,灌浆时极易产生抬动变形。为此要确保质量,必须提高灌浆渗透体的抗渗能力和耐久性,确保灌浆帷幕的质量,在提高灌浆压力的同时,避免产生抬动变形。

为了保证在趾板及基岩不抬动破坏的前提下,尽可能地发掘提高灌浆压力的潜力,必须实时了解扰动变形的情况,只有确认抬动变形在允许变形量的范围内,提升灌浆压力才是安全的。为此建议采用具有自动报警和计算机系统采集的抬动监测系统来实现灌浆过程中对抬动变形的预见性和可控制性。

抬动变形自动化监测具有准确性、实时性、直观性等特点,在灌浆施工过程中,一旦趾板抬动接近设定的上限值,监测仪就会发出报警信号,提醒技术人员分析产生抬动的原因,根据具体情况调整参数。

第十一节　大坝面板脱空无损检测方法

混凝土面板堆石坝面板脱空无损检测目前仍是一个难题,尚未有较为成功的探测推理,采用单一物探方法的探测成果准确率又偏低。因此,如何提高检测准确率是面板脱空无损检测的研究重点。本节通过国家电力公司昆明勘测设计研究院的经验,介绍采用综合物探方法进行大坝脱空探测的可行性。

大坝面板脱空无损检测方法一般有三种:地质雷达法、声波垂直反射法、红外热成像法。

一、地质雷达法

地质雷达是利用发射天线向地下介质发射扩谱高频电磁波,当电磁波遇到电性介质(介电常数、电异常、磁异常)差异界面等将发生折射和反射现象。同时介质对传播的电磁波也会产生吸收滤波和散射作用。用接收天线接收来自地下的反射波并做记录,采用相应的雷达信号处理软件进行数据处理,然后根据处理后的数据图像结合工程地质及地球物理特征进行推断解释,从图 7-13 中可见,当发射天线发射的电磁波达到空洞与大坝面板混凝土交界面时,由于空气与混凝土存在差异,将产生反射波,被接收天线接收。同样当一部分电磁波达到空洞与堆石面时,由于空气与堆石料之间也存在电性差异,将产生反射波被接收天线接收。通过对接收到的电磁波进行分析,就可以初步判断面板有无脱空、脱空位置及脱空高度。

混凝土面板的介电常数为 6.4 左右,脱空区为空气,其相对介电常数为 1.0,而堆石体的相对介电常数为 5.0 左右。由此可见,面板与堆石体之间若有脱空,则面板与脱空区两者的相对介电常数差异十分明显,因此脱空区的反射信号振幅明显大于非脱空区。由于面板表面相对平整。故雷达天线与面板耦合良好。当发射信号大小一定时,有利于对比接收信号振幅的大小来区分是否为脱空异常。

二、声波垂直反射法

声波垂直反射法是利用一声波信号发射设备向地下发射声波。当声波遇到阻抗差异

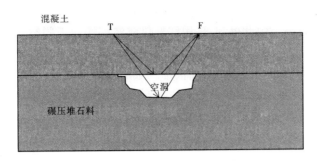

图 7-13 地质雷达探测原理图

的界面时,将发生反射等现象,通过声波换能器声波仪记录下声波反射信号数据。用专用软件对记录数据进行处理。根据处理后的数据特征,结合介质特征进行推断解释。探测原理如图 7-14 所示。

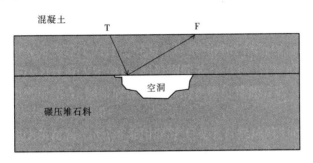

图 7-14 声波垂直反射法探测原理图

在脱空区当声波传播到面板混凝土与空洞的交界面时,由于空气与混凝土之间存在极大的弹性差异,反射系数接近于 1,所以在该界面声波几乎发生全反射。而在非脱空区,虽然空气与堆石体之间存在一定的弹性差异,但反射系数小于 1(一般为 0.5~0.8),所以在该界面声波产生透射现象。理论上脱空部位接收到的声波特征表现为振幅大、频率低、衰减慢,而非脱空区接收到的声波特征表现为振幅小、频率高、衰减快。通过这些特征就可以进行脱空判断。

三、红外热成像法

红外热成像法是利用红外设备接收来自物体表面的热辐射,根据物体的热辐射性质,反算物体表面温度,最后根据物体表面温度分布特征,结合工程及地球物理特征进行推断解释。

面板厚度不大时,面板表面的温度变化可以影响下一层介质。在脱空探测中钢筋混凝土面板的热导率高,其次为垫层料,最后为空气,而且空气热导率明显比其他两种介质小。白天在阳光照射下,面板吸收来自太阳的辐射热量,存在脱空的面板区域由于空气热传导性差而使得温度升高较快,非脱空区的面板由于热量影响向坝体深部传导而升高较慢。夜间,不论是脱空区还是非脱空区,它们白天吸收的热量通过面板向空气辐射,面板温度下降,脱空区面板由于下层空气热导率小,不易得到坝体热量补充而使该部位温度相对较低。非脱空区的面板由于其下的垫层料热传导比空气大,更易得到坝体热量补充而使该部位温度相对较高。由此可知,采用红外热成像探测面板脱空存在良好的地球物理条件。

　　实际上,由于施工条件不尽一致,面板各区域的热传导、热吸收和热辐射性质也存在一定的差异。同时,混凝土表面颜色的深浅也影响着热吸收和热辐射。利用这些因素识别和推断解释脱空区域时,均需引起注意。

第八章　面板堆石坝的安全监测施工技术

　　面板堆石坝的安全监测,必须根据工程等级、结构形式及其地形、地质条件和地理因素而设置必要的检测项目及其相应的设施。其安全监测的范围包括坝体、坝基、坝肩以及对大坝有重大影响的近坝区护坡和其他与大坝安全有直接关系的建筑物。各类监测项目及设置均应遵守相关规范的规定。

第一节　混凝土面板堆石坝的安全监测工作遵循的原则和要求

一、原则

　　(1)各监测仪器设施的布置应密切结合工程具体条件。既能较全面地反映工程的进行状态,又突出重点、少而精,相关项目应统筹安排、合理布设。

　　(2)各监测仪器设施的选择要在可靠、耐久、经济、实用的前提下力求先进和便于实现自动化观测。

　　(3)各监测仪器设施的安装和埋设,必须按设计要求精心施工,确保工程质量。安装和埋设完毕,应绘制竣工图,填写考核表存档备查。

　　(4)应保证在恶劣的气候条件下,仍能进行必要的项目观测,必要时可设专门的观测站(房)和观测廊道。

二、各阶段监测工作应符合的要求

　　(1)可行性研究阶段应提出安全监测系统的总体设计方案、观测项目及其所需仪器设备的数量投资估算。

　　(2)初步设计阶段应优化安全监测系统的总体设计方案、测点布置、观测设备及仪器的数量和投资概算。

　　(3)招标设计阶段应提出观测仪器设备的清单、各主要观测项目及测次、各观测设施仪器安装的技术要求及投资预算。

　　(4)施工阶段应提出观测仪器设备的观测系统的设计和技术要求,提出施工详图、施工承建单位应做好仪器设备的埋设安装、调试和保护,固定专人进行观测工作,还应确保观测设施完好及观测数据连续、准确完整。工程竣工验收时应将观测设施和竣工图、埋设记录和施工期观测记录以及整理分析等的全部资料整编成正式文件移交管理单位。

　　(5)安全监测仪器设施的安装埋设随土建进行。为避免或减少仪器埋设过程中的干扰,应严格执行相关规范的规定,保证监测设施埋设时的施工质量,并特别注意对已埋设仪器设备和电缆线路等的保护,已避免造成观测数据缺失。

　　(6)仪器安装埋设必须按照设计所选的仪器型号说明书的规定进行,同时遵守有关技术规范操作程序。

(7)监测仪器使用的电缆要求采用监测专用的水工电缆,以保证质量,允许用其他类似的电缆代替。

(8)承包单位施工应由专职技术人员组织实施,严格按施工详图和相关规范的要求与规定及仪器使用说明书安装工艺来进行全部监测仪器的安装埋设,并对各种仪表包括电缆及监测断面等统一编号(应与施工详图编号一致)并建立档案卡。

(9)承包单位在整个施工过程中,对已埋设的监测仪器的观测险情应急时提供施工期的观测报告(一般为月报并根据工程实际需要进行调整),如发现测值异常,应立即通报监理或业主和设计单位,以便共同分析原因及时采取处理措施,并相应增加测次,必要时进行连续观测。

(10)观测仪器安装埋设在电缆敷设的线路上,应设置明显的警告标志。监测仪器至测站(或临时测站)或坝顶电缆向尽可能减少电缆接头,电缆的速接和测试应满足相关规范的要求。

(11)承包单位在工程竣工后应向业主移交全部埋设仪器的档案资料。主要包括埋设测点的布置图、仪器检验率定资料以及包括初始读数在内施工观测时间的全部原始和整编的监测资料。

(12)初始蓄水阶段应制订监测工作计划和主要的监控技术指标,在大坝开始蓄水时就做好安全监测工作,取得连续的初始值,并对混凝土堆石坝工作状况做出初步的评估。

(13)运行阶段应进行经常的及特殊情况下的巡视检查和观测工作,并负责监测系统和全部观测设施的检查、维护、更新、补充,完善监测资料的整编、监测报告的编写以及检测技术档案的建立,要求大坝管理单位还应根据巡视检查和观监资料,定期对大坝的工作状态提出分析和评估(工作状态可分为正常、异情和险情三类),为大坝的安全鉴定提供依据。

(14)各种监测应使用标准记录表格。认真记录填写,严禁涂改损坏和遗失,观测数据应随时整理和计算,如有异常应立即复测,当影响工程安全时,应立即分析原因和采取对策,并上报主管部门。

(15)当发生有感地震、大洪水以及大坝工作出现异常等特殊情况时,应加强巡视检查,并对重点部位的有关项目加强观测。

(16)已建坝监测设施不全或损坏、失效的,应根据情况予以补设或更新改造,当工程进行除险加固、扩建、改建或监测系统更新改造时,应根据相关规范的规定做出监测系统的更新设计、精心实施,并保持监测资料的完整性。

(17)在采用自动化监测系统时,必须进行技术经济论证,仪器设备要稳定、可靠,监测数据要连续、正确、完整,系统功能包括数据采集、数据传输、数据处理和分析等,数据采集的自动化可按各监测项目的仪器条件分别实施,自动化设备应有自检自校功能并应长期稳定,以保证数据的稳定性、准确性及连续性,数据采集实现自动化后仍应进行人工检测,并连续做好巡视检查。数据储存处理(分析预报技术报警等)的自动化,应有条件优先实现,实现自动化后,基本观测的数据和主要成果仍应具备有拷贝存档功能。

(18)监测仪器设备应精确可靠,密切做好观测工作,严格遵守规程规范,做到记录真实、注记齐全,填写好考证表,观测数据应立即整理,存档备查。

(19)设计应能全面反映大坝的工作状态,仪器的主要目的明确、重点突出。观测的重点应设置在坝体结构或地质条件复杂的的坝段,观测设备需及时安装,以保证第一次蓄水期间能获得必要的观测成果。

(20)监测仪器设备应精确可靠、稳定耐久,监测仪器的使用应有良好的防潮和交通条件,必要时可设置房屋和廊道,以保证大洪水、严寒冰冻等情况下还能进行观测。采取自动化观测仪器设备时,还应安排人工观测必要工作,以保证在自动化仪器发生故障时观测数据不致中断。

第二节　主要监测项目及内容

面板堆石坝的观测内容,除常规土石坝取样进行外部变形、内部变形和应力、渗流等项目观测外,还要增加混凝土面板及其接缝的有关监测项目。其观测规模根据工程等级、结构形式、地形地质条件及其监测目的而定。监测重点应依坝的高度等级和工作阶段而不同,对于高坝可以与面板堆石坝并重;对于中低水头的坝,施工期可测重于堆石坝的重点变形,蓄水进行期可侧重于坝的渗流观测与面板周边缝的观测,监测项目如表9-1所示。

表 9-1　土石坝安全监测项目分类

序号	检测类别	观测项目	建筑物级别 1、2、3
A	巡视检查	巡视检查(含日常、年度和特别三类)	★★★
B	变形	1. 表面变形	★★★
		2. 内部变形	★☆
		3. 裂缝及接缝	★☆
		4. 岸坡位移	★☆
		5. 混凝土面板变形	★☆
C	渗流	1. 渗流量	★★★
		2. 坝基渗流压力	★★☆
		3. 坝体渗流压力	★★☆
		4. 绕坝渗流	★☆
D	压力(应力)	1. 孔隙水压力	★☆
		2. 土压力(应力)	☆☆
		3. 接触土压力	★☆
		4. 混凝土面板压力	★☆

续表 9-1

序号	检测类别	观测项目	建筑物级别 Ⅰ、Ⅱ、Ⅲ
E	水文、气象	1. 上、下流水位	★★★
		2. 降水量、气温	★★★
		3. 水温	☆☆☆
		4. 波浪	☆
		5. 坝前(及库区)泥沙	☆
		6. 冰冻	☆
F	地震反应	1. 地震强震	☆☆
		2. 动孔隙水压力	☆
G	水流	泄水建筑物水力学	☆

注:1. ★者为必设项目,☆者为一般项目,可根据需要选设。

2. 对必设项目,如有因工程实际情况难以实施的,应报上级主管部门批准后缓设或免设。

第三节　监测仪器现场检测和评定

一、监测仪器检验的目的与任务

(1)校核仪器出厂参数的可靠性。

(2)检验仪器的稳定性,以保证仪器性能长期稳定。

(3)检验仪器在搬运途中是否损坏。

二、监测仪器现场检验的内容

(1)出厂仪器资料参数卡片是否齐全。仪器数量与发货单是否一致。

(2)外观检查。仔细查看仪器外部有无损伤、痕迹、锈斑等。

(3)用万用表测定仪器线路是否断线。

(4)用兆欧表测定仪器本身的绝缘是否达到出厂值。

(5)用二次仪表测试以下仪器测值是否正常:应变计、位移计、钢筋计、测缝计、渗压计、水工比例电桥。

第四节　常用监测仪器安装埋设技术

安全监测仪器埋设工作的主要内容有技术准备、材料设备准备、仪器检验率定、仪器与电缆连接、仪器编号、土建施工等。

一、技术准备

技术准备的目的是了解设计意图、布置和技术规定，以便满足设计要求，达到设计的目的，技术准备的内容主要有以下几点：

(1)熟悉监测工程设计报告、图纸及各项相关技术规程，制定施工技术方案和标准。

(2)进行设计交底，对施工人员进行技术培训，通过培训使工作人员了解技术方法和技术标准的依据和目的，按规范与设计要求进行施工，确保施工质量。

(3)研究和了解现场施工条件，监测工程的施工，尤其是与其他工程交叉进行的仪器安装埋设施工，既要达到设计要求，与土建施工相配合，又要克服恶劣环境的影响，避免干扰。因此，仪器安装埋设施工前，既要对现场条件进行全面的分析研究并提出措施，在施工过程中，还要随时进行研究和调整。

二、材料设备准备

准备内容见表9-2。

表9-2　仪器安装埋设施工的主要材料设备表

项目	内容	说明
1. 土建设备	(1)钻孔和清基开挖机具 (2)灌浆机具和混凝土施工工具 (3)材料设备运输机具	用于埋设仪器时钻孔凿石、切槽、灌浆回填等
2. 仪器安装设备	(1)仪器安装工具 (2)工作人员登高设备及安全装置 (3)起吊和运输机具 (4)零配件加工，如传感器安装架及保护装置等	
3. 材料	(1)电缆和电缆连接与保护材料 (2)灌浆回填料、电缆走线材料、脚手架等零配件	
4. 办公系统	(1)计算机、打印机及有关软件 (2)各种仪器专用记录、文具纸等	计算机软件包括办公系统数据库和分析系统、记录表格等
5. 测试系统	(1)有关的二次仪表 (2)各类仪器检验、率定设备、仪表 (3)仪器维修工具 (4)测量仪表及工具 (5)有关参数测定设备、工具	二次仪表是使用的传感器配套的读数仪 岩土回填材料和其他材料检查时的材料参数测定设备、工具

三、仪器检验率定

仪器安装埋设前应按安装规程进行率定或组装率定检验,按照合格标准选用,不合格的仪器不准使用。

四、仪器与电缆连接

仪器与电缆连接是保证监测仪器能长期运行的重要环节之一,尽管仪器经过各种测试且保证无任何质量问题,但是如果加长电缆或连接头有问题,仪器也不能长期正常地工作。因此,电缆与仪器的连接在安装前必须引起足够的重视。

(一)对电缆质量的控制

以差动电阻式仪器要求为例,要求芯线电阻小、每芯差值小、防水等。因此,要求选购观测专用电缆时,其橡胶外套具有耐酸、耐碱、防水、质地柔软等特点。芯线直径不小于0.2 mm。铜丝镀锡,100 mm 单芯电阻小于 150 Ω。电缆有两芯、三芯、四芯、五芯。使用前做水浸检查,把电缆浸泡在水中,线端露出水面不得受潮。浸泡 12 h,线与水之间的绝缘值大于 200 MΩ 为合格。若电缆埋设在高水压下,应在压力水中进行检查,用万用表测芯线有无折断,外皮有无破损(用打气筒向外皮内打气看是否出气泡),如与要求一致,电缆质量为合格。

(二)电缆线的连接

(1)电缆的长度:按仪器至观测站实际需要长度加上松弛长度进行裁料。松弛长度根据电缆所经过的路线要求确定。坝中须按"S"形延伸,松弛长度为实际长度的15%,不少于 5%。如有特殊要求,另行考虑。

(2)剪线头:将选好的线端橡胶包皮剪除 100 mm,把芯线剪成长度不等的线段。另一线的一端按相同颜色的长度相应剪短,各芯线连接以后,长度一致,结点错开。切忌搭接在一起。

(3)接线:把铜丝的氧化层用砂布擦去,按同种颜色互相搭接,铜丝相互插入,拧紧,涂上松香粉,放入熔化好的锡锅内动几下取出,使上锡处表面光滑无刺,如有应锉平。

(4)包扎:用黄腊绸小条裹好焊接部位,再用高压绝缘胶带缠绕一层,用木锉打毛电缆端部橡皮,长约 30 mm,用脱脂棉洗净后,涂以适量的胶水,将芯线并在一起裹上高压绝缘胶带或硅橡胶带,或宽度 20 mm 的生橡胶。裹时一圈一圈地依次进行,并用力拉长胶带,边拉边缠,使粗细一致。包扎体内不留空气,总长 180 mm、直径 30 mm,比硫化器模子长 2 mm,外径比硫化器模子大约 2 mm 为宜。为使胶带之间易胶合,缠前宜在胶带表面涂以汽油。

(5)硫化:电缆接头硫化时,在硫化器模子内均匀撒上粉,将裹扎好的电缆头放入模槽中,合上模,拧紧旋扭,一边加热,一边拧紧旋扭,升温到 155 ~ 160 ℃,恒温 15 min,关闭电源,自然降温,冷却至 80 ℃后方可脱模。电缆连接也可用热缩材料代替硫化。目前热缩管广泛应用于观测电缆连接,操作简单,有密封、绝缘、防潮、防蚀的效力。接线用 5 ~ 7 mm 的热缩管,加温热缩,用火从中间向两端均匀收缩,管内不留空气。热缩管紧密地与芯结合,缠好高压绝缘胶布后,将预先套在电缆上的 φ18 ~ φ20 mm 热缩管移至缠胶带处加温热缩。热缩前在热缩管与电缆外皮搭接段涂上热熔胶。

（6）检查：当接头扎好后测试一次，硫化过程中和结束后各测一次，如发现异常，立即检查原图，如果断线应立即重接。

五、仪器编号

（1）编号原则。仪器编号应能区别仪器种类、埋设位置，力求简单明了，并与设计布置图一致。如某仪器编号为 M－1－2－3，它的含意是："M"为多层点位移动，"1"是第一个断面，"2"是第二个孔，"3"是第三个测点。只要知道编号的含意，一看编号就知道是什么仪器，在第几个断面以及孔号和测量的位置。

（2）编号标注的位置。编号时应注在电缆的端头与二次仪表连接处附近。为防备损坏和丢失，宜同时标上两套编号标签备用，传感器上无编号时也应标注编号。

（3）仪器编号的标签。仪器编号比较简单的方法是在有不干胶的标签上写好编号，贴在应贴的部位，再把优质透明的胶纸绑扎在电缆上，用电缆打号机把编号打在电缆上更好。编号必须准确可靠，长期保留。

钢铉式仪器常使用多芯电缆，如四点式多点位移计，只需要一根 5 芯电缆与 4 支传感器相连接，这样除在电缆上注明仪器编号外，各芯线也要编号，也可用芯线的颜色来区分，最好按规律连接，如红、黑、白、绿分别连接 1、2、3、4 各号仪器。

第五节　仪器安装埋设的土建施工及各部位的监测方法

一、安全监测工程的土建工程施工

安全监测工程的土建工程施工包括临时工程的施工、仪器安装埋设土建施工、电缆走线工程土建工程施工、观测站及保护设施土建施工，这些土建施工项目分别在有关的项目中，根据具体要求提出施工方法和标准、仪器安装、埋设的土建工程施工，在各类工程监测中有具体的方法和标准，而且比一般工程更高、细，这是仪器性能和观测精度的需要，所以仪器安装埋设首应做好土建施工，并经验收合格后才能安装埋设。

二、监测断面和测点定位放样

根据设计图纸、监测人员会同工程观测人员在施工现场用工程测量方法，确定监测断面和测点位置，记录测点的高程和平面坐标，有时受现场条件限制，需要移动的测点位置必须经过设计和监理的同意批准，并记录测点的实际位置。

三、变形监测的观测施工及要求

（1）视准线的要求：视准线在大坝坝顶、下游坝坡和上游坝坡的上段，一般坝顶视准线设置的变形观测点最多，坝坡上视准线变形观测点经坡下逐渐减少。在各条视准线两端稳定坝坡上设置工作基点和校核基点。为了保证观测精确、满足设计要求，工作基点和校核基点应由地形测量控制网定期观测检验，确保校核基本不变位。

观测用仪器应选用能满足精度要求的经纬仪、全站仪、红外线测距仪等。

(2)测斜仪观测要求：

①测斜仪的观测采用移动式测斜仪，埋设过程中应加强观测，一般需要做到每加长一节测斜仪就观测一次。观测时将测斜仪探头从口沿内导槽下滑至管底，静止片刻(约5 min)，向上提拉测读直到管口。注意准确计算并在每次测读时将探头置于同一位置才能保证观测精度。

②水平段测斜仪的观测。观测时利用牵引线将测斜仪探头沿着管内导槽接到坝内管顶，静止片刻(约0.5 min或1.0 min)测读一次。注意每次观测时应尽量保证探头在同一位置才能保证观测精度。

(3)沉降仪的观测要求，观测时应尽量排尽管路内的水和气，用测量板上带有刻度的玻璃管测定，应平行监读两次，读数差不得大于2 mm。

(4)混凝土面板变形观测要求：混凝土面板周边缝的变形一般是三向的，即张开位移、沉降位移和切向位移。观测时，应该同时在一个测点上观测上述三种位移值，并埋设三向测缝计。

对于面板之间缝隙的观测，往往需要观测测缝的张开(或闭合)与错动，因此只需要两向测缝计即可，观测时旋转电位器或测缝计用专门检测仪器按仪器操作说明分别测定各传感器，钢丝测读数两次平行测读误差不得大于0.000 2 V，单次测缝计读数时用仪器精度控制。

(5)面板应力观测的测次，在仪器埋设初期应按确定观测基准值的要求加密测次，当进行应力观测时必须进行混凝土温度观测，记录气温、库水位、下游水位并应与面板变形观测相结合。

(6)渗流观测，在堆石坝下游坝坡脚修建一座或几座量水堰，多用三角形堰口，堰板一般用不锈钢板制成，堰口部分设有最小读数为毫米的刻度，以便直接测量水堰的水位高度，为便于遥测和自动化检测也可以在量水堰中安装水位传感器，如微压计等。

四、安全监测的资料整编分析

(一)一般规定

(1)资料整编包括平时的资料整理与定期的资料编印。

平时资料整理的重点是查证初始测数据的正确性与准确性，进行观测物理量的计算，填好观测数据记录表格，点绘观测物理量过程线图，观察观测物理量的变化，初步判断是否存在异常值。

定期资料编印应在平时资料整理的基础上进行观测物理量的统计，填制统计表格，绘制各种观测物理量的分布与相互向的相关图线，并编写编印说明书。定期编印的时段，在施工期和初蓄水期视工程施工或蓄水进程而定，最长不超过一年，在运行期视工程规模以1~5年为宜。

(2)资料整编分析工作，在工程竣工前应由水库施工单位负责完成，工程竣工后应由水库管理单位负责完成。工程有问题时，由设计单位配合，必要时可邀请专业研究单位协作，整编成果应项目齐全、改正清楚、数据可靠、图表完整、规格统一、说明完备。

（3）在整个的观测过程中，均应及时按各种观测数据进行样检和处理，并查资料进行分析，有条件的应利用计算机建立数据库并采用适当的数学模型。分析重点主要是对面板堆石坝的安全性态作出评价。

（4）全部资料的整编、分析成果应建档保存。如面板堆石坝存在安全问题，则提出处理意见。如停止或减少观测项目的资料整理整编和分析工作，应经上级主管部门批准。

（5）资料的整编要求：

①检测观测数据的正确性、准确性。每次观测完成后，应立即在现场检查作业方法是否符合要求，是否有缺损现象，各项检测结果是否在限差之内，观测值是否符合精度要求数据，记录是否准确清晰、齐全。

②观测物理量的计算。经检验合格后观测数据应换算成观测物理量记入相应记录表中。

③绘制观测物理量的过程线图。

④在观测物理量过程线图上，初步考虑物理量的变化规律，发现异常应立即分析该异常量产生的原因，并提出专项文字的说明，对原因不详者，还要向上级主管部门报告。

（6）定期资料整编的一般步骤：

①资料收集的内容：包括基本资料与观测资料收集，主要内容有各项观测设备的改正表、图，监测系统的施工资料，仪器订正书和说明书，土石坝的工程设计、勘探、试验资料等。观测资料即平时资料整理的成果，包括所有观测数据文字和图表。

②资料复查：复查所有收集的资料是否齐全，各项物理量的计算及坐标、高程系统有无错误，记录图表是否按统一规定编制，物理量过程线图是否连续、准确、清晰。

③观测物理量的统计：按统一规定对各项物理量进行统计，填入相应的统一表格，绘制观测物理量的分布图及各相关量间的相关图。

④编制编印说明：按统一规定对各项观测物理量进行统计，重点简述本时段的基本情况，编印内容，组织参加人员，存在哪些观测物理量异常及其在面板堆石坝的分布部位，以及对观测设备和工程采取过的任何检验处理等。

⑤资料存档：各规定时段的原始资料及其整编成果应建立档案保存。

（7）资料整编的成果图表，一般应包括下列内容：

①各项观测设备改正表，如各种基（测）点改正表、各种位移压力计的改正表、测压管和量水堰的改正表。

②各项观测物理量的统计表、测点竖向及水平位移统计表、渗流量的统计表。

③各项观测物理量的过程线图、分布图、相关图。如测点竖向及水平位移线过程，渗流压力水位及渗流量过程，各断面的竖向及水平位移分布图，竖向位移量平行等直线分布图，断面及平面的渗流等势线分布图，渗压力水位及渗流量与作用水头的相关图等。

（二）资料分析

1. 分析方法

资料分析的方法通常有比较法、作图法、特征值统计法、数学模型法等。

1）比 较 法

（1）通过巡视检查比较面板堆石坝外表各种异常现象的变化和发展趋势。

（2）通过各观测物理量数值的变化规律或发展趋势的比较，预测面板堆石坝安全状况的变化。

（3）通过观测成果与设计的或试验成果比较看，其规律是否有一致性和合理性。

2）作图法

通过绘制观测物理量过程线图（如将库水位、降雨量、测压管水位绘于同一张图），或特征过程线图（如某水位下的测压管水位过程线图）、相关图、分布图，直观地了解观测物理量的变化规律，判别有无异常。

3）特征值统计法

对各观测物理量历年的最大和最小（包括出现的时间）变差，同期年平均值及年变化率等进行统计分析，观察各观测物理量之间在数量变化方面是否具有一致性和合理性。

4）数学模型法

建立表达观测物理量的原因量与效应量之间关系的数学模型，对于观测资料系列较长的面板堆石坝宜建立统计学模型（回归分析），有条件时可建立确定性模型或混合模型。

2.资料分析的内容

（1）对观测物理量的分析：

①分析观测物理量随时间、空间变化的规律性。

②分析观测物理量特征的变化规律性。

③分析观测物理量之间相关关系的变化规律性。

从分析中获得观测物理量变化稳定性、趋向性及其与工程安全的关系等结论。

（2）将巡视检查成果、观测物理量的分析成果、设计计算复合成果进行比较，以判断面板堆石坝的工作状态、存在异常的部位及其安全的影响程度与变化趋势等，还应特别注意面板堆石坝施工期和蓄水期的资料分析，其中应注意对坝体裂缝变形、渗漏、有感地震、暴雨等反映的情况进行分析。

（3）资料分析报告一般按下列要求编制：

①观测设备情况详述，包括设备的管理、保养完好率、变更情况等。

②巡视检查开仓情况，有何主要成果、结论。

③寻查资料整编分析情况，有何主要成果、结论。

④综合评价面板堆石坝的安全状况，保证面板堆石坝的安全运行应采取的措施建议。

⑤对改进安全管理工作和运行调度工作有何建议。

第六节　安全监测仪器埋设的质量控制

一、应变计的安装埋设

（一）混凝土应变计的安装埋设

根据设计要求，确定应变计的埋设位置。埋设仪器的角度误差不超过 1°，位置误差不超过 2 cm。埋设仪器周围的混凝土回填时要小心填筑，剔除混凝土中 8 cm 以上的大骨料,用人工分层振捣密实,下料时应距仪器 1.5 mm 以上,振捣时振捣器与仪器距离应大于振捣半径且不小于 1 mm。埋设后应作好标记,以防人为损坏,并要有人保护。

(1)单向应变计。可在混凝土振捣后及时在埋设部位造孔埋设。

(2)双向应变计。两应变计应保持相互垂直,相距 8~10 cm。两应变计的中心与混凝土结构表面距离应相同。

(3)应变计组。将应变计固定在支座及支杆等附加装置上,以保证在混凝土浇筑过程中仪器有正确的相互装配位置和定位方向并保持不变。根据应变计组在混凝土内的位置,分别采用预埋锚杆或做锚杆的预制混凝土块固定支座位置和方向。埋设时,应设置无底保护木箱,并随混凝土的升高而逐渐提升,直至取出。

(4)无应力计。埋设时将无应力计筒大口向上固定在埋设位置,然后在筒内填满相应应变计附近的混凝土,用人工捣实。

(二)岩体应变计的安装埋设

岩体应变计用以观测岩体在埋入应变计后的内部变形,即由于岩体的应力变化所引起的变形相对变化率。

应变计在岩体内不应跨越结构面,但在节理发育的岩体内,应变计标距应加长,一般为 1~2 m。在埋设位置造孔(槽)时,其横截面的尺寸在满足埋设要求的基础上尽可能要小。孔(槽)内应冲洗干净,不能沾油污。

埋设时应用膨胀性稳定的微膨胀水泥砂浆填充密实。仪器轴向误差应小于 1°。埋设前后应及时检测。为了防止砂浆影响仪器变形,使应变计与岩体同步变形,应变计中间应嵌一层隔离材料。应变计组应固定在支架或连接杆上,或埋设在各个方向的钻孔内。

单向应变计组可固定在连接杆上埋入钻孔内的不同深度。

二、钢筋计的安装埋设

钢筋计主要用于观测钢筋混凝土的钢筋应力和岩土体中的锚杆应力,安装埋设时将钢筋或锚杆按要求尺寸裁截,然后将钢筋计对接或焊接在钢筋或锚件上,并保证钢筋计和钢筋或锚杆在同一线上。对接时,采用预先焊在钢筋计的钢筋头连接。钢接头是根据设计钢筋计的端头的螺纹配置。焊接时,可采用对焊、坡口焊或熔槽焊,焊接时仪器应浇冷水冷却,使仪器温度不超过 60 ℃。

(一)混凝土钢筋计的安装埋设

钢筋计对接埋设时,与仪器两端连接带螺纹的钢接头应焊接在钢筋上。钢筋计与焊接有接头的钢筋对接扭紧后,代替被测钢筋绑扎在观测部位(绑扎长度比有关规定要求稍长些)。对焊的钢筋计安装时,将观测部位的钢筋按照钢筋计对焊长度截断,然后将与钢筋计两端连接的钢筋(长度应大于 1 m)对焊在相应位置的钢筋上,然后经校验合格后,方可浇筑混凝土。仪器周围人工捣实,等混凝土固化后测基准值。

(二)岩体锚杆应力计的安装埋设

钢筋计用于测锚杆压力时,称之为锚杆应力计。装上锚杆应力计的锚杆称为观测锚杆。观测锚杆应根据观测设计的安装时机进行埋设:

(1)根据设计要求钻孔:钻孔直径应大于锚杆应力计的最大直径,钻孔方位应符合设计要求,孔弯应小于钻孔半径。钻孔应冲洗干净,并严防孔壁沾油污。

（2）按照观测设计的要求截断锚杆长度。选用螺纹连接的锚杆应力计,需要在截断的锚杆上先焊接螺纹接头,然后再与锚杆应力计用螺纹接头连接,接头与锚杆保持同轴。

（3）观测锚杆应力计的组装。将锚杆应力计的深度与截断的锚杆对接,同时装好排气管。需要对焊的锚杆应力计应在水冷却下进行对焊,锚杆应力计与锚杆应保持同轴。

（4）经组装检测合格后,将组装的观测锚杆缓慢地送入钻孔内。安装时,应确保锚杆应力计不产生弯曲,电缆和排气管不受损坏,锚杆根部就与孔口平齐。

（5）锚杆应力计入孔后,引出电缆和排气管,装好灌浆管,用水泥砂浆封口。

（6）安装检测合格后进行灌浆埋设。一般水泥砂浆配合比宜为:灰砂比为 1:1 ~ 1:2,水灰比为 0.38 ~ 0.40。灌浆时应在设计规定的压力下进行,灌到孔内停止吸浆时,再持续 10 min 即可结束。砂浆固定后,测其初始值。

三、测缝针的安装埋设

测缝针主要用于观测混凝土分缝和裂缝的开度变化、混凝土与岩体接触缝的开度变化、岩体裂缝的开度变化。测缝计安装埋设时,应确保仪器波纹管能自由伸缩。

（一）混凝土测缝针的安装埋设

（1）在先浇好的混凝土块上预埋测缝计套筒,当电缆需从先浇筑块引出时,应在模板上设置储藏箱,用以储藏仪器和电缆。为了避免电缆受损,接缝处的电缆用布条包上。

（2）当后浇的混凝土浇到高出仪器埋设位置 20 cm 时,振捣密实后挖去混凝土露出套筒,打开套筒盖,取出填塞物,安装测缝计,再回填混凝土。

（二）混凝土与岩体接触缝测缝计的安装埋设

（1）在岩体中钻孔,孔径应大于 90 mm,深度 0.5 m,岩体有节理时,视节理发育程度确定孔深,一般应大于 1.0 m。

（2）在孔内填满水泥砂浆,砂浆应有膨胀性,将套筒或带有加长杆的套筒插入孔中,筒口与孔口平齐,然后将螺纹口涂上机油,筒内填满棉纱,旋上筒盖。

（3）混凝土浇筑高度为仪器埋设位置 20 cm 时,挖去振实的混凝土,打开套筒盖,取出填塞物,旋上测缝计,回填混凝土。

（三）混凝土或岩体裂缝测缝计的安装埋设

测缝计作为裂缝计观测混凝土和岩体接触缝或已有裂缝的开度及其变化时,主要有以下埋设方法:

（1）混凝土内设计裂缝观测。将测缝计除加长杆弯钩和测缝计凸缘外,全部用塑料布缠上并包封,在埋设位置上将捣实的混凝土挖出深 20 cm 的槽,放入测缝计,回填混凝土。

（2）岩体内部裂缝观测。在岩体内钻孔,使钻孔跨越待测裂缝,将测缝计埋入内跨越裂缝,加长杆,长杆应根据岩体结构确定。

（3）混凝土和岩体裂缝观测。可采用模具将测缝计垂直横跨在裂缝上进行观测。

四、压力计的安装埋设

压力计有不同的类型,常用压力计的压力传递方式基本相同,埋设时应特别注意受压板或压力枕与介质完全接触密合。压力计可以观测各种不同方向的压力,可以单只埋设,也可以成组埋设。

(一)混凝土浇筑过程中压力计的安装埋设

观测水平压力时,压力计可在尚未硬化的混凝土内进行埋设。观测垂直和斜方向压力时,压力计应在尚未硬化的混凝土内进行埋设,因为在混凝土未硬化前埋设,混凝土内的水分使压力计与混凝土不能完全接触,因此埋设垂直和倾斜压力计时,应在混凝土表面预留或挖一个深为 0.5 m 的坑,底面应平整。垂直压力计的埋设方法:埋设位置的混凝土面应冲洗凿毛,底面应水平,在底面铺 6 mm 厚强度高于混凝土的水泥砂浆,水灰比为 0.4,待砂浆初凝后,将稠水泥砂浆铺在垫层上,压力计放在砂浆上,边扭动边挤压,以排除气泡和多余的水泥砂浆,随时用水平仪校正,置放三脚架和约 10 kg 压重,在 12 h 后浇筑混凝土,捣实后取出三脚架,注意不得碰动仪器,安装前后应对仪器进行检测。

水平方向或倾斜方向埋设压力计。混凝土浇筑到埋设位置以上 0.5 m 时,在混凝土初凝前挖深 0.5 m 将压力计放入定位后,回填剔除 8 cm 以上骨料的混凝土轻轻捣实,使混凝土与仪器受压面密切结合,同时应保证仪器的正确位置和方向。

(二)接触面压力计的安装埋设

根据已有基面和浇筑材料类型,可采用混凝土或土石料填筑时的压力计埋设方法进行埋设。埋设时先在埋设位置按要求制备基面,然后用水泥砂浆或中细砂将基床面垫平,放置压力计,密贴定位后回填密实。

在岩石土体或混凝土内钻孔切槽安装埋设压力计,宜采用液压式压力计,因为这种压力计可预先补压,提高其灵敏度。

(1)埋设压力计的孔、槽或岩体与结构接触面的施工,应按设计要求和有关规定进行。一般安装液压机表面液压差应不小于 1.0 cm,面积略大于压力计的受压面并垂直于测压方向。应避免与压力计接触的介质面被扰动。

(2)根据观测要求,选择相应型号的压力计,压力计液压枕的刚硬度应与它周围的材料相近。

(3)压力计组中,相邻压力计液压枕的间距应不小于液压枕的最大尺寸。

(4)被测介质尺寸应大于 3 倍压力计液压枕最大尺寸。

(5)仪器安装时应使压力计受力面与观测方向垂直,偏差在 ±1° 内。

(6)压力计进行固定后用充填料回填均匀密实、无空隙,回填料的弹性模量应与周围材料相近。

(7)液压式压力计测量器的管路编号标记应沿着沟槽引出,并按编号顺序引入集线箱,避免扭曲或压扁。

(8)液压式压力计埋设填充料固化稳定后,进行补压,测定初始值。

五、锚杆测力计安装

通过安装测力计观测锚杆,可以了解锚固力的形成和变化。测力计的安装包括测力计和观测锚杆的张拉锁定,即测力计安装后加载的过程。

(1)观测锚杆张拉前,将测力计安装在孔口垫板上。带专用传力板的测力计,先将传力板装在孔口垫板上,使测力计或传力板与孔轴垂直,偏斜应小于0.5°,偏心应不大于5 mm。

(2)安装张拉机具和锚具,同时对测力计的位置进行检验,合格后,开始预紧和张拉。

(3)只作施工监测的测力针,应安装在外锚板的上部。

(4)观测锚杆应在与其有影响的其他工作锚杆张拉之前进行张拉加荷。张拉程序一般应与工作锚杆的张拉程序相同,有特殊需要时,可另设计张拉程序。

(5)测力计安装就位后,加荷张拉前应准确测得初始值和环境温度。反复测读,三次读数差小于1%,取其平均值作为观测基准值。

(6)基准值确定后,分级加荷张拉,逐级进行张拉观测。一般每级荷载测读一次,最后一级荷载进行稳荷观测,以5 min测一次,连续二次读数差小于1%为稳定。张拉荷载稳定后,应及时测读锁定荷载。张拉结束后,根据荷载变化率确定观测时间间隔,进行锁定后的稳定观测。

(7)长期观测锚杆测力计及电缆线路,并应设保护装置。

六、渗压计的安装埋设

渗压计安装埋设前应做好以下准备工作:

(1)仪器室内处理。仪器检验合格后,取下透水石,在钢膜片上涂一层防锈油,按需要长度接好电缆。

(2)将渗压计放入水中浸泡2 h以上,使其充分饱和,排除透水石中的气泡。

(3)用饱和细砂袋将测头包好,确保渗压计进水口通畅,并继续浸入水中。

(一)混凝土浇筑时渗压计的安装埋设

在混凝土内埋设渗压计,其细砂包裹体积为1 000 cm³,将准备好的渗压计固定在设计位置上,走好电缆,浇筑混凝土时勿使水泥砂浆渗入渗压计内部。

在施工缝上埋设渗压计,应在浇筑下层混凝土时靠缝面预留一个深30 cm、直径20 cm的孔,在预留孔内铺一层细砂,将渗压计放在砂垫层上,用细砂将仪器埋好,孔口放一盖板,即可浇筑混凝土。

(二)坝料填浇筑过程中渗压计的安装埋设

坝料填筑超过埋设仪器高程0.5 m后暂停填筑,测量并放出仪器位置,以仪器为中心人工挖出长1 m、宽0.8 m、高0.5 m的坑,在坑底用与渗压计直径相同的前端呈锥形的铁棒打入坝料中,深度与仪器长度一样,拔出铁棒后将仪器取出,读出一个初始读数并做好记录,然后将仪器迅速插入孔内,但不能用锤敲打,只能用手加压。将仪器全部插入孔中,再把仪器末端电缆盘成一圈,其余电缆从挖好的电缆沟向观测站引去,分层填筑压实。

（三）基岩面上渗压计的安装和埋设

渗压计在设计位置钻一集水孔,孔径 50 mm,孔深不大于 1 m,经渗水试验合格后,将准备好的渗压计放入集水孔中,砂袋用砂浆糊住,即可浇筑混凝土或土石填料。在土石填筑体的基岩面上埋设渗压计,也可采用坑埋法,当石料浇筑高于仪器填料 0.5 ~ 1.0 m 时,暂停浇筑,测量人员按设计要求测出仪器埋设位置,挖出周围 50 cm 的填料,露出基岩石底部,铺上 20 ~ 30 cm 厚细砂,把浸泡在水中的仪器取出放入,仪器中电缆线绕一圈后,向外引出再盖上 20 ~ 30 cm 厚细砂,浇水使砂浆饱和,在上面填土,分层夯实,电缆线之间相互平行排列呈"S"形向前引,而后分层夯实。

（四）水平线孔内渗压计的安装埋设

在边坡基岩表面层浅埋设渗压计需要用水平浅孔埋设和集水。浅孔的深度为 0.5 m、直径 150 ~ 200 mm。如果孔内无透水裂隙可根据需要的深度在孔底套钻一个 30 cm 左右的孔,经渗水试验合格后,孔内填入大砾石,在大孔内填入细砂,将渗压计埋设在细砂中并将孔口用盖板盖上,然后用水泥砂浆封住,砂浆终凝后即可填筑混凝土或土石料。

（五）深孔内渗压计埋设

在坝基深部、边坡、运行时期建筑物内渗压监测时,需要在深孔内埋设渗压计。根据需要的深度钻孔,孔径由渗压计尺寸决定,一般不小于 150 mm。岩体钻孔应做压水试验,钻孔位置应根据地质条件和压水试验结果确定。将渗压计放入孔内的细砂包中,先向孔内填入 40 cm 中细砂至渗压计埋设高程,然后放入渗压计至埋设位置,经检测合格后,在渗压计观测段内填入中砂,将剩余孔段灌注水泥砂浆或水泥膨润土浆。分层测渗透压力时,在一个钻孔内埋设多支渗压计。要注意做好相向的隔离。观测压力时将封闭在不大于 0.5 m 的钻孔水段内。钻孔岩体渗透系数很小时埋在较小的集水孔段内。

七、测压管的安装埋设

在介质渗透系数较大的部位宜采用测压管观测渗透水压力,在重要的观测地段同时布置渗压计和测压管进行复查。

(1)在设计孔位造孔,孔径为 110 ~ 150 mm,孔深根据设计要求,确定钻孔后取岩芯,并分段进行压水试验。

(2)根据钻孔柱状图、压水试验成果以及观测设计要求,确定测压管进水管段的位置和长度,用于点压力观测的进水管长度应小于 0.5 m,进水管下端预留 0.5 m 长的沉淀管段。

(3)在钻孔底部填入 20 ~ 30 cm 厚粒径为 5 ~ 10 mm 的砾石垫层。

(4)将测压管的进水管和导管依次连接放入孔内。下管过程中必须连接紧密,吊系牢固,保证管身顺直。

(5)在钻孔的进水管段填入粒径为 10 ~ 25 mm 的砾石,其上填入 20 cm 厚的细砂,上部全部填入水泥砂浆或水泥膨润土浆。

(6)测压管进水管段必须保证渗水能顺利进入管内,钻孔有可能塌孔或产生管涌时加设反滤装置。

(7)在完整的岩石中安装测压管时,可不安装进水管和导管,只安装管口装置。

(8)分层测渗透压力时,可采用一孔多管式测压管,其孔径应由埋入的测压管根数决定,注意做好各层进水管之间的封闭隔离。

(9)需要埋设水平管段时,水平管段应略有倾斜,靠近进水管端略低,坡度约为5%。

八、位移计的安装埋设

岩土工程通用的监测位移计是安装在钻孔中的位移计,用于观测孔中轴向的位移。钻孔位移计有单点式和多点式两种。测点与传感器的连接方式有传递杆连接和钢丝连接,其外部均用PVC管封闭保护。传感器均安装在孔口,孔内最深的测点应位于不动层中。

(一)造孔的要求

(1)在预定的部位按设计要求的孔径、孔向和孔深钻孔,钻孔轴线弯曲度应不大于钻孔的半径,以避免传递杆(丝)过度弯曲,影响传递效果。孔向偏差应小于3°,孔深应比最深测点多1.0 m左右,孔口保持稳定平整。

(2)钻孔结束后应冲洗干净,并检查钻孔通畅情况。

(3)距离开挖工作面近的孔口,应预留安装保护设施的孔。

(二)仪器组装

(1)按照设计的测点深度,将锚头位移、传递杆和护管与传感器严格按厂家的使用说明书进行组装,合格后运往埋设孔,调好传感器工作点(一般在全量程的70%左右)。全程灌浆式位移计,其传递系统的杆件护管应胶接密封。

(2)孔边用安装牢固的隔离架确保安装和注浆的安全,并将传递杆捆扎在一起。机械式锚头应安装锚定装置。全孔灌浆式位移计,水平孔和上仰孔应同时捆扎好。垂直孔应安装灌浆管(管口至孔底1.0m)。

(三)仪器安装

(1)在现场组装的位移计,经检测合格后,进入孔内,安装运输时支撑点的间距应不小于2 m,曲率半径不少于5 m,入孔的速度应缓慢。

(2)位移计入孔后,固定传感器装置,并使其与孔口平齐,引导电缆和排气管。水平孔和上仰孔孔口插入灌浆管之后,用水泥砂浆密封孔口。

(3)孔口水泥砂浆固化后,若监测正常,开始封孔灌浆,浆液灰砂比为1:1,水灰比为0.38~0.4,上仰孔灌至不进浆后,继续灌10 min后闭浆,确保最深测点锚头处浆液饱满,灌浆结束应进行检测。

(4)浆液固化24 h后,打开传感器装置点,用手顶拉一下传递杆,再确认一次工作点即可观测初始值。做好孔口保护和电缆走线。

九、测斜仪的安装埋设

测斜仪的测斜管埋设可分为钻孔埋设、在填筑过程中埋设以及沿混凝土面板埋设。测斜管有铅直、水平、倾斜三种埋设形式,每一种形式均可使用钻孔和填筑两种埋设形式,其要点基本相同,以铅直钻孔埋设为例介绍安装步骤和要求。

(1)选择安装地点时,应考虑地面地形和地下不同程度可能产生的位移度。测斜管应安装在足以容纳测斜管及填筑料的稳定钻孔中,深到无水平位移处,土石料坝中的测斜管应伸入基底下 1.5~2.0 m。为了减少钻孔的费用,测斜管的安装与地下钻探试验和取样工作同时进行。

(2)接长测压管可以一次接成,还可以在孔口逐节接成所需要的长度。接长时应留意导向槽的对正,不许偏扭,连接的方法是在每节测斜管上套入速接管长度的一半,对正连接管上的键接上下一节管,留沉降段(最大 10~15 cm),在连接管上的活动槽拧紧螺丝钉,将下一节管固定,如此一段一段接长,在管的下端口装上管座,并系上两根安全绳索,每节管的一对导向槽对正绳索后,将管绑在绳上。为防止泥沙从速接管处进入管内,可用无妨土工布和胶带封口。

(3)将接好的测斜管用人力或机械拉住两根安全绳,对正施测方向慢慢放入孔底,沉放过程中导向槽保持准直,并尽可能接近最后的对准位置,然后将管上端用夹具固定在钻孔中。

(4)根据测斜管周围土壤、岩石、地下水情况和钻孔与测斜管外壁方向的空间来选择回填材料,岩石与测斜管方向一般用灌浆,可用 M150~M200 水泥砂浆回填,在粗粒料中可使用粗砂、灌水回填。黏土防渗墙或细粒料中可用膨润土球回填。为了克服测斜管在充满水和泥浆的钻孔中的浮力,要在管内灌满水。

(5)为了阻止杂物进入,测斜管顶部要加盖并加锁。

(6)在测斜管的安装过程中,随时用测斜仪模拟探头进行检验。

(7)试放测斜仪模型。在正式测试前,用一个测斜仪模型试着从上往下放一次,如上下自如,则安装成功。待水泥砂浆终凝,用测斜仪按规定正反(两者差 180°)导槽测一次,作好记录,但正反导槽测试结果如相差较大,必须重测,如两次重测数不一致,必须对读数装置的传感器进行检查,测其稳定值和基准值。

十、观测电缆走线的安装

电线走线和仪器安装埋设的重要性是相同的,电缆走线有明走、暗走之分。明走电缆包括明管穿线、缠裹和裸束等方式,暗走电缆包括裸束埋线、缠裹埋线、埋管穿线、钻孔穿线和沟槽敷设等方式。

(一)明走电缆

1.裸线敷设

走线距离较短、根数较少时,将裸线扎成束悬挂敷设,悬挂的撑点视电缆重量和强度而定,一般不大于 2m,每一撑点处不得用细线直接绑扎来固定电缆,电缆较多时,可采用托盘。

2.缠裹敷设

缠裹电缆的材料以防水、绝缘的塑料带为宜。电缆应理顺,不得相互交绕,一般在电缆束内附加加强绳,加强绝缘应耐腐。悬挂走线的撑点视电缆束的重量而定,重量大应设置连续托架。

3.防护管的敷设

户外走线或户内条件不佳时,需要将电缆束套上护管敷设。护管一般为钢管、PVC

管或硬塑管。

(二)暗线敷设

1. 埋线敷设

在混凝土、土石料的填筑过程中埋设的仪器,观测电缆均要直接埋入填筑体内。走线时混凝土内埋设不得小于 10 cm,土体埋设不得小于 50 cm。埋线裕度视周围介质材料位置高程和预计最终变形而定,一般为敷设长度的 5% ~ 15%。在堆石体内埋线敷设,电缆应加保护管,安全覆盖厚度应不小于 1 m。

2. 埋管穿线敷设

预埋穿线管时,管的直径应大于电线束直径 4 ~ 8 cm。管壁光滑平顺,管内无积水,转弯角大于 10°时,应设接线坑断开,坑的尺寸不得小于 50 cm × 50 cm × 50 cm。穿线敷设时电缆应埋顺,不得相互交绕,绑成裸束或缠束塑料膜,穿线根数较多时,束中应多加强绳,线束涂以滑石粉。

3. 钻孔穿线敷设

线路数量较大或有特殊要求时,可修建电缆沟或电缆槽进行走线敷设。在沟内敷设时,需要有电缆护架,在槽内敷设时,槽内不准有积水,应考虑排水设施,沟槽上的盖板要有足够的强度,严禁破坏,电缆室外电缆沟槽的盖应锁定。

(三)观测电缆走线的质量控制

(1)施工期电缆临时走线,应根据现场条件采取相应敷设方法,并加注标志,注意保护。

(2)电缆走线敷设时,应严格按照电缆走线设计图和技术规范施工,遇有特殊情况需要改变时,应以设计修改通知为依据。

(3)在电缆走线的线路上应设立警告标志,尤其是暗埋线,应对准确的暗埋线位置和范围设立明显标志,并健全维护制度。

(4)电缆跨缝施工时,应有 5 ~ 10 cm 的弯曲长度,穿越阻水施工时,应单根平行排列,间距 2 cm,均要加阻水环或阻水材料回填。坝内走线时应严防电缆线路成为渗水通道。在填筑过程中,电缆随着填筑体的升高而垂直向上引伸时,可采用立管引伸,管外填料压实后,将立管提升,管内电缆周围用相应的料填实。

(5)电缆敷设过程中,要保护好电缆头和编号标志,防止浸水或受潮,应随时检测电缆和仪器的状态及绝缘情况,并记录和说明。